国家林业和草原局普通高等教育“十三五”规划实践教材

园林植物类课程实验实习指导书

彭东辉　主编

中国林业出版社

内容简介

本教材涵盖了园林植物学基础、植物生理学、园林生态学、花卉学、园林树木学、树木栽培学、园林植物遗传育种学、园林苗圃学、园林植物造景、插花、盆景学、草坪学等十余门课程的实践教学环节。对园林植物的基础知识、识别要点、生物学特性、生态学特性、繁殖、栽培、应用和管理等方面实践环节的知识进行了系统的整理。同时，考虑到课程之间的衔接，避免了不必要的重复。除了上述课程的实验指导外，实习地点安排在福建园林植物产业集聚地福州、漳州、厦门，涵盖了园林植物生产、销售、储运和应用等全产业链单元与园林应用，体现了地域特色和产业特色。此外，考虑到本学科发展的动态，适当吸收最新的技术和方法。

本教材基本按照课程的难易程度和开课的先后顺序进行编排，贯穿大学四年学习，可根据不同课程安排灵活使用。具有系统性强、层次清晰、内容丰富等特点。可作为园林、风景园林、园艺、环境设计等专业本科生必修和选用的实践指导教材，也可以供有关教师和从业者参考。

图书在版编目(CIP)数据

园林植物类课程实验实习指导书 / 彭东辉主编. ——北京 ：中国林业出版社，2020. 12
国家林业和草原局普通高等教育“十三五”规划实践教材
ISBN 978-7-5219-0908-1

Ⅰ.①园… Ⅱ.①彭… Ⅲ.①园林植物-实验-高等学校-教学参考资料 Ⅳ.①S68-33

中国版本图书馆 CIP 数据核字(2020)第 218477 号

中国林业出版社·教育分社

策划编辑：康红梅　　**责任编辑**：康红梅　田　娟　　**责任校对**：苏　梅
电　　话：83143634　83143551　　**传　　真**：83143516

出版发行　中国林业出版社(100009　北京市西城区德内大街刘海胡同 7 号)
E-mail：jiaocaipublic@ 163. com　电话：(010)83143500
http：//www. forestry. gov. cn/lycb. html
经　　销　新华书店
印　　刷　北京中科印刷有限公司
版　　次　2020 年 12 月第 1 版
印　　次　2020 年 12 月第 1 次印刷
开　　本　787mm×1092mm　1/16
印　　张　16
字　　数　366 千字
定　　价　46. 00 元

《园林植物类课程实验实习指导书》
编写人员

主　　编　彭东辉

副 主 编　吴沙沙

编写人员　(按照姓氏拼音排序)

艾　叶(福建农林大学)
蔡　明(北京林业大学)
陈　莹(福建农林大学)
陈凌艳(福建农林大学)
陈羡德(闽南师范大学)
邓传远(福建农林大学)
丁国昌(福建农林大学)
黄柳菁(福建农林大学)
李明河(福建农林大学)
彭东辉(福建农林大学)
陶萌春(福建农林大学)
吴沙沙(福建农林大学)
薛秋华(福建农林大学)
闫淑君(福建农林大学)
叶露莹(福建农林大学)
翟俊文(福建农林大学)
周育真(福建农林大学)

前言

园林植物是园林五大要素之一。在生态文明建设背景下，城乡环境建设越来越受到重视，因此，掌握园林植物相关知识显得尤为重要。长期以来，市场缺乏汇集园林植物类课程实验和实习等实践环节的教材，给教和学两方面都带来了不便，为此我们特组织编写本教材。

《园林植物类课程实验实习指导书》是一本综合园林、风景园林、环境设计等专业本科期间所学园林植物类课程实验、实习的重要实践教学指导书，内容涵盖园林植物学基础、植物生理学、园林生态学、花卉学、园林树木学、树木栽培学、园林植物遗传育种学、园林苗圃学、园林植物造景、插花、盆景学、草坪学等十余门课程的实践教学环节。对园林植物的基础知识、识别要点、生物学特性、生态学特性、繁殖、栽培、管理和应用等方面实践环节的知识进行了系统的整理。同时，考虑到课程之间的衔接，避免了不必要的重复。除了上述课程的实验指导外，实习地点安排在福建园林植物产业集聚地福州、漳州、厦门，涵盖了园林植物生产、销售、储运和应用等全产业链单元与园林应用，体现了地域特色和产业特色。此外，考虑到本学科发展的动态，适当吸收最新的技术和方法。

本教材基本按照课程的难易程度和开课的先后顺序进行编排，贯穿大学四年学习，可根据不同课程安排灵活使用。具有系统性强、层次清晰、内容丰富等特点。可作为园林、风景园林、园艺、环境设计等专业本科生必修和选用的实践指导教材，也可以供有关教师和从业者参考。

本教材由彭东辉任主编，吴沙沙任副主编，编写团队由福建农林大学、北京林业大学、闽南师范大学的专任教师组成。具体分工如下：艾叶(1.1、1.2、4.1、5.1)、邓传远(1.2、1.3、2.1、4.1、5.6、5.11)、闫淑君(5.11)、黄柳菁(1.4)、李明河(1.5、5.2)、翟俊文(1.6、4.1、5.4)、陈莹(2.1、3.7、5.10、5.12)、吴沙沙(2.1、2.3、5.6)、叶露莹(2.2、2.3、5.8)、陈凌艳(2.3、3.4、4.3、5.5)、蔡明(2.3)、陶萌春(2.3、5.9)、彭东辉(2.3、4.2)、周育真(3.1~3.3、3.5、3.6、3.8、5.3)、陈羡德(4.2)、薛秋华(4.3)、丁国昌(5.7)。在教材编写过程中，施并塑、陈进燎、温振英、李敏、韩瑾璇、杨维、陈妍伦、魏宏宇、陆艾鲜、游乐、秦思、陈生煜、吴春梅等参与了部分图片绘制和文字校对等工作。在此致以衷心的感谢！

由于编者水平有限，不妥和疏漏之处恳请读者批评指正。

编　者

2020年9月

目　录

1 实习基础知识和方法

1.1 园林植物形态学知识

1.1.1 花

花(flower)：被子植物的花由四轮花器官组成，从外向内分别为萼片、花瓣、雄蕊群和雌蕊群。如果出现四轮花器官有部分缺失的现象，这样的花称为不完全花(图 1-1)；反之为完全花。

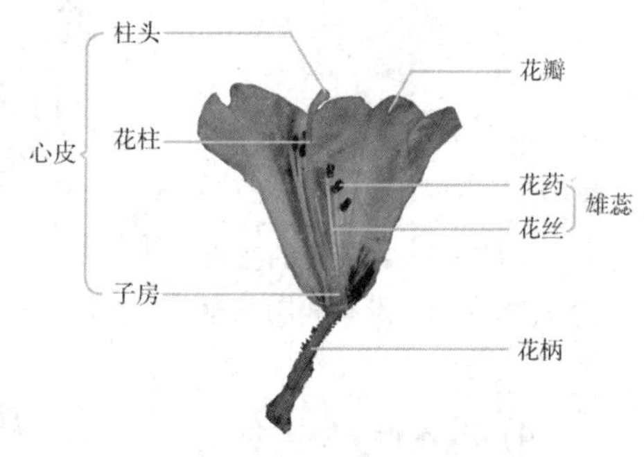

图 1-1 不完全花的结构

(1) 花梗和花托

① 花梗(pedicel) 是着生花的小枝，也是连接花朵和茎的短柄。

② 花托(receptacle) 花梗顶端部位，花器官按一定的方式排列在其上面。

(2) 花被

花被(perianth)是花萼(sepal)和花瓣(petal)的总称。当花萼和花瓣的形状、颜色相似时，称为单被花，如白玉兰(*Magnolia denudata*)；当花萼、花瓣同时存在时，且形状和颜色差异较大时，称为双被花，如桃花(*Prunus persica*)、樱花(*Cerasus* spp.)；当花萼、花瓣同时缺失时，为无被花，又称裸花，如垂柳(*Salix babylonica*)(图 1-2)。

图1-2 不同类型的花

A. 单被花(白玉兰) B. 双被花(樱花) C. 无被花(垂柳)

花萼(sepal)是花的最外轮变态叶，由若干萼片组成，常呈绿色，其结构与叶相似。部分植物在花萼下生出一轮小苞片，称为副萼，如木芙蓉(*Hibiscus mutabilis*)(图1-3)；根据萼片是否分离，可将萼片分为离生萼、合生萼；根据萼片是否比花冠早落，可将萼片分为早落萼、落萼和宿萼。

(3) 花冠

花冠(coroll)是在花萼的上方或内方，由若干花瓣的瓣片组成，排列成一轮或多轮。花瓣的色彩由有色体和花青素等共同作用形成。花冠的形状一般有管状、漏斗状、钟状、轮状、舌状、唇形、蝶形、十字形等。按照花瓣之间的分离情况可将花冠分为离瓣花和合瓣花：花瓣之间完全分离，称为离瓣花，如桃花。花瓣之间部分或全部合生，称为合瓣花，如牵牛(*Pharbitis nil*)。花冠下部合生的部分称花冠筒；上部分离的部分称为花冠裂片。花的对称方式可分为辐射对称和两侧对称(图1-4)。部分植物在花瓣和雄蕊之间有一轮合生的花冠状附属结构，称为副花冠，如水仙(*Narcissus tazetta* var. *chinensis*)。

图1-3 木芙蓉的花蕾
示花瓣、花萼和副花萼

图1-4 花冠的对称性
A. 辐射对称 B. 两侧对称

(4) 雄蕊群

雄蕊群(androeceum)是一朵花中雄蕊的总称，由多数或一定数目的雄蕊所组成，位于花被和雌蕊群之间。雄蕊由花丝和花药组成，根据其形态可分为离生雄蕊、单体雄蕊、二体雄蕊、多体雄蕊、二强雄蕊、四强雄蕊、聚药雄蕊、冠生雄蕊等(图1-5)。花粉囊的开裂方式有纵裂、横裂、孔裂、瓣裂等。花药的着生方式有底生药、贴生药、丁字着药三种。

(5) 雌蕊群

雌蕊群(gynoeceum)是一朵花中雌蕊的总称，位于花中央或花托顶部。心皮(carpl)是指变态的叶，雌蕊是由心皮卷合而成的。雌蕊的三个组成部分即柱头(stigma)、花柱(style)和子房(ovary)都是由心皮所构成的，是植物界进化的产物，被子植物特有的器官。雌蕊的类型可分成单雌蕊、离生雌蕊、复雌蕊等。子房是雌蕊基部的膨大部分，有或无柄，着生在花托上，根据其位置的不同，可分为以下几种类型(图1-6)：

① 子房上位(superior ovary) 子房仅以底部和花托相连，花的其余部分均不与子房相连，又可分为：

上位子房下位花(superior-hypogynous flower) 子房仅以底部和花托相连，萼片、花瓣、雄蕊着生的位置低于子房。

上位子房周位花(superior-perigynous flower) 子房仅以底部和杯状萼筒底部的花托相

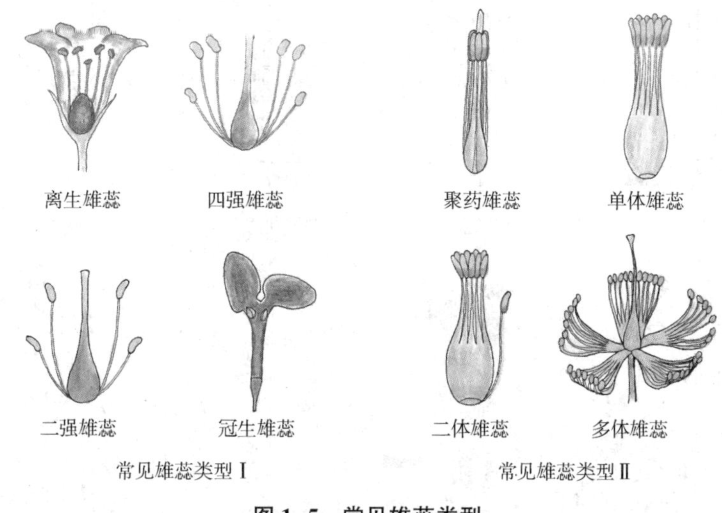

图 1-5 常见雄蕊类型

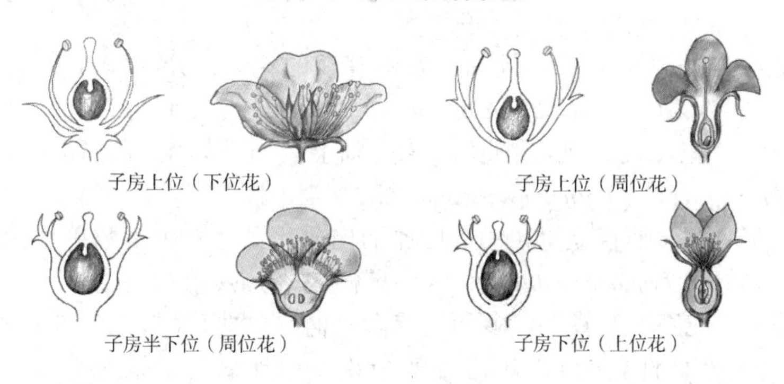

图 1-6 子房类型示意图

连，花被与雄蕊着生于杯状萼筒的边缘，即子房的周围。

② 子房半下位(half-inferior ovary) 子房的下半部陷生于花托中，并与花托愈合，上半部仍露在外，花的其余部分着生于子房周围花托的边缘，故称为周位花。

③ 子房下位(inferior ovary) 整个子房埋于下陷的花托中，并与花托愈合，花的其余部分着生于子房以上花托的边缘，故称为上位花。

1.1.2 花序

当枝顶或叶腋内只生长一朵花时，称为单花(solitary)，如白玉兰。当许多花按一定规律排列在分枝或不分枝的总花柄上时，形成了花序(inflorescence)，总花柄称为花序轴。花序的类型复杂多样，表现为主轴的长短、分枝与否、花柄有无以及花朵的开放顺序等的差异。根据花朵的开放顺序，可分为两大类型：

(1) 无限花序

无限花序(indefinite inflorescence)的主轴在开花时可以继续生长，不断产生花芽，花朵的开放顺序是由花序轴的基部向顶部依次开放或由花序周边向中央依次开放。无限花序有以下几种常见的类型(图 1-7)：

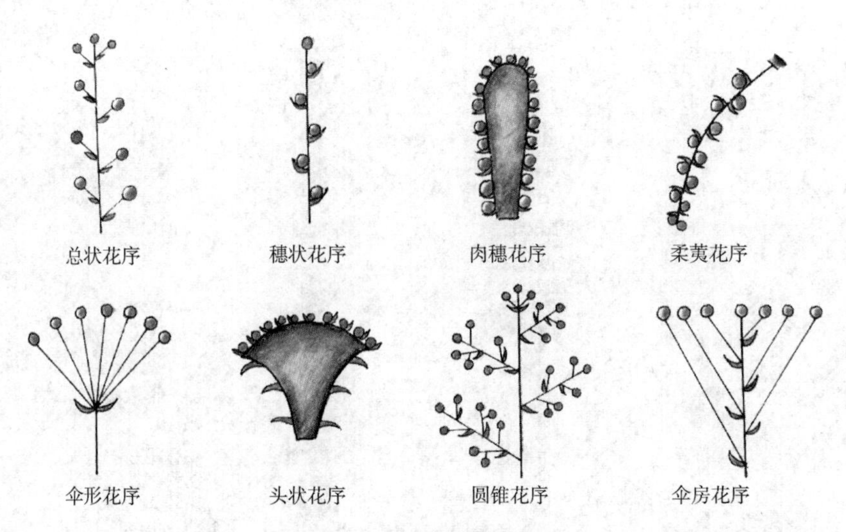

图 1-7　花序类型示意图

① 总状花序　花序轴单一，较长，着生有柄的花朵，开花顺序由下而上，如油菜(*Brassica napus*)、荠菜(*Capsella bursa-pastoris*)。

② 穗状花序　花无梗排列在细长的花序轴上，如千屈菜(*Lythrum salicaria*)、车前(*Plantago asiatica*)、小麦(*Triticum aestivum*)等。

③ 肉穗花序　花序轴直立、粗短、肥厚而肉质化，上着生多数单性无柄的花，如玉米(*Zea mays*)、香蒲(*Typha orientalis*)、天南星科(Araceae)植物。

④ 柔荑花序　花序轴上着生许多无柄或者短柄的单性花(雄性化或者雌性化)，花序轴通常柔软下垂(也有直立的)，开花后整个花序或连果一起脱落，如银白杨(*Populus alba*)、垂柳(*Salix babylonica*)。

⑤ 伞房花序　花有梗，排列在花轴的近顶部，下边的花梗较长，向上渐短，花位于一近似平面上，如苹果(*Malus pumila*)、沙梨(*Pyrus pyrifolia*)。

⑥ 伞形花序　花梗近等长或不等长，均生于花轴的顶端，如朱顶红(*Hippeastrum rutilum*)、报春花(*Primula malacoides*)。

⑦ 头状花序　花无梗，集生于一平坦或隆起的总花托(花序托)上，而成头状体，如菊花(*Chrysanthemum* spp.)。

⑧ 圆锥花序　又称为复总状花序或复穗状花序，花序轴上生有多个总状或穗状花序，形似圆锥，如南天竹(*Nandina domestica*)。

⑨ 复伞房花序　几个伞房花序排列在花序总轴的近顶部称为复伞房花序，如石楠(*Photinia serratifolia*)。

⑩ 复伞形花序　几个伞形花序生于花序轴的顶端，如八仙花(*Hydrangea macrophylla*)。

⑪ 复头状花序　头状花序密集生于枝顶。

(2) 有限花序

有限花序也称为聚伞类花序，开花期花轴不伸长，开花顺序是由上而下或由内向外，花序中最顶点或最中心的花先开，渐及下边或周围。其中又有单歧聚伞花序(蝎尾、螺旋)、二歧聚伞花序(轮伞花序)、多歧聚伞花序、杯状聚伞花序和隐头花序(图 1-8)。

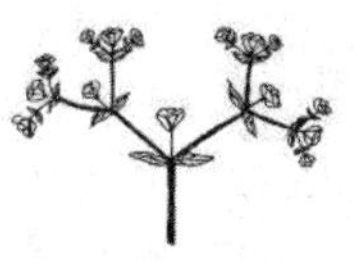

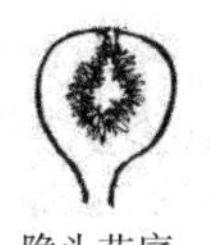

单歧聚伞花序　二歧聚伞花序　多歧聚伞花序　杯状聚伞花序　隐头花序

图 1-8　部分有限花序类型示意图

① 单歧聚伞花序　花序轴顶端先开一花，然后在顶花的下面花序轴的一侧形成一个侧枝，侧枝端的花又先开，如此继续向上生长。单歧聚伞花序又可分为蝎尾状聚伞花序，如唐菖蒲(*Gladiolus gandavensis*)以及螺状聚伞花序，如补血草(*Limonium sinense*)。

② 二歧聚伞花序　也称歧伞花序，顶花下的花序轴向着两侧各分生一枝，枝端生花，每枝再在两侧分枝，如此反复进行，这样的花序称为二歧聚伞花序，如石竹(*Dianthus chinensis*)、冬青卫矛(*Euonymus japonicus*)等。

③ 多歧聚伞花序　是指花序轴顶端生一朵花，而后在其下方同时产生数个侧枝，各侧枝又形成一聚伞花序，如藜(*Chenopodium album*)、泽漆(*Euphorbia helioscopia*)等。

④ 杯状聚伞花序　花序外观似一朵花，外面围以杯状总苞，总苞具蜜腺，内含一朵无被雌花和多朵无被雄花，开放次序是雌花最早伸出开放，雄花开放由内到外为聚伞式开放，如一品红(*Euphorbia pulcherrima*)。

⑤ 隐头花序　花集生于肉质中空的总花托(花序托)的内壁上，并被总花托包围，如无花果(*Ficus carica*)等桑科榕属植物。

1.1.3　果实

受精后，胚珠发育成种子，子房(有时还包括其他结构)发育成果实，有的植物未受精亦可发育成果实，如香蕉(*Musa nana*)。仅由子房发育而成的果实称为真果，如柑橘(*Citrus reticulata*)、桃、大豆(*Glycine max*)、李(*Prunus salicina*)等。真果的结构比较简单，外为果皮，内含种子；果皮是由子房壁发育而成，可分为外果皮、中果皮和内果皮三层。由除子房外，包括花托、花萼、花冠，甚至是整个花序参与发育而成的果实称为假果，如苹果(子房和花托)、菠萝(*Ananas comosus*)(由花序发育而成)等。根据果实来源，可分为单果、聚合果、聚花果三大类(图 1-9)。

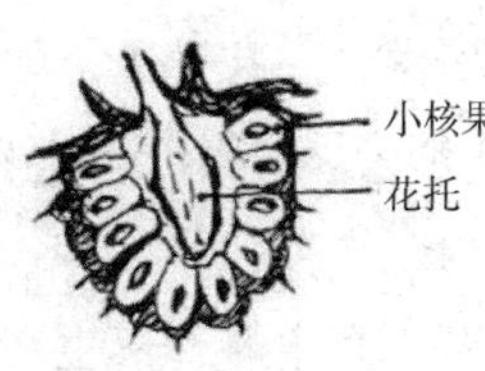

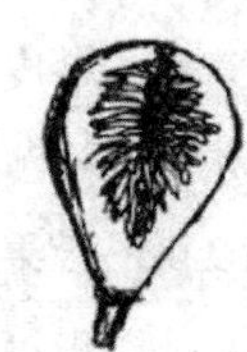

梨果（苹果）　核果（桃）　瓠果（黄瓜）　聚合果（悬钩子）　聚花果（无花果）

图 1-9　果实类型示意图

(1) 单果

一朵花中只有一个雌蕊发育成的果实称为单果。单果又可以分为肉质果和干果两类。

① 肉质果　其果实成熟后肉质多汁，依果实的性质和来源不同又可以分为以下几种：

浆果　外果皮薄，中果皮、内果皮均为肉质化并充满汁液，如忍冬(*Lonicera japonica*)、葡萄(*Vitis vinifera*)等。

核果　由一至数心皮组成的雌蕊发育而来，外果皮薄，中果皮肉质，内果皮坚硬，如桃、李等。

柑果　由复雌蕊形成，外果皮革质，中果皮疏松，分布有维管束，内果皮膜质分为若干室，向内生出许多汁囊是食用的主要部分，如柑橘、柚(*Citrus maxima*)等。为芸香科植物特有。

梨果　由花筒与下位子房愈合发育而成的假果，花筒形成的果壁与外果皮及中果皮均肉质化，内果皮纸质化或革质化，如梨和苹果。

瓠果　由具侧膜胎座的下位子房发育而成的假果，花托和外果皮结合为坚硬的果壁，中果皮和内果皮肉质，胎座很发达，如南瓜(*Cucurbita moschata*)、西瓜(*Citrullus lanatus*)等，为葫芦科植物所特有。

② 干果　其果实成熟后，果皮干燥，又可以分为以下几种：

荚果　由单雌蕊发育而成的果实，成熟时，沿取缝线和背缝线开裂，如大豆、蚕豆(*Vicia faba*)等。也有不开裂的，还有其他开裂方式的。荚果为豆科植物所特有。

蓇葖果　由单雌蕊发育而成的果实，成熟时，仅沿一个缝线开裂，如梧桐(*Firmiana platanifolia*)、牡丹(*Paeonia suffruticosa*)等。

角果　由两心皮组成，具假隔膜，成熟时从两腹缝线裂开。有长角果和短角果之分，如萝卜(*Raphanus sativus*)、油菜是长角果；荠菜、独行菜(*Lepidium apetalum*)是短角果。角果为十字花科植物所特有。

蒴果　由复雌蕊发育而成的果实，成熟时有各种裂开方式，如棉花(*Gossypium* spp.)、蓖麻(*Ricinus communis*)等。

瘦果　果皮与种皮易分离，含一粒种子，如向日葵(*Helianthus annuus*)。

颖果　果皮与种皮合生，不易分离，含一粒种子，如小麦、玉米等。颖果为禾本科植物所特有。

翅果　果皮向外延伸成翅，有利于果实传播，如榆(*Ulmus pumila*)、臭椿(*Ailanthus altissima*)等。

坚果　果皮坚硬，内含一粒种子，如板栗(*Castanea mollissima*)。

分果　由两个以上的心皮构成，各室含一粒种子，如胡萝卜等(*Daucus carota* var. *sativa*)。

(2) 聚合果

聚合果指由花内若干离生雌蕊聚生在花托上，发育而成的果实。每一离生雌蕊形成一单果，根据聚合果中单果的种类，又可分为聚合瘦果、聚合核果、聚合蓇葖果等，如草莓(*Fragaria × ananassa*)为聚合核果，八角(*Illicium verum*)为聚合蓇葖果，莲(*Nelumbo nucifera*)为聚合坚果。

(3) 聚花果

聚花果是指由整个花序发育而成的果实，如桑葚(*Morus alba*)、菠萝、无花果等。

1.1.4 叶

植物的叶，一般由叶片(blade)、叶柄(petiole)和托叶(stipule)三部分组成(图 1-10)，这种具有完整结构的叶称为完全叶(complete leaf)，如白梨(*Pyrus bretschneideri*)、月季花(*Rosa chinensis*)；有些叶只具其中一或两个部分，称为不完全叶(incomplete leaf)，其中无托叶的最为普遍，如丁香(*Syzygium aromaticum*)。

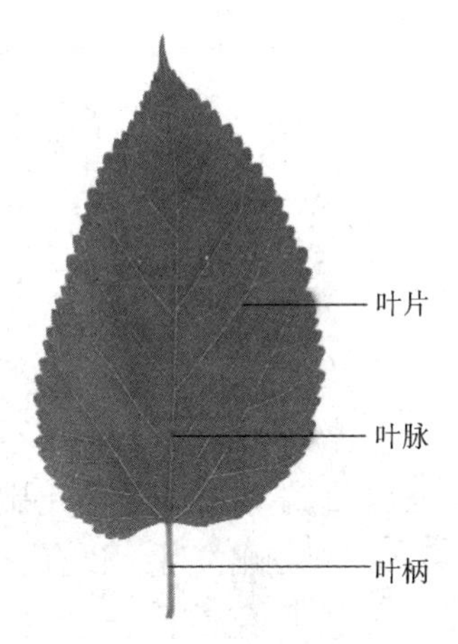

图 1-10 叶的结构

(1) 叶序

叶序，叶在茎枝上排列的次序称为序，具有种的特异的在外界条件下不易变化的稳定的性质。叶完全呈不规则排列的植物几乎是没有的。一般可以看到明显受某些规律所制约的一定周期性排列。排列的方式，根据着生在节部的叶片数，分为互生叶序、对生叶序、轮生叶序、簇生和基生等(图 1-11)。

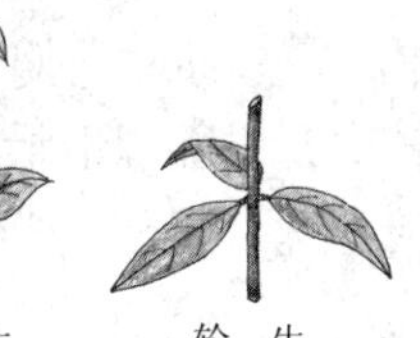
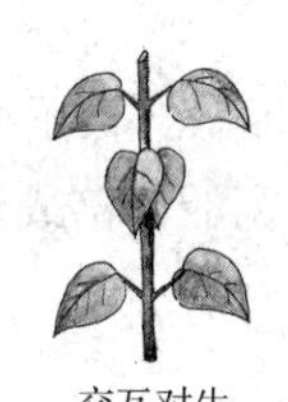
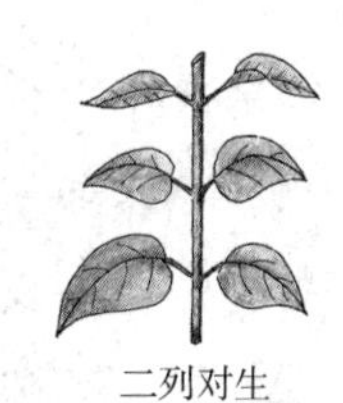

图 1-11 叶的着生

① 互生 每个节上只着生一片叶，如香樟(*Cinnamomum camphora*)。

② 对生 每个节上相对着生两片叶，如桂花(*Osmanthus fragrans*)。

③ 轮生 三个或三个以上的叶着生在一个节上，如夹竹桃(*Nerium oleander*)。

④ 簇生 二个或二个以上的叶着生于极度缩短的短枝上，如银杏(*Ginkgo biloba*)。

⑤ 基生 叶片直接从地下的鳞状茎或根状茎(基部)上生长出来，如蒲公英(*Taraxacum mongolicum*)。

(2) 叶的类型

叶的类型包括单叶和复叶。叶柄上着生 1 枚叶片，叶片与叶柄之间不具关节，称为单叶(simple leaf)；叶柄上具有 2 枚以上叶片的称为复叶(compound leaf)。复叶有以下几类(图 1-12)：

① 羽状复叶 小叶排列在总叶柄两侧，呈羽毛状。根据小叶数目的不同，又可分为奇数羽状复叶和偶数羽状复叶。奇数羽状复叶的小叶数目为单数，顶生小叶存在，如化香(*Platycarya strobilacea*)。偶数羽状复叶的小叶数目为双数，顶生小叶缺乏，如黄连木(*Pistacia chinensis*)。

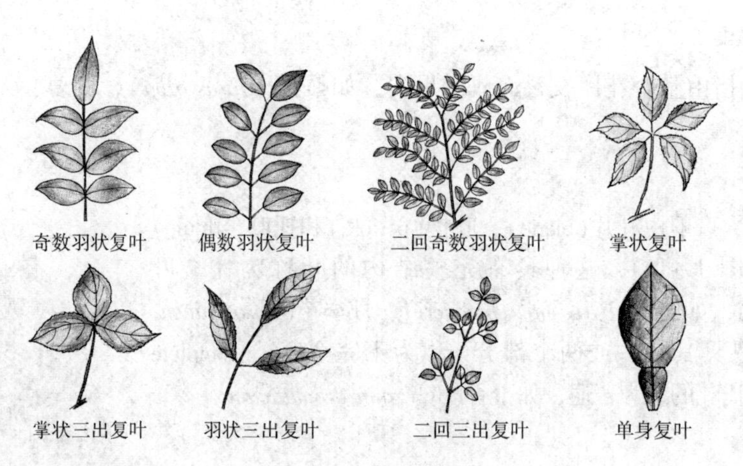

图 1-12　叶的类型

② 掌状复叶　小叶都生于总叶柄的顶端，如木棉(*Bombax ceiba*)。

③ 三出复叶　仅有三个小叶生于总叶柄上，如重阳木(*Bischofia polycarpa*)。

④ 单身复叶　三出复叶两个侧生小叶退化，总叶柄与顶生小叶连接处有关节，如柑橘。

(3) 叶的形状

叶形(leaf shape)是指叶片的形状，被子植物常见的叶形如下(图 1-13)：

① 卵形　形如鸡卵，长约为宽的 2 倍或较少，中部以下最宽，向上渐狭。

② 倒卵形　是卵形的颠倒。

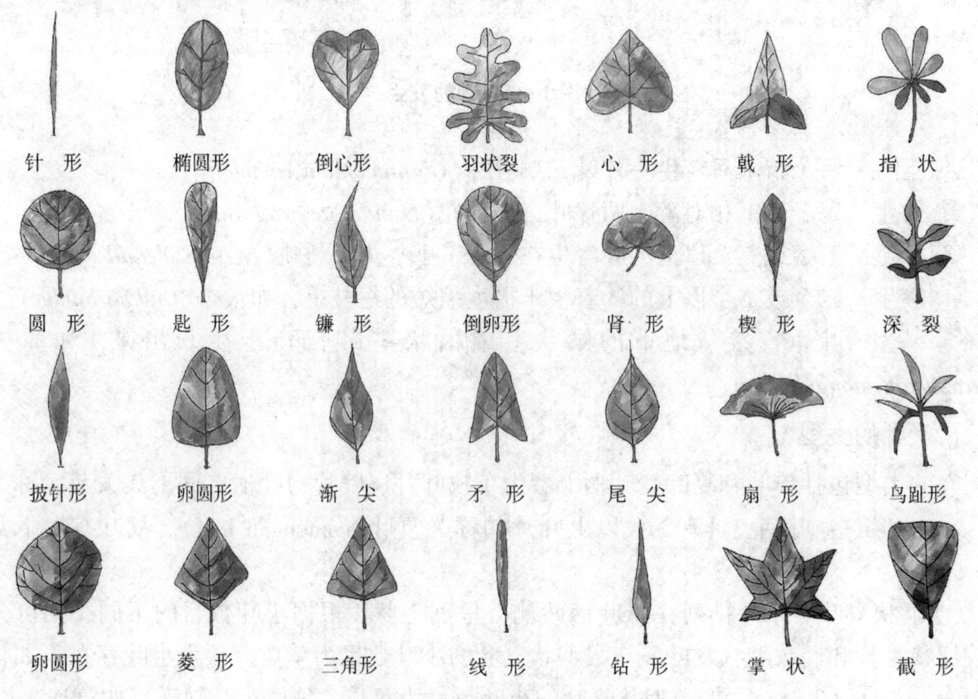

图 1-13　叶形示意图

③ 阔卵形　长宽约等长或稍大于宽，最宽处近叶的基部。

④ 倒阔卵形　是阔卵形的颠倒。

⑤ 披针形　长约为宽的 3~4 倍，中部以上最宽，渐上则渐狭。

⑥ 倒披针形　是披针形的颠倒。

⑦ 圆形　长宽相等，形如圆盘。

⑧ 阔椭圆形　长为宽的 2 倍或较少，中部最宽。

⑨ 长椭圆形　长为宽的 3~4 倍，最宽处在中部。

⑩ 条形(线形)　长为宽的 5 倍以上，且全长的宽度略等，两侧边缘近平行。

⑪ 剑形　坚实而宽大的条形叶。

裸子植物的叶形主要包括：针形、刺形、钻形或锥形、鳞形等。

(4)叶脉

叶脉(leaf venation)是贯穿于叶肉内的维管组织及外围的机械组织。常见的叶脉类型如下：

① 平行脉　叶脉平行排列，如竹类植物(图 1-14A)。

② 网状脉　具有明显的主脉，经过逐级的分枝，形成多数交错分布的细脉，由细脉互相连接形成网状，如女贞(*Ligustrum lucidum*)、垂柳、桑树(图 1-14B)。

③ 叉状脉　叶脉从叶基生出后，均呈二叉状分枝，称为叉状脉。这种脉序是比较原始的类型，在种子植物中极少见，如银杏(图 1-14C)，但在蕨类植物中较为常见。

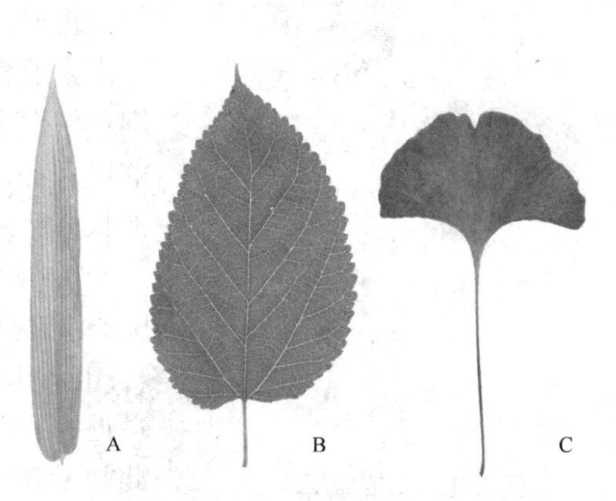

图 1-14　叶脉示意图

A. 平行叶脉　B. 网状叶脉　C. 叉状叶脉

(5)叶尖、叶基和叶缘

① 叶尖(leaf apices)　指叶片先端的形状，主要类型有：渐尖，尖头延长而有内弯的边。如麻栎；锐尖，尖头呈一锐角形而有直边，如金钱槭(*Dipteronia sinensis*)；尾尖，先端呈尾状延长，如菩提树(*Ficus religiosa*)；钝形，先端钝或狭圆形，如广玉兰(*Magnolia grandiflora*)；尖凹，先端稍凹入，如凹叶厚朴；倒心形，先端宽圆而凹缺，如酢浆草(*Oxalis corniculata*)。

② 叶基(leaf bases)　指叶片基部的形状。主要类型有：心形，于叶柄连接处凹入成缺口，两侧各有一圆裂片；垂耳形，基部两侧各有一耳垂形的小裂片箭形，基部两侧的小裂片向后并略向内；楔形，中部以下向基部两边渐变狭状如楔子；戟形，基部两侧的小裂片向外；圆形，基部呈半圆形；偏形，基部两侧不对称。

③ 叶缘(leaf margins)　即叶片边缘的变化，其类型有：全缘，叶缘不具锯齿或缺刻；锯齿，边缘具尖锐的锯齿，齿端向前；牙齿，边缘具尖锐齿，齿端向外；钝齿，边缘具钝头的齿；波状，边缘起伏如微波。

1.1.5 茎

茎(stem)是植物的营养器官之一，起源于种子内幼胚的胚芽，是联系根和叶，输送水、无机盐和有机养料的轴状体。主要功能是输导和支持，还具有贮藏、繁殖和光合等功能。大多数植物的茎是圆柱体，有节(node)和节间(internode)之分(图 1-15)，节上着生叶、芽、花、果。依照茎的生态习性不同，可分为直立茎、匍匐茎、攀缘茎、缠绕茎、平卧茎。

图 1-15　茎的基本形态

(1) 芽

芽是尚未发育成长的枝或花的雏体。芽是由茎的顶端分生组织及基叶原基、腋芽原基、芽轴和幼叶等外围附属物所组成。有些植物的芽，在幼叶的外面还包有鳞片。花芽由未发育的一朵花或一个花序组成，其外面也有鳞片包围。根据生长位置、排列方式、有无芽鳞包被、发育形成的器官等，可以将芽分为不同的类别，这些特征以及芽的形状、芽鳞特征等，都是植物分类和识别的重要依据。

① 顶芽和侧芽　生长于枝顶的芽称为顶芽(terminal bud)，生长于叶腋的芽称为侧芽(lateral bud)或腋芽(axillary bud)。有些树种的顶芽败育，而位于枝顶的芽由最近的侧芽发育形成，即假顶芽(pseudoterminal bud)，因此并无真正的顶芽，应根据假顶芽基部的叶痕进行判断，如榆、椴(*Tilia tuan*)、板栗。

② 裸芽和鳞芽　裸芽(naked bud)是指所有一年生植物、多数二年生植物和少数多年生木本植物的芽，外面没有芽鳞，只被幼叶包着。裸芽多见于一年生草本植物如大豆、棉花等。鳞芽(rotected bud)是指多数多年生木本植物的越冬芽，芽的外面有鳞片或称芽鳞包被，又称被芽，如银白杨。

③ 叶芽、花芽和混合芽　叶芽(leaf bud)是指将来发育为枝和叶的芽；花芽(floral bud)是指将来发育为花或花序的芽；混合芽(mixed bud)是指一个芽中含有叶芽和花芽，可同时发育为枝和花。

④ 单芽、并生芽和叠生芽　一般树种的叶腋内只有一个芽，即单芽。有些树种则具有两个或两个以上的芽，直接位于叶痕上方的侧芽称为主芽(main bud)，其他的芽称为副芽(accessory bud)，当副芽位于主芽两侧时，这些芽称为并生芽(collateral bud)，如桃、山桃(*Amygdalus davidiana*)。当副芽位于主芽上方时，这些芽称为叠生芽(superposed bud)，如桂花、皂荚(*Gleditsia sinensis*)。

⑤ 柄下芽(submerged bud)　指有些树种的芽包被于叶柄内，有些部分包被可称为半柄下芽，如悬铃木属(*Platanus*)。

(2) 枝

① 枝条(twig)　是位于顶端，着生芽、叶、花或果实的木质茎。着生叶的部位称为节

(node)，两节之间的部分称为节间(internode)。

根据节间发育与否，枝条可分为长枝(long shoot)和短枝(short shoot)两种类型。长枝是生长旺盛、节间较长的枝条，具有延伸生长和分叉的习性；短枝是生长极度缓慢、节间极短的枝条，由长枝的腋芽发育而成。

② 皮孔(lenticelle)　是枝条上的通气结构，也可在树皮上留存，其形状、大小、分布密度、颜色因植物而异。

③ 叶痕(leaf scar)　落叶植物落叶后，在茎上留下的叶柄痕迹。

④ 叶迹(bundle scar)　叶痕内的点线状突起，叶柄和茎间的维管束断离后留下的痕迹。

⑤ 枝痕(branch scar)　花枝或小的营养枝脱落后在茎上留下的痕迹。

⑥ 芽鳞痕(bud scale scar)　鳞芽展开生长时，外围的芽鳞片脱落后留下的痕迹。

(3) 茎的分枝类型

分枝是植物生长普遍存在的现象，顶芽和腋芽的发育，形成枝系。由于各种植物芽的性质和活动情况不同，所产生的枝的组成和外部形态也不同，因而分枝方式各异。植物的分枝方式，大致可分为以下几种类型(图 1-16)：

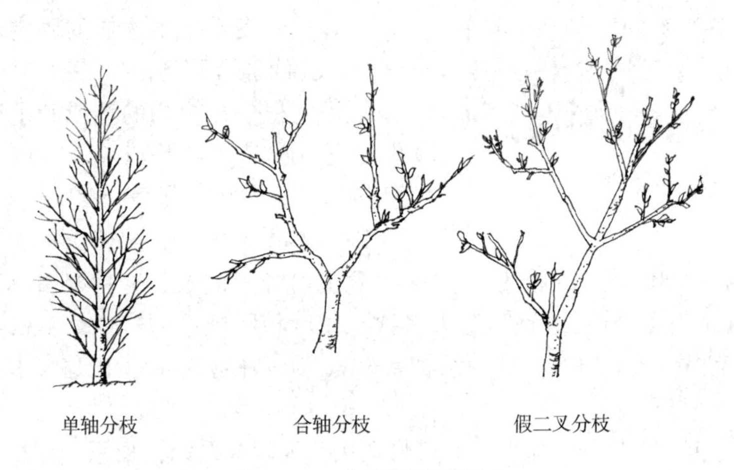

图 1-16　分枝类型示意图

① 单轴分枝　也称为总状分枝。这种分枝方式的植物，顶端优势明显，主干上虽然也能产生各级分枝，但主干的伸长和加粗比侧枝强得多，主干极显著。一部分被子植物如杨树、山毛榉(*Fagus longipetiolata*)，多数裸子植物如油松(*Pinus tabuliformis*)、水杉(*Metasequoia glyptostroboides*)、圆柏(*Sabina chinensis*)等属单轴分枝类型。

② 合轴分枝　主茎的顶芽在生长季节，生长迟缓或死亡，或顶芽分化为花芽，由紧接顶芽下面的腋芽生长，代替原顶芽，如此每年重复生长、延伸主干，这种主干是由许多腋芽发育而成的侧枝联合组成，称为合轴分枝。如无花果、梧桐、桃、苹果。

③ 假二叉分枝　是具有对生叶(芽)的植物，如丁香、茉莉(*Jasminum sambac*)、接骨木(*Sambucus williamsii*)、石竹等，在顶芽停止生长或顶芽分化为花芽，由顶芽下的两侧腋芽同时发育成二叉状分枝。如苔藓植物中的石松(*Lycopodium japonicum*)、卷柏(*Selaginella*

tamariscina）等。

④ 二叉分枝　这是比较原始的分枝方式，分枝时顶端分生组织平分为两半，每半各形成一小枝，并且在一定时候又进行同样的分枝，因此这种分枝统称二叉分枝。苔藓植物和蕨类植物具这种分枝方式。

⑤ 分蘖　是禾本科植物特有的分枝方式，由分蘖节上产生不定根和腋芽，以后腋芽形成分枝。分枝集中在地面下或近地面密集的节上，节上生根，这种分枝称为分蘖。

1.1.6 根

根(root)是植物适应陆地生活的器官，构成了植物的地下部分(图 1-17)。根具有吸收、固着、输导、合成、繁殖、贮藏、分泌及光合等作用。

图 1-17　植物的根

(1) 根的分类

种子萌芽时，胚根直接生长而成主根(main root)。根产生的各级大小分支，都称为侧根(lateral root)。根据发生部位不同，根可分为定根和不定根。

① 定根　发生于植物体的固定部位，包括主根(胚根发育而成)和侧根。

② 不定根　是植物的茎或叶上所发生的，根发生位置不固定，如茎(玉米)、胚轴(小麦)、叶(落地生根)、老根上都有可能发生。

根系(root system)：一株植物地下部分所有根的总和。根系有明显而发达的主根，主根上再生出各级侧根，这种根系称为直根系(tap root system)(通常为深根性)，这是绝大多数双子叶植物根系的特征。主根生长缓慢或停止，主要由不定根组成的根系，称为须根系(fibrous root system)，这是大多数单子叶植物根系的特征。

根据根系在土壤中的分布状态，又可将根系分为深根系和浅根系。深根系是指具有发达主根，深入土层，垂直向下生长的根系。浅根系是指主根不发达，侧根或不定根向四周扩展长度远远超过主根，根系大部分分布在土壤表层。

(2) 根瘤和菌根

根瘤和菌根是根系和土壤微生物之间的共生类型。根系与根际微生物关系十分密切，根部分泌的糖、有机酸、氨基酸及其他含氮和不含氮的化合物是微生物的营养来源；土壤微生物新陈代谢能够产生一些刺激生长的物质，或抗菌的、有毒的以及其他物质，直接或间接影响着根的生长发育，也可合成一些物质被高等植物所利用，成为某些养料的来源。

① 根瘤(root nodule)　是根瘤细菌与根形成的一种共生结构，为地下部分瘤状突起。根瘤细菌从豆科植物根的皮层细胞中吸收碳水化合物、矿质盐类和水分，同时，把空气中的游离氮固定下来，合成含氮的化合物，供给豆科植物利用。根瘤细菌固定的含氮化合物，可以提高土壤的含氮量，豆科植物可作为绿肥，在间作和轮作上也有重要意义。非豆

科植物如早熟禾等能与类似根瘤菌的细菌共生。胡颓子属、木麻黄属可以与某些放线菌发生共生关系，能结瘤、固氮。

② 菌根(mycorrhiza)　高等植物根部与土壤中的真菌共生形成的共生体。菌根分为外生菌根(ectomycorrhiza)和内生菌根(endomycorrhiza)。内外生菌根是两种菌根的混合型。柳属、苹果、柽柳、银白杨等具有这种菌根，共生的真菌能加强植物根部的吸收能力。

1.1.7 植物的变态

(1) 根的变态

根的变态是指有些植物的营养器官在长期发展过程中，其形态及功能发生了变化，并成为该种植物的遗传特性，这种现象称为器官的变态。依据变态的类型可分为(图1-18)：

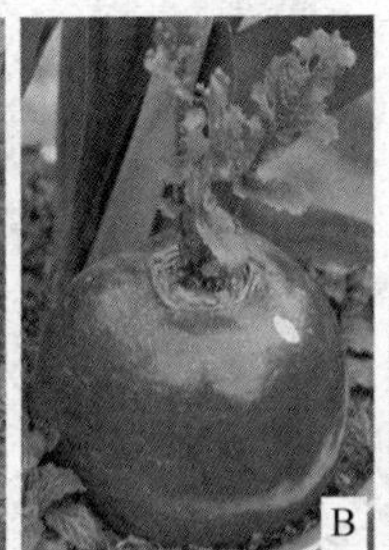

图1-18　根的变态类型

A. 池杉的呼吸根　B. 萝卜的肉质直根　C. 榕树的气生根

① 肉质直根　由主根发育而成，粗大单一；外形有圆柱形、圆锥形、纺锤形。如萝卜、甜菜(*Beta vulgaris*)等。

② 块根　由不定根或侧根膨大而成，在一株上可形成多个块根。为不规则块状、纺锤状、圆柱状、掌状、串珠状等。如番薯(*Ipomoea batatas*)、大丽花(*Dahlia pinnata*)、麦冬(*Ophiopogon japonicus*)等。

③ 支持根　玉米、高粱(*Sorghum bicolor*)等禾本科植物，在接近地面的节上，常产生不定根，增强支持和吸收作用。

④ 呼吸根　有些生长在沿海或沼泽地带的植物，如红树(*Rhizophora apiculata*)、水松(*Glyptostrobus pensilis*)、落羽杉(*Taxodium distichum*)等，它们有一部分根从腐泥中向上生长，暴露在空气中，形成呼吸根。另一些植物如榕树从树枝上发生多数向下垂直的根，也是呼吸根。

⑤ 攀缘根　一些藤本植物和附生草本，如凌霄(*Campsis grandiflora*)、常春藤(*Hedera nepalensis*)等的茎细长柔弱，不能直立，从茎上产生许多不定根，固着在其他树干、山石或墙壁等表面。

⑥ 寄生根　菟丝子(*Cuscuta chinensis*)、列当(*Orobanche coerulescens*)、桑寄生(*Taxillus sutchuenensis*)、锁阳(*Cynomorium songaricum*)等寄生植物，产生不定根，侵入寄主体内吸收水分和有机养料，这种吸器又称为寄生根。

⑦ 板根　热带雨林植物支柱根的一种形式。植物一般是把根系扎进土壤，执行吸收水分、养分、供应地上部分茎干、枝叶生长的功能，板根起着承受地上部分重力的支撑作用。

(2) 叶的变态

变态叶是由于功能改变引起的形态和结构变化的叶。叶变态是一种可以稳定遗传的变异。在植物的各种器官中，叶的可塑性最大，发生的变态最多。主要类型有：苞片和总苞。生于花下的变态叶，称为苞片。一般较小，仍呈绿色，但亦有大形的并呈各种颜色的变异，如三角梅(*Bougainvillea glabra*)。位于花序基部的苞片，总称为总苞，如菊科植物。苞片的形状、大小和色泽，因植物种类不同而异，是鉴别植物种属的依据之一。

植物的叶因种类不同与受外界环境的影响，常产生很多变态，常见的变态如下(图1-19)：

图1-19　叶的变态类型

A. 捕虫叶　B. 苞叶　C. 刺状叶

① 叶柄叶　即叶片完全退化、叶柄扩大呈绿色叶片状的叶，此种变态叶，其叶脉与其同科植物的叶柄及叶鞘相似，而与其相应的叶片部分完全不同，如台湾相思(*Acacia confusa*)、柴胡(*Bupleurum chinensis*)。

② 捕虫叶　即叶片形成掌状或瓶状等捕虫结构，有感应性，遇昆虫触动，能自动闭合，表面有大量能分泌消化液的腺毛或腺体，如茅膏菜(*Drosera peltata*)、猪笼草(*Nepenthes mirabilis*)等。

③ 革质鳞叶　即叶的托叶、叶柄完全不发育，叶片革质而呈鳞片状的叶，通常被覆于芽的外侧，所以又称为芽鳞，如玉兰(*Magnolia denudata*)。

④ 肉质鳞叶　即叶的托叶、叶柄完全不发育，叶片肉质而呈鳞片状的叶，如川贝母(*Lilium bonatii*)、百合(*Lilium brownii* var. *viridulum*)。

⑤ 膜质鳞叶　即叶的托叶、叶柄完全不发育，叶片膜质而呈鳞片状的叶，如大蒜(*Allium sativum*)。

⑥ 刺状叶　即整个叶片变态为棘刺状的叶，如豪猪刺(*Berberis julianae*)、仙人掌(*Opuntia dillenii*)、金琥(*Echinocactus grusonii*)。

⑦ 刺状托叶　即叶的托叶变态为棘刺状，而叶片部分仍基本保持正常，如马甲子(*Paliurus ramosissimus*)。

⑧ 苞叶　即叶仅有叶片，而着生于花轴、花柄，或花托下部的叶。通常着生于花序

轴上的苞叶称为总苞叶，着生于花柄或花托下部的苞叶称为小苞叶或苞片，如三角梅、珙桐（*Davidia involucrata*）、四照花（*Cornus kousa*）等。

⑨ 卷须叶　即叶片先端或部分小叶变成卷须状的叶，如野豌豆（*Vicia sepium*）、乌蔹莓（*Cayratia japonica*）、葡萄等。

⑩ 卷须托叶　即叶的托叶变态为卷须的叶，如菝葜（*Smilax china*）。

（3）茎的变态

变态茎是由于功能改变引起的形态和结构都发生变化的茎。植物在长期系统发育的过程中，由于环境的变迁，引起器官形成某些特殊的适应，以致形态、结构都发生了改变的茎。

茎的变态，有两种发展趋向。变态部分，有的特别发达，有的却格外退化。无论发达或退化，变态的部分都保存着茎特有的形态特征：有节和节间，有退化成膜状的叶，有顶芽或腋芽。茎变态是一种可以稳定遗传的变异（图 1-20）。

图 1-20　茎的变态类型

A. 百合膨大鳞茎　B. 仙人掌科植物肉质茎

① 地上变态茎

叶状枝　茎扁化变态成的绿色叶状体。叶完全退化或不发达，而由叶状枝进行光合作用，如昙花（*Epiphyllum oxypetalum*）、令箭（*Nopalxochia ackermannii*）、文竹（*Asparagus setaceus*）、天门冬（*Asparagus cochinchinensis*）、假叶树（*Ruscus aculeata*）和竹节蓼（*Muehlenbeckia platycladas*）等的茎，外形很像叶，但其上具节，节上能生叶和开花。

枝刺　由茎变态为具有保护功能的刺。如山楂和皂荚（*Crataegus pinnatifida*）茎上的刺，都着生于叶腋，相当于侧枝发生的部位。

茎卷须　由茎变态成的具有攀缘功能的卷须。如黄瓜（*Cucumis sativus*）和南瓜的茎卷须发生于叶腋，相当于腋芽的位置，而葡萄的茎卷须是由顶芽转变来的，在生长后期常发生位置的扭转，其腋芽代替顶芽继续发育，向上生长，而使茎卷须长在叶和腋芽位置的对面，使整个茎成为合轴式分枝。

肉质茎　由茎变态成的肥厚多汁的绿色肉质茎。可行光合作用，发达的薄壁组织已特化为贮水组织，叶常退化，适于干旱地区的生活。如仙人掌类的肉质植物，变态茎可呈球状、柱状或扁圆柱形等多种形态。

② 地下变态茎

根状茎　由多年生植物的茎变态成的横卧于地下、形状似根的地下茎。根状茎上具有明显的节和节间，具有顶芽和腋芽，节上往往还有退化的鳞片状叶，呈膜状，同时节上还有不定根，营养繁殖能力很强。如竹类、鸢尾(*Iris tectorum*)、白茅(*Imperata cylindrica*)和蓟(*Cirsium japonicum*)等。

块茎　由茎的侧枝变态成的短粗的肉质地下茎。呈球形、椭圆形或不规则的块状，贮藏组织特别发达，内贮丰富的营养物质。从发生上看，块茎是植物茎基部的腋芽伸入地下，先形成细长的侧枝，到一定长度后，其顶端逐渐膨大，贮存大量的营养物质而成。如马铃薯块茎，顶端有一个顶芽，节间短缩，叶退化为鳞片状，幼时存在，以后脱落，留有条形或月牙形的叶痕。在叶痕的内侧为凹陷的芽眼，其中有腋芽一至多个，叶痕和芽眼在块茎表面相当于茎上节的位置上呈规律性排列，两相邻芽眼之间，即节间。除马铃薯(*Solanum tuberosum*)外，菊芋(洋姜)(*Helianthus tuberosus*)、甘露子(草石蚕)(*Stachys sieboldi*)等也有块茎。

球茎　由植物主茎基部膨大形成的球状、扁球形或长圆形的变态茎。观赏植物唐菖蒲(*Gladiolus gandavensis*)和药用植物番红花(*Crocus sativus*)具比较典型的球茎。节与节间明显，节上生有退化的膜状叶和腋芽，顶端有较大的顶芽。从发生上看，有些球茎，如荸荠(*Heleocharis dulcis*)、慈姑(*Sagittaria trifolia*)等是由地下匍匐枝(侧枝)末端膨大形成的。球茎内都贮存有大量的营养物质，供营养繁殖之用。

鳞茎　扁平或圆盘状的地下变态茎。其枝(包括茎和叶)变态为肉质的地下枝，茎的节间极度缩短为鳞茎盘，顶端有一个顶芽。鳞茎盘上着生多层肉质鳞片叶，如水仙、百合(*Lilium brownii*)和洋葱(*Allium cepa*)等。营养物质主要贮存在肥厚的变态叶中。鳞片叶的叶腋内可生腋芽，形成侧枝。大蒜的营养物质主要贮存在肥大的肉质腋芽(即蒜瓣)中，包被于其外围的鳞片叶，主要起保护作用。

1.2　园林植物分类

1.2.1　自然分类

据不完全统计，全世界植物的总数达35万余种，其中高等植物逾23万多种，而原产于我国的高等植物有3万余种。目前，园林绿地中应用的园林植物仅为其中很少的一部分，大量的种类还未被认识与利用。要充分挖掘园林植物资源，丰富园林景观，科学合理地进行园林植物景观设计，首要的基础工作是必须进行园林植物的分类，只有在认识园林植物基本类群的基础上，才有可能进一步研究园林植物其他方面的问题。

在人类认识植物的历史过程中，建立了两种分类法，即自然分类法和人为分类法。自然分类法是根据植物进化过程中亲缘关系的远近进行分类的方法。亲缘关系的远近主要是根据形态、解剖、生理生化上的特征、特性等加以比较鉴别而确定的。这种分类方法能反映植物系统发育的规律，科学性较强。

人为分类法是选择植物的一个或几个形态特征或经济性状作为分类的依据，没有考虑它们在进化上的系统关系。如将园林植物分为木本植物、草本植物。这种分类法通俗易

懂、便于识别，至今仍在应用科学上沿用，但不能反映出植物间的亲缘关系和演化情况。

在植物分类系统中，使用了各级单位，以表示植物亲缘关系的远近。常用的单位是界、门、纲、目、科、属、种。种是分类的基本单位。集种成属，集属成科，依次类推，最后集中成植物界。界包括了自然界所有的植物，是分类学中的最高单位。

一般认为“种”是这样的生物类群：具有一定的自然分布区，形态、构造、生理、遗传等各种特性极其相似，亲缘关系最近。种内个体之间易于生殖结合，并能产生正常的后代。种间的个体一般不能生殖结合，即或结合，也不能产生有生殖能力的后代。种是生物进化与自然选择的产物。种内个体如果发生显著差异时，还可定为亚种和变种，亚种的变异明显，并具有一定的分布区；变种的变异较小，但仍能遗传，如花的变化，毛的有无等。如梅(*Prunus mume*)的野生变种有曲梗梅、毛梅等。蜡梅(*Chimonanthus praecox*)的变种有素心蜡梅、磬口蜡梅、红心蜡梅、小花蜡梅等。

在园林植物里，常划分为很多品种，品种不是植物分类学上的单位，而是经过人类培育出来的。品种多半是根据经济性状，如植株的大小，果实的色、香、味及成熟期等来区分的。例如，我国牡丹栽培的园艺品种就是以牡丹原种及其变种矮牡丹与紫斑牡丹经过自然选择与人工栽培选择出来的。有名的牡丹品种有‘姚黄’、‘魏紫’、‘墨魁’、‘豆绿’、‘二乔’、‘洛阳红’等。桂花的品种有‘金桂’、‘银桂’、‘丹桂’、‘四季’桂等。

植物命名法：每个植物种类都有个特有的学名。林奈(Carolus Linnaeus)于1753年发表于期刊 *Species Plantarum* 的文章首次阐述了我们目前仍在使用的科学命名系统，即林奈双名命名体系。使用这个系统，植物由两个拉丁化名称(单词)组成一个双名。在这拉丁双名中，第一个名称(单词)是属名，第二个名称(单词)是种加词。

属名和种加词共同构成了种的学名。例如，北美糖槭的学名是 *Acer saccharum*，拉丁属名 *Acer* 在古代拉丁语中是指槭树(枫树，maple)(木材很坚硬的意思)，而种加词 *saccharum* 是拉丁语糖或甘蔗的意思。

为了在世界范围内统一植物名称，国际植物分类协会(IAPT)制定了《国际植物命名法规》(ICBN)，规范了用拉丁双名法命名种名。

种名的书写：种名(如拉丁双名法)的书写必须以斜体或者下划线表示，属名的第一个字母必须大写，而种加词所有字母都小写。如糖槭的种学名应该写为：*Acer saccharum* 或 *Acer saccharum*。

1.2.2 依生物学特性分类

依生物学特性可将园林植物分为木本园林植物(乔木类、灌木类、藤本类)、草本园林植物(一年生、二年生和多年生草本植物)。

(1) 木本园林植物

① 乔木类　在原产地树体高大(通常自6m至数十米)，具有明显主干的称为乔木。依主干高度可将乔木分为伟乔(31m以上)、大乔(21~30m)、中乔(11~20m)和小乔(6~10m)。依生长速度可将乔木分为速生树、中速树和缓生树。速生树指在相同时间和相对适宜的立地条件下，高生长与径生长相对较快，且成熟林期较早的树种，如兴安落叶松

(*Larix gmelinii*)、长白落叶松(*Larix olgensis*)、白桦(*Betula platyphylla*)、泡桐(*Paulowinia fortunei*)、杉木(*Cunninghamia lanceolata*)等。依叶片大小和形状可将乔木分为针叶乔木和阔叶乔木。针叶乔木多为单叶，叶片细小，呈针状、鳞片状或线形、条形、钻形和披针形，如松、杉、柏等；阔叶乔木指叶片宽阔的树种，大小差异悬殊，叶形各异，有单叶和复叶之分。依叶片是否脱落可将乔木分为常绿乔木和落叶乔木，如南洋楹(*Albizia falcataria*)、香樟、广玉兰、榕树(*Ficus microcarpa*)、枇杷(*Eriobotrya japonica*)、雪松(*Cedrus deodara*)等为常绿乔木；青冈(*Cyclobalanopsis glauca*)、枫杨(*Pterocarya stenoptera*)、鹅掌楸(*Liriodendron chinense*)、悬铃木(*Platanus acerifolia*)、七叶树(*Aesculus chinensis*)等为落叶乔木(图1-21)。

② 灌木类　指树体矮小(通常在6m以下)，没有明显主干、呈丛生状的树木。一般可分为观花、观果、观枝干等几类。常见的常绿灌木有南天竹(*Nandina domestica*)、夹竹桃、黄杨(*Buxus sinica*)、海桐(*Pittosporum tobira*)、十大功劳(*Mahonia fortunei*)、栀子(*Gardenia jasminoides*)、山茶(*Camellia japonica*)等；常见的落叶灌木有蜡梅、月季、紫荆(*Cercis chinensis*)、木槿(*Hibiscus syriacus*)、连翘(*Forsythia suspensa*)、海棠花(*Malus spectabilis*)等(图1-22)。

图1-21　乔木类

A. 广玉兰　B. 雪松　C. 银杏

图1-22　灌木类

A. 高山杜鹃　B. 红绒球　C. 月季

③ 木质藤本类　指能缠绕或攀附它物而向上生长的木本植物。依其生长特点又可分为绞杀类(具有缠绕性和较粗壮、发达的吸附根的木本植物，可使被缠绕的树木缢紧而死亡，如桑科榕属的一些种类)、吸附类[如爬山虎(*Parthenocissus tricuspidata*)可借助吸盘，凌霄可借助于吸附根而向上攀爬]、卷须类(如葡萄)和蔓条类(如蔓性蔷薇每年可发生多数长枝、枝上并有钩刺故得上升)等；依其叶片是否脱落又可分为落叶藤本类[紫藤(*Wisteria sinensis*)、葡萄、爬山虎、南蛇藤(*Celastrus orbiculatus*)]和常绿藤本类[常春藤、金银花(*Lonicera japonica*)等](图1-23)。

图1-23　木质藤本类

A. 藤本月季　B. 首冠藤　C. 薜荔

图1-24　一年生草本园林植物

A. 角堇　B. 孔雀草　C. 矮牵牛

(2) 草本园林植物

① 一年生草本园林植物　指在一年内完成其生活史的植物，即从种子萌发、开花、结实到枯死均在一年内完成。一年生草本园林植物多数种类原产于热带或亚热带，不耐寒，一般在春季无霜冻后播种，于夏季开花结实后死亡，如角堇(*Viola cornuta*)、百日草(*Zinnia elegans*)、鸡冠花(*Celosia cristata*)、凤仙花(*Impatiens balsamina*)、万寿菊(*Tagetes erecta*)、孔雀草(*Tagetes patula*)、矮牵牛(*Petunia* × *hybrida*)等(图1-24)。

② 二年生草本园林植物　指跨年完成其生活史的植物，即从种子的萌发、开花、结实到死亡跨年进行，第一年只进行营养生长，冬季休眠，然后必须经过冬季低温，第二年才开花、结实、死亡，整个生命过程实际上可能不足12个月。如油菜花、紫罗兰(*Matthiola incana*)、三色堇(*Viola tricolor*)、羽衣甘蓝(*Brassica oleracea* var. *acephala* f. *tric*

图 1-25　二年生草本园林植物

A. 羽衣甘蓝　B. 毛地黄　C. 矮牵牛

dor) 等。自然界中真正的二年生草本园林植物种类并不多，如苞石竹、紫罗兰等(图 1-25)。这类植物一般秋季种子萌发，进行营养生长，冬季休眠，第二年的春天或初夏开花、结实，在炎夏到来时死亡。

③ 多年生草本园林植物　指个体寿命超过两年，可以生存多年，多次开花、结实的植物。依物候期不同，从早春到晚秋都有开花的种类，依据多年生草本园林植物的地下形态，又可将其分为球根园林植物和宿根园林植物。

球根园林植物　均为多年生草本，共同特点是具有地下茎或根变态形成的膨大部分，以度过寒冷的冬季或干旱炎热的夏季(呈休眠状态)，至环境适宜时再活跃生长，出叶开花，并产生新的地下膨大部分或增生仔球进行繁殖。球根园林植物因地下茎或根变态部分的差异分为：

——由不定根或侧根膨大而形成的块根类，如大丽花、花毛茛(*Ranunculus asiaticus*)等；

——由短缩的变态茎形成的球茎类，如唐菖蒲、小苍兰(*freesia hybrida*)、秋水仙(*Colchicum autumnale*)等；

——由地下根状茎的顶端膨大而形成的块茎类，如马蹄莲(*Zantedeschia aethiopica*)、大岩桐(*Sinningia speciosa*)等；

——由地下茎极度缩短并有肥大的鳞片状叶包裹形成的鳞茎类，如水仙、郁金香(*Tulipa gesneriana*)、百合等；

——由地下茎肥大而形成的根茎类，如美人蕉(*Canna indica*)(图 1-26A)、鸢尾(图 1-26B)等。

宿根园林植物　地下部分形态正常，不发生变态，宿根存于土壤中，这类花卉地下部分可以存活多年，一些花卉的地上部分每年冬季枯死，如芍药(*Paeonia lactiflora*)、荷包牡丹(*Dicentra spectabilis*)(图 1-26C)、宿根福禄考(*Phlox paniculata*)等；而一些花卉的地上部分可以跨年生存，呈常绿状态，如土麦冬(*Liriope spicata*)、沿阶草(*Ophiopogon japonicus*)、君子兰(*Clivia miniata*)等。

图 1-26 多年生草本园林植物
A. 美人蕉 B. 鸢尾 C. 荷包牡丹

1.2.3 依观赏特性分类

(1) 观花类园林植物

观花类园林植物是指以花朵为主要的观赏部位的园林植物，以花大、花多、花艳或花香取胜，包含木本观花植物和草本观花植物。木本观花植物有玉兰、梅花、杜鹃花(*Rhododendron simsii*)、碧桃(*Amygdalus persica*)、紫薇(*Lagerstroemia indica*)等；草本观花植物有兰花(*Cymbidium* ssp.)、菊花、一串红(*Salvia splendens*)、大丽花等(图 1-27)。

图 1-27 观花类
A. 梅花 B. 地被菊 C. 大丽花

图 1-28 观叶类

(2) 观叶类园林植物

观叶类园林植物是指以观赏叶形、叶色、大小以及着生方式为主的园林植物，或叶色光亮、色彩艳丽，或者叶形奇特而引人注目。观叶园林植物观赏期长，观赏价值较高，如银杏、鸡爪槭(*Acer palmatum*)、鹅掌楸、龟背竹(*Monstera deliciosa*)、苏铁(*Cycas revoluta*)、一叶兰(*Aspidistra elatior*)、'缟叶'竹蕉(*Dracaena deremensis* 'Roehrs Gold')等(图 1-28)。

(3) 观果类园林植物

观果类园林植物是指以果实或种子为主要观赏性状的植物，这类园林植物果实色泽艳丽，经久不落，或果实奇特，或色形俱佳。如火棘（*Pyracantha fortuneana*）、金橘（*Fortunella margarita*）、石榴（*Punica granatum*）、佛手（*Finger citron*）、柿（*Diospyros kaki*）、山楂等（图 1-29）。

（4）观枝类园林植物

该类园林植物具独特的风姿或奇特的色泽、附属物等。如白皮松（*Pinus bungeana*）、'龙爪'槐（*Sophora japonica* var. *pendula* f. *pendula*）、红瑞木（*Cornus alba*）、佛肚竹（*Bambusa ventricosa*）等（图 1-30）。

图 1-29　观果类

A. 火棘　B. 金橘　C. 美国冬青

（5）观根类园林植物

观根类园林植物是指以根为观赏性状的园林植物，比较常见的如榕树，气生根发达，能下垂数米，在空中飘荡，优美可观赏。此外，如高山榕（*Ficus altissima*）、人面子（*Dracontomelon duperreanum*）、木棉（*Bombax ceiba*）等具有特殊的板根现象（图 1-31），也可作为观根类园林植物。

（6）观姿类园林植物

观姿态类园林植物以植物的树型、树姿为主要观赏特征。这类园林植物树型、树姿或端庄、或高耸、或浑圆、或盘绕、或似游龙、或如伞盖，如雪松、黄山松（*Pinus taiwanensis*）、'龙柏'（*Sabina chinensis* 'Kaizuca'）、香樟、合欢（*Albizia julibrissin*）（图 1-32）。

图 1-30　观枝类

图 1-31　观根类——木棉的板根

1.2.4 依园林用途分类

(1) 木本园林植物

① 风景林木类　指多用丛植、群植、林植等方式，配置在建筑物、广场、草地周围，也可用于湖泊、山野来营造风景林或开辟森林公园、疗养院、度假村、乡村花园的一类乔木树种。风景园林类树木应具备适应性强、栽植成活率高、苗源充足、病虫害少、生长快、寿命长等特点，对该区域环境改善、保护效果显著。风景林木类对单株的观赏特性要求并不十分严格，主要是观赏树木的平面、立面、层次、外形、轮廓、色彩、季相变化等群体美。

② 防护林类　指能从空气中吸收有害气体、阻滞尘埃、减弱噪声、防风固沙、保持水土的一类树木(图 1-33)。具体可分为：防有毒物质类：苏铁、银杏、无花果、刺槐(*Robinia pseudoacacia*)等；防尘类：泡桐(*Paulownia fortunei*)、悬铃木；防噪声类：叶片大、坚硬，呈鳞片状重叠排列密集的常绿树，如雪松、圆柏(*Sabina chinensis*)；防火类：含树脂少，水分多，叶皮厚，枝干木栓层发达，萌芽能力强，枝叶稠密，着火不发生烟雾，燃烧蔓延缓慢的树木；防风类：生长快、生长期长、根系发达、抗倒伏、木质坚硬、质感柔软的树木；水土保持类：根系发达、侧根多、耐干旱、瘠薄、萌蘖性强、枝叶繁茂、生长快、固土作用大的树种；其他类：防雾类、防沙类、防辐射类等。

图 1-32　观姿类

图 1-33　防护林类

③ 行道树类　栽植在道路两侧，排列整齐、以遮阴美化为目的的乔木树种(图 1-34)。行道树选择要求：树冠整齐、冠幅大、树姿优美；树干下部及根蘖苗少、抗逆性强、对环境保护作用大；根系发达、抗倒伏、生长迅速、寿命长、耐修剪、落叶整齐；无恶臭或不散发刺激性气味、其凋落物不污染环境；大苗栽植易成活。世界五大行道树为银杏、悬铃木、椴树(*Tilia tuan*)、七叶树(*Aesculus chinensis*)和鹅掌楸(*Liriodendron chinensis*)。

④ 孤赏树类　以单株方式，栽植在园林景区中，起主景、局部点缀或遮阴作用的树木(图 1-35)。选择标准：姿态优美、开花结果茂盛、四季常绿、夜色秀丽、抗逆性强的喜光树种。世界五大公园树种为雪松、金钱松(*Pseudolarix amabilis*)、南洋杉(*Araucaria cunninghamii*)、日本金松(*Sciadopitys verticillata*)和巨杉(*Sequoiadendron giganteum*)。

图 1-34　行道树类

图 1-35　孤赏树类

⑤ 绿篱类　指耐修剪、耐密植，养护管理简便，有一定观赏价值的树种。根据高度不同，可分为高绿篱、中绿篱、矮绿篱三类。高绿篱一般 2m 左右，起围护作用和屏障视线的作用，有时也作为雕塑、喷泉的背景；中绿篱一般 1m 左右，起联系与分割作用；矮绿篱一般 0. 5m 左右，多在花坛、水池边缘起装饰作用。

图 1-36　绿篱类

图 1-37　垂直绿化(紫藤)

⑥ 垂直绿化(藤本类)　具有细长茎蔓或吸盘的木质藤本类植物。可以攀缘或垂挂在各种支架上，有些可以直接吸附于垂直的墙壁上。其应用形式灵活多样，是各种棚架、凉廊、栅栏、围篱、墙面(图 1-37)、拱门、灯柱、山石、枯树等绿化的好材料。

⑦ 造型类及树桩盆景、盆栽类　指人工整形形成的各种物像单株或绿篱。树桩盆景类指的是在盆中再现大自然风貌或表达特定意境的活体树木(图 1-38)。

⑧ 木本地被类　指的是那些低矮、高度在 50cm 以下的铺展力强，处于园林绿地底层的一类树木。其作用是避免地表裸露，防止尘土飞扬和水土流失，调节小气候，丰富园林景观。多选择耐阴、耐践踏、适应性强的常绿树种，如铺地柏(*Sabina procumbens*)、砂地柏(*Sabina vulgaris*)(图 1-39)、厚皮香(*Ternstroemia gymnanthera*)等。

图 1-38 盆景类

图 1-39 木本地被植物(砂地柏)

(2) 园林花卉

① 室内花卉 指比较耐阴，适宜长期在室内摆放和观赏的花卉。室内花卉根据观赏部位不同可分为观根类、观茎类、观果类、观花类和观叶类。主要起美化室内环境、净化室内空气、驱蚊虫、杀病菌的作用，如芦荟(*Aloe vera*)、凤尾竹(*Bambusa multiplex*)、非洲紫罗兰、金鱼藤(*Lemmaphyllum carnosum*)、椒草(*Peperomia magnoliifolia*)等。

② 盆花花卉 花卉生产的一类产品，指主要观赏盛花时的景观，植株圆整，开花繁茂，整齐一致的花卉，如杜鹃花、菊花、一品红、仙客来(*Cyclamen persicum*)、君子兰、观叶类等。

③ 切花花卉 用来进行切花生产的花卉。四大鲜切花：月季、香石竹(*Dianthus caryophyllus*)、唐菖蒲、菊花。

④ 花坛花卉 狭义的花坛花卉是指用于花坛的材料，广义的花坛花卉是指用于室外园林美化的草花，如一串红、金鱼草(*Antirrhinum majus*)、鸡冠花、三色堇、矮牵牛(*Petunia hybrida*)、万寿菊等。

⑤ 花境花卉 用来布置花境的花卉材料，如毛地黄(*Digitalis purpurea*)、风铃草(*Canterbury medium*)、鸢尾、锦葵(*Malva sinensis*)、虞美人(*Papaver rhoeas*)、飞燕草(*Consolida ajacis*)等。

⑥ 地被花卉 低矮，抗性强，用作覆盖地面的花卉，如沿阶草、麦冬、半边莲(*Lobelia chinensis*)、吉祥草(*Reineckea carnea*)、铃兰(*Convallaria majalis*)等。

⑦ 岩生花卉 外形低矮、常成垫状、生长缓慢、耐旱耐贫瘠、抗性强、适于岩石园栽种的花卉。一般为宿根性或基部木质化的亚灌木类植物，以及蕨类等好阴湿的花卉，如福禄考(*Phlox drummondii*)、肾蕨(*Nephrolepis auriculata*)、虎耳草(*Saxifraga stolonifera*)等。

⑧ 药用花卉 具有药用功能的花卉，如麦冬、芍药、乌头(*Aconitum carmichaeli*)、菊花等。

⑨ 食用花卉 可以食用的花卉，如兰州百合(*Lilium davidii*)、黄花菜(*Hemerocallis citrina*)、木槿等。

1.2.5 依栽培方式分类

(1) 露地园林植物

露地园林植物是指在自然条件中生长发育的园林植物。这类园林植物适宜栽植于露天的园地，由于园地土壤水分、养分、温度等因素容易达到自然平衡，光照又较充足，因此，该类植物枝壮叶茂，花大色艳。露地园林植物的管理比较简单，一般不需要特殊的设施，在常规条件下便可栽培，只要求在生长期及时浇水和追肥，定期进行中耕、除草就行。

(2) 温室园林植物

温室园林植物是指必须使用温室栽培或越冬养护的园林植物。这类植物常上盆栽植，以便于搬移和管理。所用的培养土或营养液，光照、温度、湿度的调节以及浇水和施肥全依赖于人工管理。对于温室植物的养护管理要求比较精细，否则会导致生长不良，甚至死亡。另外，温室植物的概念也因地区气候的不同而异，如北京的温室植物到南方则常作为露地植物栽植。

1.3 园林植物生长环境因子

园林植物的生长发育环境主要指园林植物生长地周围的生态因子，如温度、光照、水分、土壤、空气、生物以及建筑物、铺装、地面、灯光、城市污染等。植物的生态习性是植物在与环境长期相互作用下所形成的固有适应属性。每一种植物只有在适合其生存的生态环境条件下，才能表现出正常的生物学特性。

园林植物与环境条件的关系错综复杂。一方面，不同的环境生长着不同的植物，环境因子直接影响植物生长发育的进程和质量；另一方面，植物在自身发有过程中不断与周围环境进行物质交换，在其代谢产物、形态和繁殖方面体现出来。因此，在进行园林植物栽植与养护时，不仅要了解不同植物所需要的一般环境条件，同时，也应了解城市环境对植物生长产生的影响。

园林植物能否完成正常的生活史，表现其优良的性状，与其生长的环境因子有密切的关系。在园林植物生长的环境中，有的因子对植物没有影响或者在一定阶段中没有影响，有的对植物有直接、间接影响，还有一些生态因子对植物的生活是必需的，没有它们植物就不能生存，对园林植物来说，温度、光照、水分、空气及无机盐类等因素是其生存条件，也是影响园林植物生长发育的主要环境因子。

1.3.1 光照因子

光照是园林植物生命活动中起重大作用的生态因子，适宜的光照使植株生长健壮；光照影响植物色素合成，调节有关酶的活性，对叶色变化也具重要作用。光对植物生长发育的影响主要表现在光质、光照强度和光照长度三方面，提高光能利用率是园林植物栽培的重要研究内容之一。

（1）太阳辐射与光质

① 太阳辐射与植物吸收光谱　我国太阳辐射资源的地理分布整体上是西部高于东部，年辐射量最大的西藏南部为800kJ/cm^2；四川盆地最低，不到400kJ/cm^2；华北居中，为550～600kJ/cm^2；长江中下游为460～500kJ/cm^2。太阳辐射强度与太阳高度角有关，近于直角时强度最大；夏季太阳辐射强度与地理纬度关系不大，而在冬季则随纬度变高而增强。太阳辐射的波长变化为150～3000nm，叶片以吸收太阳光谱380～760nm的可见光和紫外光为主(通常称为生理有效辐射或光合有效辐射)，占总量的60%～80%。

② 光质　是指太阳光谱的组成特点，主要由紫外光、可见光和红外光三部分组成。当太阳辐射通过大气时，不仅辐射强度减弱且光谱成分也发生变化，紫外光和可见光所占比例随太阳高度升高而增大。不同光质的单色光对生长的影响不同。红光能促进叶绿素形成，有利于碳水化合物的合成；紫外光会破坏核酸而造成对植株的伤害，叶片的表皮细胞能截留大部分紫外光而保护叶肉细胞。高海拔地区的强紫外光会破坏细胞分裂素和生长素的合成而抑制植株生长，因此，在自然界中高山植物一般都具茎秆短矮、叶面缩小、茎叶富含花青素、花果色艳等特征。

③ 直射光与漫射光　作用于园林植物的光有两种，即直射光和漫射光。通常漫射光随纬度增高而增强，随海拔升高而减弱；而直射光随海拔增高而增强，垂直距离每升高100m，光照度平均增加4.5%，紫外光强度增加3%～4%。南坡和北坡的漫射光不同，如在坡度为20°时南坡受光量超过平地面积的13%，而北坡则减少34%，山坡地边缘的园林植物受漫射光最少。在一定限度内直射光的强弱与光合作用呈正相关，但超过光饱和点后，光的效能反而降低。漫射光强度低，但在光谱中短波部分的漫射光比长波部分强得多，所以漫射光中有多达50%～60%的红、黄光可被植物完全吸收利用，而直射光中仅有37%的红、黄光被树体吸收利用。

在城市环境中，直射光多在向阳面、屋顶及开阔地带，而漫射光的来源却很丰富，此外尚有夜间人工照明可利用。除非在密集建筑群下，城市客观存在的光量一般都能满足园林植物的生长发育，只是在种植设计时应更注意物种、品种的需光特性，适地适树。

（2）光对植物生长发育的影响

① 光照度　光补偿点是植物能够生存的最低光量。植物需要在一定的光照条件下完成生长发育过程，在低于光补偿点的光照度下，无法积累干物质。不同植物对光照度的适应范围则有明显的差别，一般可将其分为三种类型：

喜光植物　喜光树种又称阳性植物生长，通常在全光照条件下才能正常生长，其光补偿点与光饱和点较高，光合速率和呼吸速率也较高。植株性状一般为：叶色较淡、枝叶稀疏、透光，自然整枝良好，生长较快但树体寿命较短。典型的喜光园林植物有：乌桕(*Sapium sebiferum*)、悬铃木、丁香、紫薇、月季、夹竹桃、一串红、向日葵、大丽花等。

耐阴植物　需光量少，不能忍受强光照射，具有较强的耐阴能力；耐阴植物的光补偿点较低，光合速率和呼吸速率也较低。耐阴植物如长期受强光照射，尤其是夏季强阳光暴晒，叶片易灼伤，呈现不同程度的枯黄。植株性状一般为：叶色较深、枝叶浓密、透光度小，自然整枝不良；生长较慢，但寿命较长。典型的耐阴性园林植物有：杜英(*Elaeocarpus decipiens*)、香榧(*Torreya grandis*)、海桐、枸骨(*Ilex cornuta*)、八角金盘(*Fatsia japonica*)、络石(*Trachelospermum jasminoides*)等，多数热带观叶观花植物如蕨类、兰科、凤梨科、姜科、天南星科植物等。

中性树种　中性树种介于喜光树种与耐阴树种之间，比较喜光，稍能耐阴，光照过强或过弱对其生长均不利，大部分园林树种属于此类，如槭属、鹅耳枥属、青冈属、香樟等。

判断树木耐阴性的方法有生理指标法和形态指标法两种。生理指标法是通过光合作用测定光补偿点和光饱和点，形态指标法是根据树木的外部形态来判断树种的喜光性和耐阴性(表 1-1)。

表 1-1　植物阳生叶与阴生叶的区别

特　征		阳生叶	阴生叶
形态特征	叶片	较厚	较薄
	叶肉层	较多，栅栏组织发达	较少，栅栏组织不发达
	角质层	较厚	较薄
	叶脉	较密	较疏
	气孔分布	较密	较稀
生理生化特性	叶绿素	较少	较多
	可溶性蛋白	较多	较少
	光补偿点、饱和点	高	低
	光抑制	无	有
	暗呼吸速率	较强	较弱
	RUBP 羧化酶	较多	较少

城市中由于建筑的大量存在，形成特有的小气候，对光照因子起重新分配的作用。建筑东面一天有数小时光照，约 15：00 后即成为庇荫地，适合一般植物的生长；建筑南面白天几乎都有直射光，墙面辐射热大，温度高，生长季延长，适合喜光的植物；西面光照时间虽短，但强度大，变化剧烈，适合耐热、不怕日灼的植物；北面以漫射光为主，适合耐寒，耐阴植物。

高架桥下的光照有明显差异，既存在植物生长的“弱光死区”，又存在可对植物造成“强光伤害”的区域。东西走向高架桥，由于桥面宽窄以及两边建筑物距离的远近等都对桥下采光有一定影响，光照严重不足的桥下绿化带不宜栽种喜光植物，而某些绿化带外侧光照好的位置可栽种海桐、小叶黄杨(*Buxus sinica*)等喜光植物，光照不足地段可种植八角金盘、洒金桃叶珊瑚(*Aucuba japonica*)、熊掌木(*Fatshedera lizei*)、常春藤、爬山虎、扶芳藤(*Euonymus fortunei*)、络石等耐阴树种。在高架桥下种植时应对光照度进行测试，选择合理的树种配置，满足植物生长所需的光补偿点。

②光照持续时间　因纬度不同而呈周期性变化。纬度越低，最长日和最短日光照持续时间的差距越小；而随着纬度的增加，日照长短的变化也趋明显。树木对光照持续时间的

反应称为光周期现象，根据不同树种在系统发育过程中形成的环境适应性，可将园林植物分为三类：

长日照植物　大多生长在高纬度地带，通常需要 14h 以上的持续光照才能实现由营养生长向生殖生长的转化，花芽才得以分化和发育。如日照长度不足，则会推迟开花甚至不开花。

短日照植物　起源于低纬度地带，一般需要 14h 以上持续黑暗的短日照才能促进开花，光照持续时间超过一定限度则不开花或延迟开花。如果把低纬度地区的树种引种到高纬度地区栽种，因夏季日照长度比原生地延长而对花芽分化不利，尽管株形高大、枝叶茂盛，花期却延迟或不开花。

中日照植物　月季花等对光照持续时间反应不甚敏感的树种，只要温度条件适宜，几乎一年四季都能开花。

进一步的研究证明，对短日照植物花原基形成起决定作用的不是较短的光期，而是较长的暗期。因此，用闪光的方法打断黑暗，可以抑制和推迟短日照植物开花，促进和提早长日照植物开花。

③ 园林植物受光量　园林植物的受光情况与植物所在地的地理状况(海拔、纬度)和季节变化有关，照射在植物体上的光部分被植物反射出去，部分透过枝冠落到地面上，部分落在植物体的非光合器官上，因此，植物体对光的利用率取决于植物冠幅的大小和叶面积的多少。

植物体的受光类型可分为四种，即上光、前光、下光和后光。上光和前光是从植物体上方和侧方光照到树冠上的直射光和部分漫射光，这是植物体正常发育的主要光源；下光和后光是照射到平面(如土壤、路面、水面等)和植物体后的物体(包括临近的树和建筑物墙体等)所反射的漫射光，其强度取决于栽植密度、建筑物状况、土壤性质和覆盖状况等植物体周围的环境。植物体对下光和后光的利用虽不如上光和前光，但因其能增进冠幅下部的生长而对植物体生长起着相当大的作用，在制订栽培管理措施时不应被忽视。

(3) 城市日照特点

城市日照水平分布的地区性差异十分明显。总的说来，因为大气中的污染物浓度增加，大气透明度降低，致使城市所接收的总太阳辐射少于乡村。但城市环境中铺装表面的比例大，导致下垫面的反射率小而减少了反射辐射，城市接收的净辐射与周围农村相比实际差异并不明显。不过城市环境中太阳辐射的波长结构发生了较大变化，集中表现在短波辐射的衰减程度大(10%)而长波辐射变化不明显，辐射能组成中的紫外辐射部分减少。

城市日照持续时间因为建筑物的影响而减少，使长日照植物开花推迟；而城市环境中的人工照明会延长局部光照时数，因而可能打破树木的正常生长和休眠，导致树木生长期延长，不利于落叶植物过冬等。另外，大面积的玻璃幕墙的光反射也会造成光污染，对园林植物生长有一定的影响。

1.3.2　温度因子

温度是园林植物生长发育必不可少的因子，是植物分布区的主导因子，是不同地域植物组成差异的主要原因之一。温度又是影响植物生长速度和景观质量的重要因子，对植物的生长发育以及生理代谢活动有重要影响。

(1) 温度变化规律

① 温度在空间上的变化

纬度影响　随着纬度增高，太阳高度角减小，太阳辐射量随之减少，温度也逐渐降低。由于受温度的限制，不同的植物有不同的分布区域。从赤道到极地划分为热带、亚热带、暖温带、温带和寒温带，不同气候带的植物物种组成不同，森林植物景观各异。例如，从高纬度到低纬度，分别为寒温带针叶林、温带针阔叶混交林、暖温带落叶阔叶林、亚热带常绿阔叶林、热带季雨林和雨林等(表 1-2)。

表 1-2　气候带与植被分布类型

气候带	年均温/℃	最冷月均温/℃	极端低温/℃	最热月均温/℃	年≥10℃有效积温/℃	植被分布类型
寒温带	-5~-2	-38~-28	-50	16~21	1100~1700	耐寒针叶林
温　带	2~8	-25~-10	-40	21~24	1600~3200	针阔叶混交林
暖温带	9~14	-14~-2	-28	24~28	3200~6000	落叶阔叶林
亚热带	14~22	2~13	-7	28~30	4500~8000	常绿阔叶林
热　带	22~26	16~21	>5	26~29	8000~10 000	季雨林、雨林

地形及海拔变化　通常海拔每升高 100m，相当于纬度向北推移 1°，年平均温度则降低 0.5~0.6℃。温度还受地形、坡向等地理因素影响，一般情况下南坡太阳辐射量大，气温、土温比北坡高，所以南坡多生长喜光喜温耐旱植物，北坡更适宜耐阴喜湿植物生长。同植物在南坡的分布上限要比北坡高，例如，在长江流域与福建地区，马尾松的垂直分布带为海拔 1000~1200m 及以下，在北坡仅到 900m，而在南坡可分布到 1200m。

海陆分布　表现为气团流动对温度分布的影响。我国东南沿海为季风性气候，从东南向西北，大陆性气候逐渐增强。夏季温暖湿润的热带海洋气团，将热量从东南带向西北；冬季寒冷而干燥的大陆性气团，使寒流从西北向东南推移，造成同样方向的温度递减。

② 温度在时间上的变化

温度的季节变化　我国大部分地区一年中根据气候寒暖、昼夜长短的节律变化，可分为春、夏、秋、冬四季，一般冬季候(5d 为一候)平均气温低于 10℃，春、秋季候平均气温为 10~22℃，夏季候平均气温高于 22℃。我国大部分地区位于亚热带和温带，一般是春、秋季气候温暖，昼夜长短相差不大；夏季炎热，昼长夜短；冬季则寒冷，昼短夜长。但由于各地所处位置及气候条件不同，四季长短及开始日期有很大差异。例如，广州的夏季长达 6 个半月，而位于高纬度的黑龙江省黑河市的冬天则长达 8 个月。

植物由于长期适应这种季节性温度的变化，而形成一定的生长发育节奏，称为物候期。物候现象可以作为环境因素影响的指标，也可以用作评价环境因素对于动植物影响的总体效果。虽然各种生物物候现象的出现日期每年随气候条件变化而变化，但在同一气候区内，如果不受局地小气候的影响，其先后顺序每年保持不变。我国幅员辽阔，各地的纬度、海拔高度、海陆位置、大气环流等条件不同，因此，四季分配的差别很大。

在园林建设中，必须对当地的气候变化及植物的物候期有充分的了解，才能发挥植物的功能，并进行合理的栽培养护管理。

温度的昼夜变化　一般气温的最低值出现在近日出时，日出后气温逐渐升高，13：00~14：00达最高值，此后又逐渐下降，一直到日出前为此。昼夜温差(日较差)一般随纬度的增加而减小。

(2) 城市热岛效应

城市热岛效应(urban heat island effect)是最显著的城市气候特征之一，它是指城市气温高于郊区气温的现象。

城市下垫面多由砖块、水泥、沥青等铺设而成，热容量大，改变了地表的热交换；高低错落的建筑物墙面又增加了辐射热，其密度减低了反射热的扩散，改变了大气动力学特性，其结果使城市具有一种特殊的水平和垂直的温度结构，从气温的水平分布状况来说：市中心区气温最高，向城郊逐渐减低，如果用闭合等温线表示城市气温的分布，因其形状似小岛，故称作热岛。热岛效应用热岛强度来表示，即同一时间内城市和郊区的气温对比的差值。例如，我国北京7月的平均气温，市中心的天安门广场比市郊高1.6℃；上海热岛区域平均气温较城郊高1℃；美国洛杉矶市区的年平均温度要比郊区农村高1.5℃。

城市热岛效应强度因地区而异，它与城市规模、人口密度、建筑密度、城市布局、附近的自然环境有关。在人口密度大、建筑密度大、人为释放热量多的城市，形成高温中心。城市中的植被和水体增温缓和，可以降低热岛强度，因此在有植被和水体的地方形成低温带。

1.3.3 水分因子

水是植物生存的重要因子，植物体内的生理活动都要在水分参与下才能进行；水是植物体构成的主要成分，植物枝叶和根部的水分含量在50%以上。水是树体生命过程不可缺少的物质，细胞间代谢物质的传送、根系吸收的无机营养物质输送以及光合作用合成的糖类分配，都是以水为介质进行的；另外，水对细胞壁产生的膨压得以支持树木维持其结构状态，当枝叶细胞失去膨压即发生萎蔫并失去生理功能，如果萎蔫时间过长，则导致器官或树体最终死亡。

(1) 水对植物的重要性

水对植物的重要性体现在以下几个方面：

① 水是生化反应的溶剂　植物的一切代谢活动都必须以水为介质，植物体内营养的运输、废物的排除、激素的传递和生命赖以存在的各种生化过程，都必须在水溶液中才能进行。

② 水是植物新陈代谢的直接参与者和光合作用的原料　植物的光合作用只有在水的参与下，才能将光能转变为化学能贮藏在化学键中。

③ 水能调节植物体和环境的温度　水的热容量很大，因此，水的温度变化不像大气温度变化显著，能为生物创造一个相对稳定的温度环境，保证正常的生理生化代谢活动。蒸腾散热是所有陆生植物降低体温的主要手段，植物通过蒸腾作用调节其体温，使植物体

免受高温危害。

④ 水还可以维持细胞和组织的紧张度　由于植物的液泡里含有大量的水分，因而可以维持细胞的形态而使植物枝叶挺立，便于接收阳光和交换气体，保证正常的生长发育。植物在缺水的情况下，通常表现为气孔关闭、枝叶下垂、萎蔫。

⑤ 水还对植物体的生命活动起重要的调控作用　植物体内水的含量以及水的存在状态的改变，都影响着新陈代谢的进行。当含水量降低时，生命活动不活跃或进入休眠；当自由水比例增加时，植物体的代谢活跃，生长迅速；而当自由水向结合水转化较多时，代谢强度下降，抗寒、抗热、抗旱的性能提高。

(2) 植物水分的生态类型

根据植物对水分的需求量和依赖程度，可将植物划分为水生植物(见 1.2.2)和陆生植物两大类。

陆生植物指生长在陆地上的植物，可进一步划分为湿生植物、中生植物和旱生植物三大类型。

① 湿生植物　在潮湿环境中生长，不能忍受较长时间的水分不足，即抗旱能力最弱。湿生植物的根系通常不发达，具有发达通气组织。常用于园林中的湿生植物有大海芋(*Alocasia macrorrhiza*)、秋海棠(*Begonia grandis*)、龟背竹、竹叶万年青(*Rohdea japonica*)、半边莲等。

② 中生植物　是指生长在水分条件适中生境中的植物。中生植物具有完整的保持水分平衡的结构和功能，其根系和输导组织均比湿生植物发达。如油松、侧柏(*Platycladus orientalis*)、乌桕、月季花、扶桑(*Hibiscus rosa-sinensis*)、茉莉(*Jasminum sambac*)等。

③ 旱生植物　生长在干旱环境中，能长期耐受干旱环境，且能维持水分平衡和正常的生长发育。旱生植物在形态或生理上有多种适应干旱环境的特征，有的具有发达的根系，有的具有良好的抑制蒸腾作用的结构，有的具有发达的储水结构，有的具有很高的渗透压或发达的输导系统。如柽柳(*Tamarix chinensis*)、木麻黄(*Casuarina equisetifolia*)、沙枣(*Elaeagnus angustifolia*)的叶面缩小或叶退化，夹竹桃的叶具有复表面，气孔藏在气孔窝具有细长毛的深腔内，这些都是抑制蒸腾的适应能力；佛肚树(*Jatropha podagrica*)、美丽异木棉(*Ceiba speciosa*)、酒瓶椰子(*Hyophorbe lagenicaulis*)等具有发达的储水结构，能缓解自身的水分需求矛盾；骆驼刺(*Alhagi sparsifolia*)的根系深度常超过 30m。

1.3.4　空气因子

植物生长离不开空气，空气成分影响植物生长，植物可以吸收空气中的污染物，空气流动形成风。

(1) 空气成分与植物生长

在大气组成成分中，与植物关系最密切的是氧气和二氧化碳。二氧化碳是光合作用的主要原料，又是生物氧化代谢的最终产物。

① 氧气的生态作用　植物进行呼吸作用时，吸收氧气，放出二氧化碳，没有氧气植物就不能生存。空气中的氧气足以满足植物生长的需求。动物和植物残体的分解都离不开

氧气，通过微生物在有氧条件下的分解作用，有机物质分解成简单的无机物质，释放出植物生长发育所需的养分，从而构成矿质养分的循环利用，这对全球生态系统的维持有特别重要的意义。

② 二氧化碳的生态作用　二氧化碳是植物光合作用必需的原料，以空气中二氧化碳的平均浓度为320μL/L计，从植物的光合作用角度来看，这个浓度仍然是个限制因子，据生理试验表明，在光照度为全光照1/5的实验室内，将二氧化碳浓度提高3倍时，光合作用强度也提高3倍，但是如果二氧化碳浓度不变而仅将光强提高3倍时，则光合作用仅提高1倍。因此，在现代栽培技术中有对温室植物施用二氧化碳气体的措施，以促进植物的光合作用，提高植物的生产力。

③ 氮气的生态作用　空气中含有78.08%的氮气，但是绝大多数生物却不能直接利用它，只有固氮微生物和蓝绿藻可以吸收和固定空气中的游离氮。植物所需要的氮主要来自土壤中的硝态氮和铵态氮，一方面通过大气中的雷电现象将氮气合成硝态氮和铵态氮，随降水进入土壤；另一方面，通过固氮微生物直接将空气中的氮气固定下来为植物利用。在森林生态系统中生物固氮发挥着主要作用，此外，动植物残体和排泄物的分解也给土壤补充大量氮素。

④ 空气负离子　空气中存在电离现象，由此能产生空气正负离子。空气负离子能吸附、聚集和沉降空气中的污染物和悬浮颗粒，使空气得到净化，而且其对人体有着正面的生理影响，因此，空气负离子被誉为“空气维生素”，可以有效地提高森林、城市或是室内的空气质量。植物也是产生空气负离子的影响因素之一。通常认为针叶树种比阔叶树种产生负离子的能力强。不同植被环境空气中负离子浓度不同，春夏季阔叶林的浓度比针叶林高，秋冬季则针叶林高于阔叶林。

⑤ 大气颗粒物(PM)　城市上空飘浮着的微尘，以煤尘、烟尘和有毒气体微粒的影响较大，因体积和重量的不等，它们在空中逗留的时间、飘浮的距离、沉降的速度也各不相同。粉尘类型按其粒径的大小又分为落尘(直径在10μm以上)及飘尘(粒径在10μm以下)。

$PM_{2.5}$是指大气中直径小于或等于2.5μm的颗粒物，也称为可入肺颗粒物，或细颗粒污染物。它对空气质量和能见度等有重要的影响。与较粗的大气颗粒物相比，$PM_{2.5}$含大量的有毒、有害物质且在大气中的停留时间长、输送距离远，因而对人体健康和大气环境质量的影响更大。在微尘达到一定的厚度和分布高度后就会形成雾障，使得城市上空的大气能见度降低，城市日照持续时间也相应减少，严重时还会造成生物体的大量中毒、窒息死亡。

(2) 园林植物对空气的净化作用

① 减少粉尘　园林植物能减少粉尘污染，一方面是园林植物具有降低风速的作用，随着风速的减慢，空气中携带的大粒灰尘也随之下降；另一方面是植物叶表面不平，多茸毛，且能分泌黏性油脂及汁液，吸附大量飘尘。

植物滞尘量大小与叶片形态结构、叶面粗糙度、叶片着生角度以及冠幅大小、疏密度等因素相关。一般叶片宽大、平展、硬挺而风刮不易抖动，叶面粗糙的植物能吸滞大量的粉尘。植物叶片的细毛和凸凹不平的树皮是截留吸附粉尘的重要形态特征。植物对粉尘的

阻滞作用因季节不同而有变化。冬季叶量少，甚至落叶，夏季叶量最多，植物吸滞粉尘能力与叶量多少呈正相关关系。

② 吸收有毒气体　几乎所有的植物都能吸收一定量的有毒气体而不受害。植物通过吸收有毒气体，降低大气中有毒气体的含量，避免有毒气体积累到有害的程度，从而达到净化大气的目的。

植物净化有毒气体的能力与植物对有毒物质积累量呈正相关，与植物对它们的同化、转移能力也密切相关。植物吸收有毒气体的能力因植物种类不同而异，此外，还与叶片年龄、生长季节、大气中有毒气体的含量、接触污染时间以及其他环境因素如温度、湿度等有关。一般老叶、成熟叶对硫和氯的吸收能力高于嫩叶，在春夏生长季，植物的吸毒能力较强。

大片的园林植物不但能够吸收空气中部分有害气体，而且由于植物群落与附近地区空气的温度差，可形成缓慢的对流，从而有利于打破空气的静止状态，促进有害气体的扩散稀释，降低下层空气中有毒气体的含量。

③ 减少细菌　空气中散布着各种细菌，植物可以减少空气中的细菌数量，一方面是由于植物降尘作用减少细菌载体，从而使大气中细菌数量减少；另一方面，植物本身具有杀菌作用，许多植物能分泌杀菌素，这些由芽、叶、枝干和花所分泌的挥发性物质能杀死细菌、真菌与原生动物。

④ 减弱噪声　这是当今国际社会普遍关心的环境问题之一，园林植物具有较明显的减弱噪声的作用。一方面，是噪声声波被树叶向各个方向不规则反射而使声音减弱；另一方面，是噪声声波造成树叶、枝条微振而使声能部分消耗。因此，树冠的大小、形状及边缘凹凸的程度，树叶厚薄、软硬及叶面的光滑度等，都与减噪效果有关。

园林植物的减声效果首先决定于枝、叶、干的特性，其次是植物的组合与配置情况。在投射至叶的声波中，反射、透射与吸收等各部分所占比例取决于声波透射至叶的初始角度和叶片的密度。

⑤ 增加空气负离子　空气分子或原子在受外界自然或人为因素的作用下，形成空气正、负离子。空气负离子具有降尘作用，小的空气正、负离子与污染物相互作用，通过吸附、聚集、沉降作用，或作为催化剂在化学过程中改变痕量气体的毒性，使空气得到很好的净化，尤其对微粒和在工业上难以除去的飘尘，有明显的沉降效果。空气负离子具有抑菌、除菌作用，能够与空气中的有机物发生氧化作用而清除其产生的异味，此外，还能调节人体的生理功能，增强机体抵抗力，具有明显的人体保健作用。

在城市和居住区规划时，通过增加绿地面积，提高绿地质量，在公园和广场等公共场所设置喷泉等，可显著增加空气中负离子含量，有利于改善空气质量，对城市居民预防疾病和保持人体健康产生积极的作用。

⑥ 吸收二氧化碳、释放氧气　植物通过光合作用吸收二氧化碳、排出氧气，又通过呼吸作用吸收氧气、放出二氧化碳，在正常生长发育过程中，植物通过光合作用吸收的二氧化碳比呼吸作用放出的二氧化碳多，因此，植物有利于增加空气中氧气的含量，减少二氧化碳的含量。

(3) 空气的流动——风

① 风的作用 空气流动形成风，从大气环流而言，有季候风、海陆风、台风等，在局部地区因地形影响而有地形风或称山谷风。风依其速度通常分为12级，低速的风对植物有利，高速的风则会使植物受到危害。

对植物有利的方面是有助于风媒花传粉，例如，银杏雄株的花粉可顺风传播5 km以上；云杉等生长在下部枝条上的雄花花粉，可借助于林内的上升气流传至上部枝条的雌花上。风又可传布果实和种子，带翼和带毛的种子可随风传到很远的地方。

风对树木不利的方面为生理和机械伤害，风可加速蒸腾作用，尤其是在春夏生长期的旱风、焚风可给农林生产带来严重损失，而风速较大的飓风、台风等则可吹折树木枝干或使树木倒伏。在沿海地区又常有夹杂大量盐分的潮风，使树枝被覆一层盐霜，使树叶及嫩枝枯萎甚至全株死亡。长期的单向季风会造成偏干形成旗形树冠，而高山上长期生长在强风生境中的树木呈匍匐状。

② 城市风 由于城市的热岛效应，市中心与郊区农村构成气压差，气流填补形成城市风。城市热岛效应会造成特有的城市风系，因热岛中心形成的低压中心而产生上升气流，同时在一定范围内城市低空比郊区相同高度的空气暖，因此郊区空气向市区流动，风向热岛中心辐合，而热岛中心的上升空气又在一定的高度上流向郊区以补充下沉空气的流失，从而形成一个缓慢的热岛环流。理论情况下，城市风从早晨到中午有规律地逐步增强，但因建筑物对气流运动的阻碍，市中心得不到足够的新鲜空气补充，故合理的道路走向和绿地系统可引导和加强城市风的运行，改善城市中心气温过热的状况。

风对大气颗粒物的影响存在一定的复杂性和不确定性，风能使污染物扩散而减少，大气颗粒物质量浓度随风速增加呈指数下降。

1.3.5 土壤因子

土壤是岩石圈表面能够生长植物的疏松表层，它为植物的生长发育提供必要的矿质元素——水分，因而，它是生态系统中物质与能量交换的重要场所，同时，它本身又是生态系统中生物成分和无机环境成分相互作用的结果，即一定时期内气候因素与生物过程对岩石表层作用的产物。植物根系和土壤之间具有很大的接触面，在植物和土壤之间有频繁的物质交换，因而彼此强烈影响。土壤水、肥、气、热的状况决定着园林植物的存活与生长发育的好坏，而植物的生命活动又会影响土壤性状，改变土壤肥力，进而又影响到植物本身的生长发育。因此，土壤是一个重要的生态因子，研究土壤与植物之间的相互关系对于更好地研究、开发利用和保护植物资源都有着十分重要的意义。

(1) 土壤物理性质

土壤物理性质是指土壤质地、结构以及与此有关的土壤水分、土壤空气和土壤热量的状况，这些都会对植物根系的生长和植物的营养状况产生明显的影响。了解土壤物理性质与植物的关系，可以更为合理地安排耕作、施肥、灌溉、排水等作业。

① 土壤质地 土壤是由固体、液体和气体组成的三相系统。组成土壤固相的颗粒主要为矿质颗粒，土壤中各种大小不同的矿质颗粒的相对含量称为土壤质地，也称为土壤的

机械组成。按土壤中不同粒级土粒的质量分数，可将土壤质地分为三大类：砂土类、壤土类和黏土类。

由于土壤质地对水分的渗入和移动速度、持水量、通气性、土壤温度、土壤吸收能力、土壤生物活动等各种物理、化学和生物性质都有很大影响，因而直接影响植物的生长和分布。

② 土壤结构　包括两个方面的内容：一方面指土壤颗粒的排列和组合形式、孔隙度以及团聚体的大小、多少及其稳定性，这些能够影响土壤供应水分和养分的能力、通气和热量状况以及根系在土壤中的穿透情况；另一方面指土壤中不同土层组成的情况，由于土壤中土层构成的差异，世界上大部分的土壤可划分为若干土壤大类。各类土壤的形成与气候和植被类型有关，并且直接影响到植物类型的分布。

③ 土壤水分　主要来自降雨、降雪和灌水。此外，如地下水位较高，地下水也可上升补充土壤水分，空气中的水蒸气遇冷也会凝结为土壤水。土壤水不仅可供植物根系吸收利用，且会直接影响土壤中各种盐类溶解、物质转化、有机质分解。如土壤水分不足，不能满足植物代谢需要，使植物受到干旱的威胁，同时使好气性微生物氧化作用过于强烈，土壤有机质消耗加剧，最终导致植物的营养缺乏。水分过多使营养物质流失，还引起嫌气性微生物的缺氧分解，产生大量还原物和有机酸，抑制植物根系生长。

④ 土壤空气　基本来自大气，少部分是由土壤中的生化过程产生的。土壤通气程度影响土壤微生物的种类、数量和活动情况，从而影响植物的营养状况。在土壤通气不良的条件下，好气性微生物的活动受到抑制，减慢了有机物的分解和养分的释放速度，供应植物的养分减少。若土壤过分通气，则好气性细菌和真菌活跃，有机质迅速分解并完全矿质化，这样可供植物吸收利用的养分短期虽多，但由于养分释放太快，利用率低，形成养分的无效损失，同时土壤中有机质较少，不利于土壤良好结构的形成。所以土壤应具有一定的通气性，使好气分解与嫌气分解同时进行，既有利于腐殖质的形成，又能保证植物有效养分的长期供给。

⑤ 土壤温度　与园林植物生长有密切的关系，它影响种子的萌发、各种矿物的风化、矿物质的溶解度、养分离子的扩散、土壤微生物的活动等，从而影响土壤中养分的释放及有效性，进而影响园林植物的生长和发育。

（2）土壤化学性质

土壤化学性质主要是指土壤酸碱度、土壤矿质营养元素和有机质含量等，土壤化学性质在很大程度上代表着土壤肥力，因此与植物的营养状况有密切关系。

① 土壤酸碱度　土壤的酸度一般指土壤溶液中 H^+ 的浓度，当土壤溶液 OH^- 的浓度大于 H^+ 的浓度时，土壤呈碱性，土壤的酸碱度用 pH 表示。我国土壤的酸碱度分为五级：强酸性（$pH<5.0$）、酸性（pH 5.0~6.5）、中性（pH 6.5~7.5）、碱性（pH 7.5~8.5）、强碱性（$pH>8.5$）。

土壤酸碱度与植物营养有密切的关系。土壤酸碱度通过影响矿质盐分的溶解度而影响养分的有效性，如氮、磷、钾、硫、钙、镁、铁、锰等的有效性均随土壤溶液酸碱性的强弱而不同。土壤酸碱度还通过影响微生物的活动而影响养分的有效性，进而影响植物的生长。

② 土壤矿质元素　植物在生长发育过程中，需要不断地从土壤中吸取大量矿质元素。植物需要的矿质元素很多，有碳、氢、氧、氮、磷、钾、硫、镁、钙、铁、氯等，这些无机元素都是植物生命活动所必需的，其中，除碳元素主要来自空气中的二氧化碳、氧和氢来自水，氮部分来自大气以外，其他元素都来自土壤，所以土壤矿质元素即养分的状况与植物的生长发育有十分密切的关系。

植物所需的无机元素来自矿物质和有机质的矿物分解。在土壤中近98%的养分呈束缚态，存在于矿物中或结合于有机碎屑、腐殖质或较难溶解的无机物中，它们构成了养分的储备源，通过风化作用和腐殖质的矿质化，缓慢地变为可利用态，被植物吸收利用。

③ 土壤有机质　是土壤重要的组成部分，主要是动植物残体的腐烂分解物质和新合成的物质。土壤有机质可粗略地分为非腐殖质和腐殖质两大类。非腐殖质是指未分解的动植物残体和部分分解的动植物组织，主要是糖类以及含氮、硫、磷等的化合物。腐殖质是土壤微生物分解有机质后，重新合成的具有相对稳定性的多聚体化合物，主要是胡敏酸和富里酸。腐殖质是较难分解的凝胶，呈黑色或棕色，具有很强的保肥保水能力。

由于土壤有机质本身是一种疏松多孔的物质，它能够增强土壤的通气透水性，提高土壤团聚体的数量和稳定性，从而提高土壤的持水能力、水分的渗透性和抗蚀性；有机质对土壤结构的改善提高了土壤供肥、供水的能力；有机质能提高土壤的吸附能力，从而提高土壤的保肥性能；有机质还能提高土壤对酸碱的缓冲能力；有机质作为土壤动物特别是土壤微生物的能量和营养来源，可以明显提高其活性，而土壤微生物的旺盛活动可提高土壤养分的有效性，对植物营养十分有利。另外，胡敏酸还是一种植物生长激素，可促进种子发芽、根系生长，也可以促进植物对矿质养料的吸收及增强植物的代谢活动。

(3) 城市土壤特点

① 城市土壤类型　城市绿地土壤和农田土壤、自然土壤不同，其形成和发育与城市的形成、发展和建设关系密切。由于绿地所处的区域环境条件不同，形成两类不同的城市绿地土壤类型。

城市扰动土　城市扰动土主要指道路绿地、公共绿地和专用绿地的土壤。由于受城市环境的影响，一般含有大量侵入物，按入侵物的种类可分为三种：一是以城市建设垃圾为主的土壤，土体中有砖瓦、水泥块、沥青、石灰等碱性建筑材料的入侵，严重干扰植物的正常种植养护。土壤呈碱性，但一般无毒。二是以生活垃圾污染物为主的土壤，土体中混有大量的炉灰、煤渣等，有时几乎全部由肥效极低的煤灰堆埋而成，土壤呈碱性，一般也无毒。三是以工业污染物为主的土壤，因工业污染源不同，土体的理化性状变化不定，同时还常含有毒物质，情况复杂，故应调查、化验后方可种植。

城市扰动土受到大量的人为扰动，没有自然发育层次；养分含量高低相差显著，分布极不均匀。土壤表层紧实，透气性差；土壤容重偏大，土体固相偏高、孔隙度低，直接影响土壤的保水、保肥性能。

城市原土(指未扰动的土壤)　城市原土位于城郊的公园、苗圃以及在城市大规模 建设前预留的绿化地段，或就苗圃地改建的城区大型公园。这类土壤除盐碱土、飞沙地等有严重障碍层的类型外，一般都适合绿化植树。

② 城市土壤特点

土壤结构变化　市政施工常在改变地形的同时破坏了土壤结构，使土壤营养循环中断。有机质含量降低：城区内植物的落叶、残枝常作为垃圾被清除运走，难以回到土壤中，有机质得不到补充。人流践踏，尤其是市政施工的机械碾压等造成城市土壤的坚实度高，通气孔隙减少，土壤透气性降低、气体交换减少导致树木生长不良，甚至使根组织窒息死亡；土壤密实，常使植物改变其根系分布特性，不少深根植物变为浅根分布，支持植物体的根量减少，从而使植物的稳定性减弱，易受大风及其他城市机械因子的伤害而倒伏。城市土壤含有较多渣砾等夹杂物，加之路面和铺装的封闭，土壤含水量低，供水不足；而地下建筑又深入较深的地层，从而使树木根系很难吸收利用地下水。因此，城市植物的水分不能保持平衡，水分的渗透与排出也不畅，通常处于长期的潮湿或干旱状态，导致根系生长受到很大的影响，植物生长不良，早期落叶，甚至死亡；城市土壤养分的匮乏、通气性差等因素，使城市植物较郊区同类植物的生长量要低，其寿命也相应缩短。

土壤理化性质变化　城市土壤的 pH 一般高于周围郊区的土壤，这是因为地表铺装物一般采用钙质基础的材料。城市建设过程中使用的水泥、石灰及其他砖石材料遗留在土壤中，或因为建筑物面碱性物质中的钙质经淋溶进入土壤导致土壤碱性增强，同时干扰土壤微生物的活动，进而限制了城市环境中可栽植植物的选择；另外，北方城市在冬季通常以施钠盐来加速街道积雪的融化，也会直接导致路侧土壤 pH 升高。土壤 pH>8 时影响土壤有机物质和矿质元素的分解和利用，往往会引起植株缺铁，叶片黄化。

地形设计是盐碱地园林植物栽植的重要措施，其指导原则是挖池以扩大水面、堆山以抬高局部地形。土山堆积时需埋设排盐暗沟，其出口注入水池，经过灌溉和雨水淋洗可大大降低土壤的含盐量；水体在盐碱地造园中起着重大作用，它不仅能丰富景观、增加灵气，其最大功能是排盐改土。再根据植物的抗盐性能进行配置，将抗盐能力强的植物栽植在较低处，抗盐力较弱的植物则栽植在土山上或地势较高处。

1.3.6 地形地势

地形地势（海拔高度、坡度、坡向和小地形）能显著地影响小气候、土壤及生物等因素的变化，因此，对植物分布与生长发育有一定影响，建园、配置以及栽培管理等都要根据地势情况统筹安排。

(1) 海拔高度

一般来说温度随海拔升高面降低，而降水量分布在一定范围内随海拔升高而增加。由于植物对温、光、水、气等生态因子的要求不同，都具有各自的生态最适带，这种随海拔高度成层分布的现象称为垂直分布。山地园林应按海拔垂直分布规律来安排植物，营造园景，以形成符合自然分布的生态景观。

(2) 坡度

坡度对土壤含水量影响很大。坡度越大，土壤冲刷越严重，含水量越少，同坡面的上坡比下坡的土壤含水量小。有试验在连续晴天条件下观测，3°坡的表土含水量为 75%时，5°坡的表土含水量为 52%，20°坡为 34%。坡度对土壤冻结深度也有影响，坡度为 5°时冻

结深度在 20cm 以上，而为 15°时则为 5cm。

（3）坡向

北坡日照时间短，温度低，湿度较大，一般多生长耐阴湿的树种；南坡日照时间长，温度高，湿度较小，多生长喜光旱生树种。阳坡的温度日变化大于阴坡，一般可相差 2.5°C，由于不同坡向生态因子的差别，生长在南坡树木的物候早于北坡，但受霜冻、日灼、旱害较严重；北坡的温度低，影响枝条木质化成熟，植物体越冬力降低。北方，在东北坡栽植植物，由于寒流带来平流辐射霜，易遭霜害；但在华南地区，栽在东北坡的植物，由于水分条件充足，表现良好。

（4）小地形

复杂地形构造下的局部生态条件对植物栽培有重要意义。因为在大地形所处的气候条件不适于栽培某植物时，往往由于某一局部特殊小地形环境形成的良好小气候，可使该植物不仅生长正常而且表现良好。

1.3.7 生物因子

生物有机体不是孤立生存的，在其生存环境中甚至其体内都有其他生物的存在，这些生物便构成了生物因子。生物因子主要有食物、捕食者、寄生物和病原微生物。生物与生物因子之间发生各种相互关系，如竞争、捕食、寄生、共生、互惠等，这种相互关系既表现在种内个体之间，也存在于不同的种间。

动物方面，食物关系是这种影响的主要形式，这在狭食性种类中尤为显著。食物不足将引起区种内和种间激烈竞争。在种群密度较高的情况下，个体之间对于食物和栖息地的竞争加剧，导致生殖力下降、死亡率增高以及动物的外迁，从而使种群数量（密度）降低，由于植物为动物提供食物，与动物的关系十分密切，所以可以根据植被类型来推断出当地的主要动物类群。

1.4 园林植物调查方法

园林植物调查即通过各种方法对园林植物的种类、数量、形态特征等方面进行统计记录。对园林植物进行调查统计，有利于整体把控园林的植物规划情况，可以为园林的绿化和建设提供科学依据，也可以为城市绿化建设与评估提供参考。常见的园林植物调查方法有线路调查法、样地调查法、问卷调查法、无人机和遥感影像等。

1.4.1 线路调查法

线路调查（line survey），即以某个绿地为调查对象，根据调查地相关的资料文件，如原规划路线图、平面图、地形图、植被分布情况等，来确定调查路线。在调查过程中先对植物进行初步识别，记录并比较沿线的植物群落类别，然后确定典型调查测定对象，设立典型样地并对其进行测定。园林植物资源调查通常要通过实地踏查，线路调查法结合样方调查法对植物进行调研工作。

如果调查区域面积较大或植物分布较复杂，则需要设置多条线路，确保调查线路能覆盖整块调查区域。当调查区域植被类型多样、地形复杂时，可按地形划分区域，结合调查路线进行调查。在实地调查中，若所遇的实际情况与原本确定的调查线路冲突，应及时修改线路并做好标注。

1.4.2 样地调查法

样地调查(sample survey)是研究园林植物的基本调查方法，指的是通过选取小面积植物群落地块，调查植物的生长因子、立地条件等项目，从而得出此类群体的有关项目特征。样地调查是国内外广泛应用的植物调查方法，它所获得的资料详细可靠，可以作为其他调查方法精确程度的对照依据；是探究植物多样性、园林植物配置研究、植物病虫害调查、生态效益研究等各方面基础考察的基本方法。

(1) 选样地和拉样方

取样时先全面勘察整体，采用抽样调查的方法，选取一块植物生长均匀的具有代表性的样地，样地的形状有圆形和方形，通常为方形，称为样方；样地大小视植物群落类型而定，一般情况下草本群落 1~10m^2，灌木丛 16~100m^2，单纯针叶林 100m^2，复层针叶林、夏绿阔叶林 400~500m^2，亚热带常绿阔叶林 1000m^2，热带雨林 2500m^2。样地数目的多少取决于群落结构的复杂程度。一般情况下每类群落根据实际情况可选择 3~5 个样地；每个样地需要按顺序进行编号，以免数据混乱。拉样方时应注意样方应当是规则的正方形，四条边应垂直或平行于坡向，测量绳应紧贴地面。

(2) 环境条件调查

环境调查主要包括气候条件(温度、湿度、降水量等)，地形(坡度、坡向、坡位等)，土壤条件(土壤类型、厚度、pH 等)，人类影响，地质条件，病虫害等，并做好相应的记录。

(3) 群落特征调查

植物群落特征包括以下几个方面：①群落的种类组成：即植物名称、树高(m)、株数、干高(m)、胸径(cm)、基径(cm)、冠幅(m)、枝下高(m)、树干形态、冠形、健康状况和生长势水平；②结构分析以及垂直结构分析：包括多度(某一植物种在群落中的个体数)、盖度(植物地上部分投影的面积占地面的比率)、生活力(分 4 级，即优、良、中、差)、物候期等，并进行定性和定量的描述和统计。样地植物应当进行分层调查，依次分为乔木层、灌木层、草本层、层间植物(包括木质藤本、草质藤本、附生植物、寄生植物)，并根据调查要求记录相应的参数值，制作调查表。此外，研究样地的调查内容范围广泛，应根据研究主题进行全面调查，如树种季相变化、自然成景模式等有关调查主题的相关内容。

(4) 数据整理与分析

在调查结束后将数据进行整理并统计，并制作调查表，总结调查过程的不足，讨论改进措施。

样地调查法是园林植物研究的基础调查方法，十分常用，需要牢牢掌握，它是研究园林植物方向各方面的基本途径。

1.4.3 问卷调查法

问卷调查(questionnaire survey)是一种常见的调查方式，它的应用范围十分广泛，指的是通过制定与研究与内容有关的问题和选项，通过问卷的发放、收集和统计来了解被调查人群的看法和意向，从而得出结论的一种方法。在调查园林植物的有关研究中，此方法多应用于园林植物造景的景观评价，包括色彩分析、声景观等方面；即各种景观经营活动的满意程度或者可接受程度。此外，问卷调查还可应用在树种规划研究等方面。

(1) 编写问卷的方法

问卷调查首先要根据调查的具体内容设置不同的调查指标，然后进行问题设计。问卷中可采用李克特量表法，李克特量表由多项评价表述构成，分为五个级别，分别是非常不同意、不同意、不知道、同意、非常同意，对赋值项目进行叠加计算，可以获得使用者的态度。题量不宜过多，以免影响被调查者的情绪。问题的表达应尽量避免使用专业术语，最好能做到通俗易懂，符合人们的交流习惯。答案设计则应避免无价值答案。发放对象根据调查情况采用随机发放的方式或者是特定人群发放，问卷数量不宜少于 50 份，一般以半百或整百的倍数为宜，应根据调查情况而定。

(2) 问卷调查结果分析

发放问卷并回收问卷之后，要计算有效回收率并进行数据统计和分析(可使用 SPSS 软件进行数据统计分析)，例如，采用问卷调查的方法可以分析受访者的基本情况、现状认知和满意度、理想植物景观情况分析等。应根据实际情况对研究内容进行数据分析，从而得出结论。

问卷调查法简便易行，数据具有一定的参考价值，在园林植物的调查中运用也相对广泛，是研究人群体验和群众意向等方面的基本方法。

1.4.4 无人机和遥感影像

传统植物调查工作是人工地面调查，需消耗大量的人力物力，工作周期长，且对于有些难以到达或进入的绿地，其数据获取难度更大。随着科技的不段发展，利用各类遥感平台获取影像的方法逐步应用于园林植物调查，遥感设备与人工实测的结合大大提高了植物调查的效率、准确性与全面度。对大面积、地形复杂或人为难以到达的植物调查区域采用遥感影像观测可以方便且快速地获取目标区域的植被分布和时空变化情况。

目前遥感种类繁多，除了传统的星载和航载遥感，还有新兴的无人机遥感(unmanned aerial vehicles remote sensing)。传统遥感影像包括卫星遥感和航空拍摄等方式，具有宏观、动态、长期的特点，将遥感影像观测运用于植物调查，可以动态监测调查区域的植被分布变化，对调查区域植被格局的宏观变化分析具有重要意义。和传统卫星遥感和航空拍摄相比，无人机遥感在及时性、便捷性、经济性上均有极大优势。将低空无人机运用于植物调查，可以获得清晰的植物影像，更有利于对调查区域的植物进行种类、分布及时间与空间

变化的分析。而传统遥感的目标识别精度只能反映宏观分布规律，且其成像容易受到天气情况的影响。

在如今的植物物种识别研究中，使用较多的有高空间分辨率、高光谱分辨率和SAR遥感数据等。当前在欧美地区，针对森林及热带稀树草原的物种调查研究较集中，大多使用机载高光谱数据，激光雷达作为补充数据，这提高了物种识别精度，同时，也在一定程度上对预防入侵植物的蔓延有积极意义。中国在农业和林业方面的遥感应用研究较多，高光谱遥感技术在农业资源调查、生物产量估计、农业灾害预测和评估等方面得到了广泛的应用。其甚至可以准确地发现小麦、燕麦等作物的黑锈病，这有利于提高农作物的产量和质量、减少农作物经济损失。此外，无人机遥感还用于检测林业资源中的水文情况、调查林业资源变化、调查林业生态环境、病虫害防治等林业工作，对森林资源的管理和监测有重要意义。

总体来说，遥感数据获取方便、时效性强的优点为它近几年在环境领域的发展提供了条件。不同类型的遥感不仅可以辅助获取植物种类信息，而且可以获取植物生理、病虫害的变化，对我们能进一步实地调查和分析植物的种类、生长情况和群落演替规律有重要意义。

1.5 园林植物标本采集、制作与保存

植物标本包含一个物种的大量信息，如形态特征、地理分布、生态环境和物候期等，是植物分类和植物区系研究必不可少的科学依据，也是植物资源调查、开发利用和保护的重要资料。在自然界，植物的生长、发育有季节和分布区的局限性。因此，为了有效地进行学习交流和教学科研活动，不受季节或地区的限制，有必要采集和保存植物标本。植物标本因保存方式的不同可分许多种，有腊叶标本、液浸标本、浇制标本、玻片标本、果实和种子标本等。本教材介绍最常用的腊叶标本的制作方法。

将植物全株或部分(通常带有花或果等繁殖器官)干燥后并装订在台纸上予以永久保存的标本称为腊叶标本。这种标本制作方法最早于16世纪初由意大利人卢卡·吉尼(Luca Ghini)发明。一份合格的标本应该是：

① 种子植物标本要带有花或果(种子)，蕨类植物要有孢子囊群，苔藓植物要有孢蒴，以及其他有重要形态鉴别特征的部分，如竹类植物要有几片箨叶、一段竹秆及地下茎。

② 标本上挂有号牌，号牌上写明采集人、采集号码、采集地点和采集时间4项内容，据此可以按号码查到采集记录。

③ 附有一份详细的采集记录，记录内容包括采集日期、地点、生境、性状等，并有与号牌相对应的采集人和采集号。

1.5.1 标本采集用具

① 标本夹　是压制标本的主要用具之一。它的作用是将吸湿草纸和标本置于其内压紧，使花叶不致皱缩凋落，使枝叶平坦，容易装订于台纸上。标本夹材料常用坚韧的木材，一般长约43cm，宽30cm；以宽3cm，厚5~7mm的小木条，横直每隔3~4cm，用小钉钉牢，四周用较厚的木条(约2cm)嵌实。

② 枝剪或剪刀 用以剪断木本或有刺植物材料。

③ 高枝剪 用以采集徒手不能采集到的乔木枝条或陡险处植物。

④ 采集箱、采集袋或背篓 临时装盛采集用品及标本。

⑤ 小锄头 用来挖掘草本及矮小植物的地下部分。

⑥ 吸湿草纸 普通草纸。用来吸收水分，使标本易干。最好买大张的，对折后用钉书机订好。其装钉后的大小为：长约42cm，宽约29cm，以标本夹可以完全覆盖为宜。如若采取烘干方式，还需准备大小与吸水纸一致的瓦楞纸。

⑦ 记录簿、号牌(标签) 用以野外记录用。

⑧ 便携式植物标本干燥器 用以烘干标本，代替频繁的换吸水纸。

⑨ 其他 海拔仪、地球卫星定位仪(GPS)、照相机、钢卷尺、放大镜、铅笔等。

1.5.2 标本采集方法

应选择以最小面积且能尽可能携带分类学信息的部分，即选取有代表性特征的植物体各部分器官(除枝叶外，最好带花或果)；如果有用部分是根和地下茎或树皮，也必须取适宜大小进行压制。每种植物要采2至多个复本。标本要用枝剪来取，而不是用手折(容易伤树且压成的标本也不美观)。不同生活型的植物标本应采用不同的采集方法：

① 木本植物 应采典型、有代表性特征，带花或果的枝条。对先花后叶的植物，应先采花后采枝叶，且应为同一植株；雌雄异株或同株的，雌雄花应分别采。一般应采集2年生的枝条，因其较1年生枝条具有更完整的特征，亦可见芽鳞的有无和多少。如果是乔木或灌木，标本先端不能剪去，以便区别于藤本类。

② 草本及矮小灌木 要采取地下部分，如根茎、匍匐枝、块茎、块根或根系等，以及开花或结果的全株。

③ 藤本植物 剪取中间一段，在剪取时应注意表示它的藤本性状。

④ 寄生植物 须连同寄主一起采压。并且寄主的种类、形态和与被采集的寄生植物关系等信息记录在采集记录本上。

⑤ 水生植物 很多有花植物生活在水中，有些种类具有地下茎，有些种类的叶柄和花柄与水的深度密切相关。采集这类植物时，有地下茎的应给予采取，这样才能显示出花柄和叶柄着生的位置；但采集时必须注意有些水生植物全株都很柔软而脆弱，一提出水面，它的枝叶即彼此粘贴重叠，往往携回室内后常失去其原来的形态。因此，采集这类植物时，最好整株捞取，用塑料袋包好，放在采集箱里，带回室内立即将其放在水盆中，等到植物的枝叶恢复原来形态时，用旧报纸一张，放在浮水的标本下轻轻将其提出水面后，立即放在干燥的草纸里好好压制。

⑥ 蕨类植物 采集生有孢子囊群的植株，连同根状茎一起压制。

1.5.3 野外记录

野外采集标本时只能采集整个植物体的一部分，而且有不少植物压制后与原有的颜色、气味等差别很大。如所采回的标本没有详细记录，日后采集者记忆模糊，无法对该种植物性状完全了解，造成鉴定困难，甚至鉴定错误。因此，野外记录是极为重要的，而且采集和记录的工作必须是紧密联系的。野外采集标本前必须准备足够的采集记录纸或记录本(格式可参考图1-40)，养成随采随记的习惯，这样才能熟练地掌握野外采集、记录的方法，尽可能获得植物信息。

野外记录的内容应掌握两条基本原则：①在野外能看得见，但在制成标本后无法带回的内容；②标本压干后会消失或改变的特征。例如，有关植物的产地，生长环境，习性，叶、花、果的颜色，有无香气和乳汁等；再如芦苇等高大的多年生禾本科草本植物，采集时只能采到其中的一部分，此时必须将它们的高度，地上及地下茎节的数目、颜色等信息记录下来。这样采回来的标本对植物分类工作者才有价值。采集日期、采集人和采集号必须记录。

采集标本时参考以上采集记录格式逐项填好后，必须立即用带有采集号的小标签挂在植物标本上，同时要注意检查采集记录上的采集号数与小标签上的号数是否相符。同一采集人的采集号要连续不重复，同种植物的复份标本要编同一号。务必保证植物材料、采集标签的号数及采集记录本的信息保持一致，以免后续工作发生错误。

福建农林大学标本采集记录

标本号数:____________________

采 集 人:__________采集号数:__________

采集日期:__________年__________月__________日

采集地点:____________________

____________________海拔:__________m

环　　境:____________________

____

性　　状:__________高______m; 胸径______cm

叶　:____________________

____

花　:____________________

____

果　:____________________

____

用　　途:____________________

科　　名:____________________

种　　名:____________________

其　　他:____________________

____

图1-40　植物标本采集记录表

1.5.4 标本的压制

① 整形　对采到的标本根据有代表性、面积要小的原则做适当的修理和整枝，剪去多余密叠的枝叶，以免遮盖花果，影响观察。如果叶片太大不能在夹板上压制，可沿着中脉的一侧剪去全叶的40%，保留叶尖。若是羽状复叶，可以将叶轴一侧的小叶剪短，保留小叶的基部以及小叶片的着生地位，保留羽状复叶的顶端小叶。对景天科、天南星科、仙人掌科等肉质植物可以先用开水杀死再进行压制，若球茎、块茎、鳞茎等过于肥厚，可用开水杀死后，再切除一半进行压制，以便促使尽快干燥。整形、修饰过的标本要及时挂上小标签。

② 压制　将有绳子的一块木夹板做底板，上置吸湿草纸4~5张。然后将标本逐个与吸湿纸相互间隔，平铺夹板上。平铺过程中须将标本的首尾不时调换位置，以保证整体厚度均衡。在一张吸湿纸上放一份或多份同一种植物。若枝叶拥挤、卷曲时要拉开伸展，且保证叶篇正反面均可体现。过长的草本或藤本植物可做“N”“V”“W”形的弯折。最后将另一块木夹板盖上，用绳子缚紧。

③ 干燥

换纸干燥　标本压制后的两天要勤换吸湿草纸，否则标本颜色转暗，花、果及叶脱落，甚至发霉腐烂。每天早晚换出的吸湿纸应晒干或烘干。换纸是否频繁和干燥，与所压制标本的质量关系很大。标本在第二、三次换纸时，要注意对标本进行整形，枝叶展开，不使折皱。易脱落的果实、种子和花，要用小纸袋装好，放在标本旁边，以免翻压时丢失。

干燥器干燥　标本也可用便携式植物标本干燥器烘干。原理是通过风机将热气流均匀地吹向干燥室，从瓦楞纸中间的空隙穿过，将植物标本中的水分迅速带走，使标本得以快速干燥。标本压制方法与前文一致，不同的是在每份或每两份标本之间插入一张瓦楞纸，以利水汽散发。体积为500mm × 300mm × 300mm的干燥器每次可干燥100~120份标本。标本上的枝、叶干燥一般耗时20~24h，花、果因类型不同而耗时有不同程度增加。利用干燥器压制标本，不需要人工频繁地更换和晾晒吸水纸，提高干燥速度，降低工作量，标本不因频繁换纸而损失，也不受气候影响，且能较好地保持标本的色泽。同时有些干燥器所用的红外辐射有杀虫、灭菌作用，有利于植物标本的长期保存。

④ 标本临时保存　标本干后，如不及时上台纸，可留在吸水纸中，亦可保存较长时间。如吸水纸不够用，也可从吸水纸中取出，夹在旧报纸内暂时保存。

1.5.5 标本的杀虫与灭菌

为防止害虫蛀食标本，必须进行消毒。早期的植物标本馆通常用氯化汞($HgCl_2$，有剧毒)配制0.5%的酒精溶液，倾入平底盆内，将标本浸入溶液处理1~2min，再拿出夹入吸湿草纸内干燥。也有使用敌敌畏、二硫化碳或其他药剂熏蒸消毒杀虫。现在较为通行的方法是将标本密封，在-80°超低温冰箱放置24h以上，以达到杀菌杀虫的目的。该方法无毒害、操作简易，但需要周期性频繁实施。

在保存过程中也会发生虫害，如标本室不够干燥还会发霉，因此必须经常检查。对标本造成危害的昆虫有药材窃蠹(*Stegobium paniceum*)、烟草窃蠹(*Lasioderma serricorme*)、西洋衣鱼(*Lepisma saccharinq*)、线形薪甲(*Cartodere filum*)、书虱(*Liposcelis* spp.)、地毯甲虫(*Anthrenus verbasci*)等；非昆虫有害生物有螨类、霉菌等。虫害和霉变的防治可从三方面着手。

① 隔绝虫源　包括门、窗安装纱网。标本柜的门能紧密关闭；新标本或借出归还的标本入柜前须严格消毒杀虫。

② 控制环境条件　标本室的温度应保持在20~23℃，湿度在40%~60%；内部环境应保持干净。

③ 定期薰蒸　每隔2~3年或在发现虫害时，采用药物薰蒸的办法灭虫，常用药品有甲基溴、磷化氢、磷化铝、环氧乙烷等。但这些药品均有很强的毒性，应请专业人员操作或在其指导下进行。此外，也可用除虫菊和硅石粉混合制成的杀虫粉除虫，毒性低，不残留，比较安全。在标本柜内放置樟脑能有效地防治标本的虫害。

1.5.6　标本的装订

为了方便查阅、搬运和展示，一般会将干燥的标本固定在250g或350g，大小通常为42cm × 29cm的台纸上(市场上纸张规格为109cm × 78cm，照此只能裁5开，浪费较大，为经济考虑，可裁8开，大小为39cm × 27cm，也同样可用)。一张台纸上只能订一种植物标本，标本的大小、形状、位置要适当修剪和安排，然后用棉线或纸条订好，也可用胶水粘贴。台纸的右下角和右上角要留出，分别贴上鉴定名签和野外采集记录。脱落的花、果、叶等，装入小纸袋，粘贴于台纸的适当位置。其中，鉴定名签应包括标本的物种名和归属的科名以及鉴定人姓名等信息，物种名与科名需同时给出中文名与学名。

1.5.7　标本的保存

装订好的标本，经鉴定后，都应放入标本柜中保存，标本柜应放置于专门的标本室，注意干燥、防蛀(放入樟脑丸等除虫剂)。标本室中的标本应按一定的顺序排列，科通常按分类系统排列，也有按地区排列或按科名拉丁字母的顺序排列；属、种一般按学名的拉丁名首字母顺序排列。

1.6　园林植物检索表编制与使用

目前世界上已知的植物有数十万种，对数目如此众多的植物进行系统分类，是一项艰巨而庞杂的工作。植物分类学早在古代就已经出现，经历了漫长的历史时期，植物系统分类系统的出现标志着植物分类学从自然系统时期进入到更加成熟的系统发育系统时期。主要的系统发育系统有A. W. Eichler系统、郑万均系统(裸子植物主要分类系统)、恩格勒系统、哈钦松系统、克朗奎斯特系统、塔赫他间系统和APG系统等。

1.6.1 植物分类系统

(1) A. W. Eichler 系统

将植物界分为隐花植物和显花植物，其中隐花植物包含无节植物门(藻类、菌类)、苔藓植物门、蕨类植物门；隐藏花植物包含裸子植物门、被子植物门(单子叶植物、双子叶植物)，企图通过排列顺序直接反映植物的演化关系。A. W. Eichler 系统是植物分类学的第一个系统发育系统，对植物分类、植物系统发育学的发展具有重要意义。

(2) 恩格勒系统

将植物界分为 13 门，被子植物为第 13 门之一亚门(被子植物亚门)，分单子叶与双子叶纲。赞同假花学说，认为无花瓣、单性、木本、风媒传粉为原始特征(如杨柳科)；花瓣、两性、虫媒传粉进化(如兰科)；认为柔荑花序类植物是被子植物中最原始的类型——木兰科、毛茛科较为进化。

(3) 哈钦松系统

认为两性花比单性花原始；花部多数—分离比定数—连合原始；花部轮状比螺旋原始；木本比草本原始。认为双子叶植物以木兰目为起点，从木兰目演化出一支木本植物，从毛茛目演化出一支草本植物，两者平行发展。无花被、单花被是在后来演化中退化的。认为单子叶植物起源于双子叶植物毛茛目，并在早期就分化成三个进化线：萼花群、瓣花群和颖花群。与恩格勒系统的比较见表 1-3 所列。

表 1-3 哈钦松系统和恩格勒系统的对比

对比项	真花学说	假花学说
别　名	毛茛学派	柔荑学派
代　表	哈钦松	恩格勒
被子植物花的来源	被子植物的花是由原始裸子植物两性孢子叶球演化而来(*Cycadeoidea*)，苞片——花被，小孢子叶——雄蕊，大孢子叶——雌蕊(心皮)	裸子植物和被子植物的花完全一致，每个雌蕊和心皮，分别相当于一个极端退化的雄花和雌花(弯柄麻黄 *Ephedra campylopoda*)
原始类群	多心皮类(木兰目)	单性花、无被花、风媒花、柔荑花序、胡椒目(木麻黄目)、杨柳目

(4) 克朗奎斯特系统

克朗奎斯特系统与塔赫他间(Takhtajan)系统类似，是较合理的现代有花植物分类系统；科的数目及范围适中，利于教学使用，许多植物分类学课程用此系统。承认真花学说及单起源的观点，认为有花植物起源于一类已经绝灭的种子蕨。现代所有生活的被子植物亚纲，都不可能是现存其他亚纲进化来的。认为木兰目是被子植物原始类型；葇荑花序类各目起源于金缕梅目。单子叶植物起源于类似现代睡莲目的祖先；泽泻亚纲是百合亚纲进化线上近基部的一个侧支。

(5) APG 系统

随着现代生物技术的发展，出现了基于分子系统学的 APG 系统。由于分子系统学相关理论研究的支持，APG系统更接近事实，但由于其拆分或归并很多个长期存在的科，目前具有一定争议性。

1.6.2 植物分类的原理和方法

植物分类的任务不仅要识别物种、鉴定名称，而且还要阐明物种之间的亲缘关系和分类系统，进而研究物种的起源、分布中心、演化过程和演化趋势。因此，植物分类的过程必然涉及很多分类的原理和方法，如营养学、繁殖形态学和解剖学——经典分类学；实验分类学、孢粉学和细胞学——细胞分类学；生物化学——化学分类学；以及还有分子系统学和数量分类学等。

(1) 形态分类

形态分类是植物分类中出现最早、应用最广泛的一种方法，它以植物器官(营养、繁殖)稳定的外部形态特征如花、果实、种子为分类依据。其中，花是科以上等级分类的主要依据，特别是花结构、花瓣和心皮数目—离合、雄蕊定数与否、子房上下位—室数—胎座；唇形科唇形花冠二强雄蕊。果实和种子对于某些科属分类和鉴定极重要。豆科荚果；桦木科和壳斗科如果没有果实和果苞，分类困难；蔷薇科、桑科、榆科、核桃科、鼠李科、木犀科等植物的果实和种子是重要分类依据。其他相对稳定而直观的性状如树皮、枝条、芽、叶、叶痕、刺、毛等均可作为形态分类的重要依据。

(2) 其他分类方法

植物的外部表型十分相近，依据形态无法对其进行分类时，就需要利用其他分类依据作为参照。如种皮构造、有无乳汁、木质部有无导管(区分裸子植物与被子植物)这属于解剖学的范畴；以细胞核型为分类依据的细胞分类学，苏铁科 $2n=16$、18、22，银杏科 $2n=22$，松科 $2n=24$ 等；借助电子显微镜还可实现形状、大小、极性和对称性，萌发器及花粉壁的纹饰为依据的分类方法，这属于孢粉学的范畴。植物分类工作涉及的方法非常多，而且随着科学技术的进步，植物分类系统也在发展变化。总体来说，分类依据越充分、越具体，分类结果就越科学。

1.6.3 检索表的编制与使用

(1) 植物分类检索表

检索表是植物分类中识别和鉴定植物不可缺少的工具，是根据法国拉马(Lamarck，1744—1829)二歧分类原则，把一群植物相对的特征、特性分成对应的两个分支。再把每个分支中相对的性状又分成相对应的两个分支，依次下去直到编制到科、属或种检索表的终点为止。为了便于使用，各分支按其出现先后顺序，前边加上一定的顺序数字，相对应的两个分支前的数字或符号应是相同的。

(2) 分类原则

二歧分类原则是园林植物检索表编制的基本原则，是指将特征不同的一群植物，用一分为二的方法逐步对比排列，进行分类。由此可将自然界植物列成分类检索表，又名拉马克式二歧分类法。

（3）编制步骤

① 形态特征的观察　观察待分类的植物，并使用植物学形态术语对其进行准确而清晰的描述，以5种松科植物[华山松(*Pinus armandi*)、白皮松、赤松(*Pinus densiflora*)、黑松(*Pinus thunbergii*)和雪松]为例，其检索表具体编制步骤如下。

② 列表对比　将观察到的形态学特征进行列表对比(表1-4)。

表1-4　5种松科植物部分形态特征对比

物　种	叶	短枝类型	叶鞘宿存情况	其　他
华山松	5针一束	不发育短枝	早落	—
白皮松	3针一束	不发育短枝	早落	树皮粉绿色
赤　松	2针一束	不发育短枝	宿存	冬芽红褐色
黑　松	2针一束	不发育短枝	宿存	冬芽银白色
雪　松	多数、簇生	距状短枝	无	—

③ 检索表编写　根据列表对比的结果，以二歧分类原则为基础开始检索表的编写，按照编写形式的不同，可以将植物分类检索表分为定距式检索表和平行检索表。

定距式检索表　将检索表中两个相对应的分支，都编写在距左边有同等距离的地方，每一分支下边，相对应的两个分支，较先出现的又向右低一字格，这样继续下去，直到要编制的终点为止。

这种检索表的优点是每对相对性状的特征都被排列在相同距离，一目了然，便于查找。不足之处是当种类繁多时，左边空白较大，浪费篇幅。

1. 短枝为不发育短枝，叶针形，束生。
　2. 针叶3~5针一束，叶鞘早落。
　　3. 针叶3针一束 ……………………………………………………… (1)白皮松
　　3. 针叶5针一束 ……………………………………………………… (2)华山松
　2. 针叶2针一束，叶鞘宿存。
　　　4. 冬芽红褐色 ……………………………………………………… (3)赤松
　　　4. 冬芽银白色 ……………………………………………………… (4)黑松
1. 短枝为距状短枝，针叶多数、簇生 ………………………………… (5)雪松

平行检索表　是把每一对相对特征的描述并列在相邻的两行里，便于比较。在每一行后面或为一植物名称，或为一数字。如为数字，则另起一行重写，与另一对相对性状平行排列，如此直至终止。这种检索表的优点是排列整齐、节省篇幅，缺点是不如定距式检索表直观。

1. 短枝为不发育短枝，叶针形，束生 …………………………………… 2
1. 短枝为距壮短枝，针叶多数、簇生 ………………………………… 雪松
2. 针叶3~5针一束，叶鞘早落 ………………………………………… 3
2. 针叶2针一束，叶鞘宿存……………………………………………… 4

3. 针叶3针一束 …………………………………………………………………… 白皮松
3. 针叶5针一束 …………………………………………………………………… 华山松
4. 冬芽红褐色 ………………………………………………………………………… 赤松
4. 冬芽银白色 ………………………………………………………………………… 黑松

④ 使用检索表时的注意事项　在核对两项性状时，即使已符合第一项，也要检查第二项，防止偏差；形态术语使用准确，对每一项充分了解后，再做出取舍，不可以猜度；涉及尺寸大小时，应用尺子测量，不能大致估计；在核对完两项相对性状后，仍不能作出选择时，或手头标本缺少检索表中所列举器官时，可分别从两方面检索，然后从所获得的两个(或多个)相近的结果中，通过核对全面描述而作出判断。

2 园林植物应用

2.1 园林植物的观赏特征

园林植物是园林绿化的重要素材，也是园林景观的主体。大多数园林植物有优美的形态特征，可观花、观叶、观干或观姿等。丰富的植物配置不仅可以创造一个舒适宜人的空间环境，也是展示多样的文化与内涵的重要手段。

2.1.1 园林植物的形态

园林植物形态是构成园林植物景观空间的实体性元素，分为园林植物个体形态和园林植物群体形态。

2.1.1.1 园林植物的个体形态

① 垂直方向类　如圆柱形、尖塔形、圆锥形等。此类植物形态具有向上性，通过引导视线向上，围合垂直空间，营造垂直感和高度感。如塔柏(*Sabina chinensis*)、钻天杨(*Populus nigra* var. *italica*)、水杉、雪松等多数适合栽植在纪念性公园道路两侧，或者有需要被突出的主体景观(如纪念塔、纪念碑)两侧，引导视线。适合营造宁静、肃穆的景观氛围。

② 水平展开类　偃卧形、匍匐形等水平延伸形态的植物都具有显著的水平方向性，这类植物具有平静、祥和、永久、舒展等表情。水平方向感较强，可以增加景观的宽广感和延伸性，还能引导视线沿水平方向移动。多数作为地被植物在景观中使用，用作柔化建筑物墙基边角以及延伸建筑物的轮廓。如匍地柏、平枝栒子(*Cotoneaster horizontalis*)、地锦(*Parthenocissus tricuspidata*)等。

③ 无方向类　有圆球形、卵圆形、倒卵形、丛生形、拱枝形等。如圆柏、加杨(*Populus* × *canadensis*)、五角枫(*Acer pictum* subsp. *mono*)、海桐、山茶等。此类植物没有显著的方向性和指引性，在景观构图中可搭配其他类型形成错落有致的植物空间，并且不会破坏整体的协调性；部分种类耐修剪，适用于植物造型和植物主题景观的营造。此外，圆球形植物外形圆柔温和，可以调和其他外形较强烈的形体，也可以和其他曲线形的因素相互配合呼应，如波浪起伏的地形。

④ 其他类　有垂直类、龙枝类、棕榈形、特殊形等。如垂柳、'龙爪'槐(*Sophora japonica*'Pendula')、椰子(*Cocos nucifera*)、棕榈(*Trachycarpus fortunei*)等。这类植物具有独特的外表，适合孤植或者点景，形成景观构图中心和视觉焦点，但在植物组团中不宜繁杂，以显杂乱。如留园经典景点之一"绿荫轩"，即"花步小筑"对面四扇镂花木窗户后有一小屋，名为"绿荫"，因轩旁有一株古树而得名。

2.1.1.2　园林植物的群体形态

(1) 组合空间形式(图 2-1)

① 开敞空间　人的视平线高于四周景物的空间。开敞空间是外向性的，其心理效果表现为开朗活跃，与自然环境相结合。开敞空间无顶平面的限制，常使用低矮灌木或地被植物营造空间，视线开阔通透，弱化视线边界，可延伸很远。如杭州西湖的雪松樱花大草坪景观是开敞空间营造的经典。面向西湖，以常绿雪松作为背景，加以无患子(*Sapindus saponaria*)、枫香(*Liquidambar formosana*)、香樟等丰富林冠线；中心预留出大草坪空间，在其周边点缀樱花树群和其他树种形成中层空间，使得大草坪的近、中、远景层次更为丰富。又如，在颐和园"一池三山"的结构中，佛香阁作为整个园区的制高点，登临眺望昆明湖，视线浩远开阔，并且通过堤岛桥划分水面，丰富了湖面的景观层次，给人气势磅礴的感受。

图 2-1　植物组合空间形式

A. 开敞空间　B. 半开敞空间　C. 封闭空间　D. 三种空间形式示意图

② 半开敞空间　视线有一面或多面封闭，但垂直顶面限制要素弱。营造这类空间对植物的要求较低，与其他空间形式相比具有灵活性。通常能够加强引导良好的视线，有效遮挡不佳的景观。如杭州太子湾公园的望山坪景观，该空间由三个植物群落围合，南面山体衬托共同营造一个舒适的半开敞空间，其中有由乐昌含笑(*Michelia chapensia*)—东京樱花(*Cerasua yedoensis*)—桂花—无刺枸骨(*Llex cornuta* var. *fortunei*)组成的群落形成的天然屏障。

③ 封闭空间　人的视线被周围景物屏障的空间，顶面限制感较强，它具有内向性和很强的领域感，空间近景感染力强，但久赏令人感到疲劳。常用于建筑之间的视线引导或者对比空间时以小见大等。如湖南农业大学图书馆与修业广场之间的美国红枫路，美国红枫分枝点低，且树冠呈椭圆形或圆形，形成郁闭度高的空间。

(2) 植物与其他景观要素的组合形式

① 与建筑的组合　在园林景观中，植物具有突出园林建筑的主题，协调园林建筑与环境的关系，丰富园林建筑空间层次等作用。植物具有柔美灵活的线条，而建筑的线条较生硬，两者搭配，相辅相成，使得不同的园林建筑各具特色，有别于其他建筑。如长沙烈士公园纪念碑前种植的多为松柏类植物，以烘托庄严肃穆的氛围；中国古典园林中常在垣墙基角和亭子处，植以芭蕉(*Musa basjoo*)、竹、兰等植物来营造朴素淡雅的古典气息。

② 与水体的组合　园林中水的形式多样，常用不同植物形态来丰富和营造水体的景观层次。从水域面积大小来看，大面积水域边需要植以丰富的植物群落，以高大乔木作为背景且使用不同树形来丰富林冠线，垂直形态的植物与水平水体形成纵深感，并以小乔木和灌木以及地被植物作为中下层，形成层次丰富的水岸植物群落(图 2-2A)；小水域中，可以在较窄的水域植以大体量的植物群落，以小见大，延伸空间，体现水域的幽远感(图 2-2B)，如拙政园的“小飞虹”；或者孤植树形优美独特的树种，如留园的绿荫轩。

③ 与地形的组合　在地形中，凸地形提供视野的外向性，凹地形则具有内向性，受干扰小，给人以分割感、封闭感和神秘感。植物可以与地形结合，强调或削弱由于地平面上地形的变化而形成的空间感，并且能够创造更丰富的园林空间。平坦的地形可以用植物来增强空间感，如使用雪松、水杉、杨树等高耸型植物可以提升视觉上的高度，也可以使用小乔木、灌木和地被植物来降低视觉上的高度；凸起地形和下凹地形同样可以使用高耸或低矮树木来增加或消除地形的空间感。

图 2-2　植物与水体的组合

A. 大水体周围错落的植物群落　B. 小水域配以大体量的植物群落

2.1.2 园林植物的叶

(1) 叶的大小

植物叶片的大小与植物种类以及其生长光照、温度、土壤、水分等条件有关。叶片较大的有芭蕉、椰子、棕榈、龟背竹、散尾葵(*Chrysalidocarpus lutescens*)及海芋(图2-3A)等天南星科部分植物等；叶片较小的植物有黄杨(*Buxus microphylla*)(图2-3B)、鸡爪槭、'黄金'槐(*Sophora japonica* 'Golden Stem')、槐(*Sophora japonica*)、竹柏(*Nageia nagi*)等。叶片较大的植物，叶丛会形成较大的面，人感知的空间较为封闭，压抑感较强；叶片较小的植物，叶间缝隙较大，空间感渗透强。

图2-3 植物叶片的大小

A. 海芋的大叶片 B. 黄杨的小叶片

(2) 叶的形状

① 叶片形状 主要有：

针叶形 叶形细长，先端尖锐，如油松、柳杉(*Cryptomeria japonica* var. *sinensis*)、雪松等；

披针形 叶片较线形为宽，由下部至先端渐次狭尖。如柳、杉木、紫叶李(*Prunus cerasifera*)、大王椰子(*Roystonea regia*)等；

卵形 叶片下部圆阔，上部稍狭。如枫香、玉兰、朴树(*Celtis sinensis*)、女贞、海桐等；

线形 叶片狭长，全部的宽度约略相等，两侧叶缘近平行，如冷杉(*Abies fabri*)、棕竹(*Rhapis excelsa*)、苏铁、红豆杉(*Taxus wallichiana* var. *chinensis*)等；

椭圆形 叶片中部宽而两端较狭，两侧叶缘成弧形。如金丝桃(*Hypericum monogynum*)、小叶榕(*Ficus concinna*)、红叶石楠(*Photinia* × *fraseri*)等；

肾形 叶片基部凹入成钝形，先端钝圆，横向较宽，似肾形。如红桑(*Acalypha wilkesiana*)、细辛(*Asarum heterotropoides*)；

菱形 叶片呈等边斜方形。如白千层、乌桕、钻天杨等；

掌形 叶片像手掌形状。如五角枫、梧桐、蓖麻等；

奇异形 包括各种引人注目的形状，如鹅掌楸的鹅掌形叶和马褂木的长衫形叶，羊蹄

甲的羊蹄甲形叶和银杏的扇形叶等。

② 在景观中的应用　叶片的形状可以根据环境的需要来搭配，更能衬托出环境所要营造的氛围。例如，南京中山陵种植许多针形叶的树如黑松，给人一种严肃寂静的感觉，这正是纪念性陵园所需要的氛围；如荷风四面亭周围的荷叶是圆形叶，而古典园林中的亭子多为开敞建筑物，相互衬托出空透明亮、曲折幽静的感觉。

(3) 叶的质地

叶的质地会影响观赏效果和触感效果。革质叶片具有较强的反光效果，如柑橘、柚、广玉兰等叶片，在园林景观中与灯光设计搭配使用，有光影闪烁的效果；纸质、膜质叶片，质地柔韧较薄，常呈半透明状，如月季叶片为纸质，色彩鲜艳，细致的枝条。柔软的叶片会让人感觉亲切；粗糙多毛的叶片，视觉吸引力强。在狭小的空间扩张粗糙的枝条，被毛的叶片让人感觉有山野的气息，拉近人与植物空间的距离；坚硬有刺的枸骨和剑麻(*Agave sisalana*)，在园林中可以作为天然的隔离屏障，使用于专类园保护边界或者禁止践踏的草坪区边界，以提高边界感。在园林空间的设计中，合理考虑触觉感知的影响，可以改变人们对植物空间大小的感觉。

(4) 叶的色彩

植物的季相变化主要体现在叶的色彩变化上，并且影响着空间感受。除少数色叶树种以外，大部分为绿色树种。

① 常绿树　浓绿色树种有雪松、罗汉松(*Podocarpus macrophyllus*)、圆柏、山茶、桂花等；浅绿色树种有雀舌黄杨(*Buxus bodinieri*)、大叶黄杨(*B. megistophylla*)、七叶树、鹅掌楸、玉兰等。深绿色有收缩感和沉重感，常用作背景或底色，拉近空间距离；浅绿色有扩张感，常布置在近前，以扩展空间感觉。多种绿色系植物搭配组合种植，使得植物群落所营造的空间感更加多变，富有韵律感。

② 色叶树　主要有：

春色叶　春季发叶类植物，如五角枫、臭椿等；

秋色叶　秋季叶子有显著变化的植物，如南天竹、石楠等；

常色叶　树叶常年均呈异色的植物，如紫叶李、鸡爪槭、变叶木(*Codiaeum variegatum*)等；

双色叶　叶背与叶表颜色显著不同的植物，如红背桂(*Excoecaria cochinchinensis*)、胡颓子(*Elaeagnus pungens*)等；

斑色叶　具有其他颜色的斑点或花纹的植物，如洒金东瀛珊瑚(*Aucuba japonica* var. *variegata*)、冷水花(*Pilea notata*)等。

色叶树常与花带、花境搭配栽植，能够增添其色彩并且较花卉而言更好养护；耐阴性色叶植物，如吊竹梅(*Tradescantia zebrina*)、冷水花、花叶竹芋(*Maranta bicolor*)等适合在乔木下层空间栽植，丰富林下空间的色彩；耐修剪的灌木类植物，如红花檵木(*Loropetalum chinense* var. *rubrum*)、小叶黄杨等可用作模纹花坛和趣味植物雕塑的植物素材。

2.1.3 园林植物的花

园林花卉广义的解释是指草本与木本植物中观花与观叶两大部分。草本花卉的花色比

较艳丽，色相丰富，但比乔木矮小、栽培费工、寿命短。木本植物虽然均能开花，但只有部分具有观赏价值，称为木本花卉。木本花卉有乔木、小乔木和灌木三种，因此，又分为观花乔木、观花灌木(简称花灌木)。这些习惯上比较通俗的分类，在植物学中认为是非正规的，不过在园林中已普遍使用。

(1) 花的色彩

观花植物中大致有红色、黄色、白色和蓝色，色彩对比与协调的手法不同，也会对景观空间产生不同的影响。红色系有海棠花、月季、石榴、山茶等；黄色系有迎春花(*Jasminum nudiflorum*)、桂花、金丝桃、连翘等；白色系有茉莉、栀子、大花溲疏(*Deutzia grandiflora*)、广玉兰等；蓝色系有紫藤、绣球属(*Hydrangea*)、假连翘(*Duranta erecta*)、紫丁香(*Syringa oblata*)等。花的色彩应用于：

① 单色栽植　常用于疏林草地或林下空间，花色鲜艳，能够营造出清新明快、活力四射的气氛，栽植于深色背景之下，形成对比，丰富空间的色彩和景观层次。

② 混合栽植　多用于较为宽敞的草地、景观视觉中心或边缘地带，常成片栽植，形成视觉震撼效果，但花色不宜过多，避免杂乱无章。如水系边栽植成片郁金香(图 2-4)，不仅丰富景观层次和色彩，也将整个园区的水系联系起来，加强整体感。

图 2-4　水边成片的郁金香

(2) 花的芳香

植物在园林环境中的感知作用包括视觉感知、听觉感知、嗅觉感知、触觉感知四个方面。花的芳香具有独特的审美效益，早春初生嫩叶的清香、盛夏栀子(*Gardenia jasminoides*)的甜香、金秋柚(*Citrus maxima*)的果香、寒冬雪中蜡梅(*Chimonanthus praecox*)的幽香，诸如此类的四季不同的植物，其沁人芳香给人留下不同的感受。再次闻到这些气味时，即使隔着院墙建筑，视线无法抵达，仍旧会让人产生联想、引起共鸣。如拙政园的荷风四面亭：夏日荷花满池盛开，迎风吹来，令人神清气爽；狮子林的问梅阁、双香仙馆：楼外阁前寒梅点点，在寒冬释放阵阵清香，让人体会到幽静而又清新的意境，成为冬日佳景。

花的芳香还应用于植物疗法中，如波士顿儿童医院，将历史元素与花园植物疗愈结合，还有美国麻州综合医院康复花园，为癌症患者和其他有严重疾病的人们提供户外疗养空间；花的芳香也应用于各类专类园，丰富人们在景观中的嗅觉感受，增强对于景观的参与性。

2.1.4　园林植物的果

(1) 果实的形状

许多园林植物的果实形态具有很高的观赏性，通常以形态奇特、体型巨大、果实丰硕为衡量的标准。如铜钱树(*Paliurus hemsleyanus*)的果实形状如古代的铜钱，元宝槭(*Acer*

truncatum)的果实似金元宝，吊灯树(*Kigelia africana*)、杨桃(*Averrhoa carambola*)(图2-5A)、秤锤树(*Sinojackia xylocarpa*)、紫珠(*Callicarpa bodinieri*)以及羊蹄甲(图2-5B)等豆科植物的角果都能给人留下深刻的印象。体型硕大的波罗蜜(*Artocarpus heterophyllus*)、柚子、木瓜(*Chaenomeles sinensis*)、椰子的单果、炮弹树(*Couroupita guianensis*)(图2-5C)的果实也容易吸引人们的目光。在果实成熟时，石榴、金橘、火棘、柿子等果实丰硕，夺目美观，美不胜收。

图2-5 果实的形状

A. 杨桃 B. 羊蹄甲 C. 炮弹果

(2) 果实的颜色

“一年好景君须记，最是橙黄橘绿时”，这句诗中描述的正是果实色彩的观赏效果。果实的色彩不仅能带给人美的感观，而且在秋冬季节，还能吸引一些小动物采食，增加园林的欣赏趣味性。

园林中常见的果色有以下几种，如红色果实有冬青(*Ilex chinensis*)、枸杞(*Lycium chinense*)、山楂、南天竹(图2-6A)、樱桃(*Cerasus pseudocerasus*)、石榴、毛樱桃(*Cerasus tomentosa*)等。黄色果实有银杏、梅、木瓜、贴梗海棠(*Chaenomeles cathayensis*)等。紫色果实有紫珠(图2-6B)、蛇葡萄(*Ampelopsis glandulosa*)、葡萄、李、海州常山(*Clerodendrum trichotomum*)(图2-6C)等。黑色果实有小叶女贞(*Ligustrum quihoui*)、地锦、忍冬、鼠李(*Rhamnus davurica*)、香樟等。白色果实有红瑞木。

图2-6 果实的颜色

A. 南天竹 B. 紫珠 C. 常山属植物

2.1.5 园林植物的枝、干

园林树木的枝、干的观赏性主要体现在树木的奇特形态，其次是树皮的纹理及色泽。

(1) 枝干的形态

一些植物的枝干因具有独特的形态使其极具观赏性。如龙爪柳(*Salix matsudana* f. *tortuosa*)、'龙爪'槐、山茱萸(*Cornus officinalis*)等。有的枝条或树干上着生枝刺，如皂荚、黄芦木(*Berberis amurensis*)、栓翅卫矛(*Euonymus phellomanus*)等。

枝干的形态是植物冬态欣赏的主要内容之一，也是冬季植物景观的一大特色。如圆锥形的毛白杨(*Populus tomentosa*)、鹅掌楸可以表现出严肃、端庄的效果；椭圆形的二球悬铃木(*Platanus acerifolia*)、元宝槭等有朴实、浑厚的效果，给人亲切的感觉。

在冬季，落叶树的树形除了用于欣赏外，人们还可以利用各种树木枝条的粗细、姿势等形态识别不同树种。大多数树木的分枝方式为合轴分枝，如苹果属(*Malus*)、梨属(*Pyrus*)树种等；少数为单轴分枝，如杨属(*Populus*)树种；有的为假二叉分枝，如紫丁香、小叶巧玲花(*Syringa pubescens* subsp. *microphylla*)等。绝大多数树木的枝条形态是直立或斜伸，但也有枝条呈"之"字形折曲，如无刺枣(*Ziziphus jujuba* var. *inemmis*)、皂荚等，枝条扭曲生长的如龙爪柳等，均有一些容易识别的特征。

(2) 枝干的纹理及色泽

枝干的纹理不同植物也体现出不同特征，有的树干表面呈不规则的片状脱落，如二球悬铃木、白皮松等；有的树干表面光滑无裂痕，如紫薇、柠檬桉(*Eucalyptus citriodora*)(图2-7A)等；有些树干表面呈浅而细小的横纹，如山樱花(*Cerasus serrulata*)、山桃等；也有表面呈条状剥离的，如青年期的柏类、水杉(*Metasequoia glyptostroboides*)；有的植物如柿、君迁子(*Diospyros lotus*)等树干表面有长方形的裂纹。

图 2-7 树木枝干的色泽和纹理

A. 柠檬桉光滑的树干 B. 梧桐绿色的树干 C. 臭椿粗糙而不开裂的树干 D. 杨树纵裂的树干

在枝干色泽方面，白桦、胡桃(*Juglans regia*)、毛白杨、朴树等呈灰白色或者白色；‘金枝’槐、杨桐(*Adinandra millettii*)等呈黄色；梧桐(图 2-7B)、棣棠花(*Kerria japonica*)、迎春花、枸橘(*Poncirus trifoliata*)、早园竹(*Phyllostachys propinqua*)等呈绿色；红瑞木、山杏(*Armeniaca sibirica*)、大山樱(*Prunus sargentii*)、商陆(*Phytolacca acinosa*)等呈红色；紫竹(*Phyllostachys nigra*)等呈紫色；山桃、樱花(*Cerasus serrulata*)等呈红褐色。

树木的冬态识别也可以通过观察树皮的颜色、质地、有无皮裂及皮裂的深浅来判别。如毛白杨和新疆杨(*Salix alba* var. *pyramidalis*)的树皮颜色是灰绿色，山桃的树皮颜色是古铜色；臭椿树皮粗糙却不开裂(图 2-7C)；槐、皂荚、山杏的树皮浅纵裂；加杨(图 2-7D)、刺槐、元宝槭树皮是深纵裂的。

2.1.6 园林植物的根

在园林植物中，部分植物的根部也具有一定的观赏价值，在中国古代的盆景艺术中就有对植物根部蓄养与欣赏的图文记载。可欣赏露根美的植物如‘人参’榕(*Ficus microcarpa* ‘Ginseng’)、五针松(*Pinus parviflora*)、梅、山茶、榆树等；在热带、亚热带地区有些植物具有板状根，如大花五桠果(*Dillenia turbinata*)、高山榕、印度橡皮榕(*Ficus elastica*)、红厚壳(*Calophyllum inophyllum*)等。龟背竹、吊兰(*Chlorophytum comosum*)、榕树、络石、落羽杉等植物均具有有趣的气生根。

2.1.7 园林植物的文化

植物所承载的文化内涵就是植物文化，即人类在漫长的植物利用史中，与植物所形成的相互共生的关系。文化、园林植物之间有着密不可分的联系。植物种类的选择，树龄大小的选择，形态的配植以及位置和时期的确定，在很多场合都必须服从文化功能。中国文化中的价值观念、哲学思想、宇宙观念、文化心态乃至人们头脑中对自然和生活的审美情趣等，都可以通过园林植物这个“物化”的空间形态，直接、生动地再现。

2.1.7.1 植物文化的特征

植物文化拥有一般的文化的所有特征，但是又区别于一般的文化，植物文化具有其自身的独特性。

(1) 具有精神表现力

植物自古以来就是人民强烈的精神寄托，植物的寿命远远大于人类的寿命，因此，在古代，古树一般都会被当成神仙来祭拜，人民想要有像植物一样顽强的生命力。即使到了今天，现代科学摒弃了所谓的“迷信”，但植物文化现象并没有因此被削弱，仍在传承发展，就是因为一些植物的生物学特征吻合了人类的精神要求，在认识世界和改造世界中仍然具有强大的精神表现力。

(2) 具有历史传承性

植物文化和其他文化一样，都具有历史积淀和传承性。对于前人留下的文化，我们需要自觉地加以保护、传承和发扬光大。这种现象在偏远落后的地区表达得更为朴素，不同于主流社会文化人士用文字的方式来表达和传递植物的文化含义，他们通过口耳相

传、父子相继的方式维护着植物文化血脉的畅通，这与当地人对当地植物的利用紧密相连。

(3) 具有地域和民族的差异性

和一般的文化一样，不同地域不同民族间存在着明显的文化差异，其所认可的文化植物有所不同。例如，中国与西方所重视的花木种类不同，中国人喜爱的是梅、兰、竹、菊等植物，而西方人喜爱的是月季(*Rosa chinensis*)、百合、郁金香、紫罗兰等植物。这是由于各民族传统文化、审美心理、思维方式以及价值取向的不同，因而使植物所负载的文化信息不同造就的。纵使在中国，不同地区、不同民族之间对植物文化的理解也不同。

(4) 具有融合创新性

不同地域和民族的植物文化可以通过相互接触、撞击、交流、筛选，进而相互吸收、渗透和整合，最终接受对方的文化理念，甚至萌生出新的植物文化现象。我国的端午习俗是从南方流传到北方的，风俗虽有不同，但是其核心概念并没有改变。情人节送玫瑰(实则月季)是从西方传到中国的，现在已经普遍被国人所接受。

2.1.7.2 植物文化的类型

1) 生态文化

生态是指地球上一切生物的生存状态，是一切生物有机体之间及其与周围环境的联系。植物生态反映的是植物与环境之间的关系，包括环境对植物的影响、植物对环境的适应以及对环境的改造。工业革命带给人类巨大财富的同时，也带来了环境的恶化，诸如二氧化碳排放量增加引起的温室效应，大气粉尘造成的雾霾，有害气体超标等。此时，人们又回过头来审视关系着人类生存和发展的生态问题，重新思考人与自然的关系。这种科学的生态思维方式，正是生态文化的本质内涵。

每种生物都是自然界的一分子，人虽然有别于其他动物的文化生活方式，但同样不能脱离自然界而生存，人类与其他大部分动物一样与植物同呼吸、共命运。植物的生长发育，开花结果为人类的生存和发展提供了基本的物质基础，人类的生产和生活依赖于植物的生命活动和生态功能。人类社会对自然、对植物的呼吸依赖、饮食依赖、健康依赖、生态依赖以及经济和文化依赖，使得人类对自然、对植物满怀崇敬、心存敬畏。

人类生存需要大量的植物资源。这种需求不仅仅是量上的、能够进行光合作用的叶片的需求，而且是植物选择多样化方面的需求；不仅仅是植物生长发育在适宜的土壤和气候条件方面的需求，也是减少人类碳排放影响和满足植物生态习性方面的需求。

生态文化要求注重生态效益和生态景观，园林植物选择则要求足量、多样。通常情况下，要实行乔木、灌木、地被不同生长高度的植物相互搭配，形成立体、多层群落结构。常绿与落叶树种搭配，速生与长寿树种搭配，正是满足在有限的土地上大量而且多样选种植物的需求，这种生态文化的需求就是为了适应人类对植物依赖的需要。

2) 审美文化

审美是人们对美的对象观赏时的一种心理状态。审美文化属于艺术文化系统，是一种由具体的个人审美修养和实践活动方式来体现的社会感性文化，体现了文化的积累与人类

文明的进步。园林作为人类文明的具体产物，是对自然与生活美的追求而“物化”了的空间形态，是一种立体的空间艺术，具有艺术欣赏价值。人们置身园林之中，可以得到丰富的审美享受。植物作为园林中有生命的景观要素，丰富了园景的色彩和层次，增添了园林的生机和自然的野趣，其本身所固有的姿态美、色彩美、馨香美以及随日时、季相变化而表现的动态美，再加上植物空间配植所营造的意境，可创造出丰富的审美文化。

(1) 姿态美

每种植物都有自己的姿态和特质，植物姿态融汇于周围环境并与周围环境相协调，展现了艺术组景效果。例如，寺观园林中的千年古树苍古入画，展示了传统文化的悠长；节日摆放的红黄相间、百花怒放的花坛，烘托的是节日热烈欢庆时祥和气氛。所以，赏形是园林植物观赏的重要内容之一。姿态不仅给人以美的享受，能彰显园林意境，还传递着一种心理上的张力。高耸的白杨，给人以伟岸、正直、质朴、不折不挠的心理引导；挺拔的松树，给人以阳刚坚韧之感。

(2) 色彩美

观园赏景，首先映入眼帘的往往是色彩。植物的色彩美是园林植物的主要观赏特性。色彩的千变万化、层出不穷，是其他任何一种园林要素无以伦比的。

① 植物的不同色彩给人以不同的观赏效果　园林植物最主要的色彩是绿色，绿色代表清新、希望，给人以生机勃勃、春意盎然的无限感受，同时象征了和平、安定和活力，这是大自然植物的基色。绿色环境给人们带来清新和阴凉，有安全、舒适之感，在绿色环境中生产、生活，能提升情绪、活力和愉悦感。红色给人热情激动的感受，营造热烈兴奋的气氛。节日期间工厂、公园大门和景观前景通常选择一些红色植物，以引导人们对主题的关注，激起观赏者的兴趣，展现喜庆的氛围。白色象征着纯洁，表示幽雅与神圣，给人干净、简洁的视觉效果。黄色亮丽夺目，雍容华贵。

② 色叶树种充满无限神奇　园林植物的色彩是通过植物的叶片、花朵等器官而呈现出来的。丰富的叶色难以用文字描述，即使再高超的画家，也很难调配出大自然所有叶片的色调。在一个年周期中，树木的叶色发生变化或是始终表现出非绿色的颜色，称为异色叶树种。如紫叶李、红花檵木、紫叶小檗‘花叶’垂榕(*Ficus benjamina* ‘Variegata’)等。

③ 不同色彩组合会产生不同的风格和效果　不同颜色的植物组合在一起能够形成不同的景观，这样的植物组合更具有活力。如在绿色的草坪上用金黄色的金叶女贞、绿色的大叶黄杨和红色的紫叶小檗大片地密植组在一起形成色带，观之令人赏心悦目。

(3) 馨香美

品嗅园林植物的馨香，能够体会到一种自然的品质，即使香气浓郁，也不会感觉气腻；即使恬淡，也清晰可辨。一些芬芳的气息可以让人心平气和、消除疲劳、舒缓筋骨，对人的心理和生理保健益处多多。“不经一番寒彻骨，怎得梅花扑鼻香”，古人很早就将植物的馨香与人的情感联系在一起。比如拙政园“远香堂”的“香远益清”，“荷风四面亭”的“荷风来四面”，“雪香云蔚亭”的“遥知不是雪，为有暗香来”等，都是借植物的馨香造景的景观节点。

（4）季相美

在园林景观中，植物区别于其他构成要素的是其具有的生命特征。它在构景中是动态的，随着生长发育不断地变换着大小、形态和色彩。这种季相变化一方面是生命周期的老幼和大小的变化；另一方面是在一年中随气候、季节的变化而变化。

2.1.7.3 人格文化

园林植物作为人们的观赏对象，通过触动人们的感官让人获得"赏心悦目的快感"，给人以美的物境感受。而且，园林植物还蕴含着人的情感、思想，我们可以将人的品格与植物相联系，借助植物外在特征和生长习性来寄托人们的情感。如梅寓人高、莲寓人淡、松寓人逸等，赋予植物人格文化内涵，展示人的品格、精神和理想追求，达到情景交融、物我合一的境界，是植物艺术所追求的理想效果，也是植物文化的本质要旨。

（1）植物的比德

植物比德说的是把植物的某些特性作为比德的对象，将植物看作是某种品德、精神和人格的象征。借花草树木抒情言志、寄寓人的品格，儒家文化中的比德思想就对中国的造景建园产生了很大的影响。

松、竹、梅三种植物称为"岁寒三友"，蕴含着诸多的文化情感，成为高贵的品质标杆，象征顽强的性格，具有傲然不屈的斗争精神。松树代表坚韧不拔、不屈不挠的精神，是坚强、长寿、正直的象征。竹子秆茎节间中空，外观有节，暗喻有礼有节的美德。梅一向认作具有清新淡雅、傲雪抗争、不惧严寒、不怕艰险、不畏强暴、乐观向上的无畏精神。

（2）植物的比兴

比兴是诗歌中一种传统表现手法。植物的比兴，就是借助植物形态特征或名字谐音与人的情感之间的某些相似之处，含蓄地传达某种精神情趣、生活憧憬、吉祥亲善等祝愿之意，把植物的自然属性与人的社会属性交融在一起。如杨树象征正直、质朴、坚强不屈；柳树代表虚怀若谷、文采风流；银杏象征长寿、友情。

2.1.7.4 诗画文化

中国古代，诗、画、园林三者一直都是密不可分的。诗画园林是中国古典园林极高的造园追求，诗情画意表现为诗画艺术在园林中的精神渗透。园林意境的应用源于文人园林，让文人参与造园，诗词为主题，以画成景。同样，园林植物经过韵染而赋予诗人某种情感之后不再是简单的植物个体，而是人们托物寄兴的载体。在深厚的传统文化影响下，植物凝聚了厚重的文化底蕴，这些满载"诗情画意"的植物应用于园林艺术之中，使得园林中所配置的植物都蕴含着诗情画意，释放着文化气息。

所以，园林建设的本意就是创造人们意象中的情景，园林植物与诗词文化的结合，更促进了以植物为主题的园林景观的形成。如苏州网师园的"看松读画轩""小山丛桂轩"；留园的"闻木樨香轩"；拙政园甚至有三分之二的景观取自植物体裁，远香堂、荷风四面亭的荷，倚玉轩、玲珑馆的竹，听雨轩的芭蕉和翠竹，玉兰堂的玉兰，雪香云蔚亭的梅，梧竹幽居的梧桐和竹，海棠春坞的海棠花，枇杷园、嘉实亭的枇杷，柳荫路田的柳等均借植物与亭、轩相映成趣。

2.2 园林植物景观类型

园林植物景观类型是群体植物和谐搭配在一起所体现的群体景观，外在表现。不同景观类型营造的景观效果不同，从大类别上可以分为自然式、规则式和混合式三种类型。

2.2.1 自然式

(1) 定义

自然式又称为风景式、不规则式，是指植物景观的布置不按照固定的株行距，且没有明显的对称轴线，植物按照自然生长状态自由配置成灵动、活泼、舒适的景观(图 2-8)。

(2) 应用场景

中国园林中常应用自然式园林植物景观，如校园休闲绿地、自然式庭院、自然游步道、公园安静休息区、居住区组团绿地或居住区公园内。

(3) 常用植物

选择外形自然，美观，树形优美、不杂乱的植物种类。如梅、柳、桃、海棠花、松、竹、玉兰、牡丹、芍药等植物。

2.2.2 规则式

(1) 定义

规则式可称为几何式、整形式，是指植物景观的布置按照固定的株行距，且有明显的对称轴线，树木按照自然生长状态生长但会进行一定的修剪，花卉组合成规则的几何图案，草坪边缘规则整齐，形成庄严、整齐的景观(图 2-9)。

图 2-8 自然式园林

图 2-9 规则式园林

(2) 应用场景

应用于较大的集散广场、公园入口处、寺庙、陵园及花坛等。

(3) 常用植物

棕榈科植物，如棕榈、加拿利海枣(*Phoenix canariensis*)、大王椰子、老人葵等。高大

乔木，如榕树、玉兰、桂花、小叶榄仁(*Termindia neotaliala*)、法桐(*Platanus orientalis*)等。灌木及花坛用花，如海桐、福建茶(基及树)(*Carmona microphylla*)、菊科花卉、随意草、观赏谷子(*Pennisetum glaucum*)、观赏辣椒、繁星花(*Pentas lanceolata*)等。

2.2.3 混合式

(1) 定义

混合式是自然式与规则式之间自然协调搭配在一起的一种植物景观类型。根据场景、风格、设计意图等进行植物配置，形成多样化、变化丰富、连续性的景观。

(2) 应用场景

① 在轴线两侧或距离建筑较近处运用规则式植物景观，远离轴线两侧或建筑时运用自然式植物景观；

② 边界是规则式植物景观，中心地块为自然式植物景观。

(3) 常用植物

规则式植物与自然式植物的搭配。

2.3 园林植物景观的营造

2.3.1 配置方式

(1) 孤植

① 定义　在较为开阔的空间中，孤立种植一株或紧密种植几株同种乔木，称为孤植。

② 应用场景　在园林造景中使用孤植树通常出于两种目的：一是结合庇荫功能的景观孤植树；二是单纯满足构图美学要求的孤植树。在孤植树的种植造景中应注意突出其主体地位，使之成为视觉焦点，孤植树是园林种植构图中的主景，最适视距在树高的4~10倍左右，所以至少应为树高的4倍的水平距离(图2-10)。

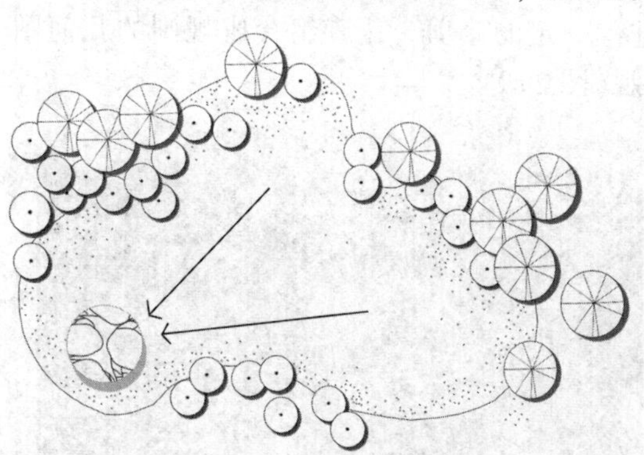

图2-10　作为主景的孤植树配置方法

③ 常用植物　各地区常用的植物如下：

华南地区　黄兰(*Cephalantheropsis obcordata*)、白兰(*Michelia × alba*)、观光木(*Michelia odora*)、小叶榕、黄葛树(大叶榕)(*Ficus virens*)、菩提树(*Ficus religiosa*)、印度橡皮榕、玉兰、香樟、柠檬桉、海红豆(*Adenanthera microsperma*)、黄豆树(南洋楹)、腊肠树(*Cassia fistula*)、铁冬青(*Ilex rotunda*)、杧果(*Mangifera indica*)、木棉、凤凰木(*Delonix regia*)、大花紫薇(*Lagerstroemia speciosa*)、橄榄(*Canarium album*)、乌榄(*Canarium pimela*)、荔枝(*Litchi chinensis*)、罗望子(酸豆)(*Tamarindus indica*)、人面子。

华中地区　雪松、金钱松、马尾松、柏木(*Cupressus funebris*)、香樟、紫楠(*Phoebe*

sheareri)、石栎(*Lithocarpus glaber*)、苦槠(*Castanopsis sclerophylla*)、广玉兰、玉兰、桂花、鸡爪槭、七叶树、喜树(*Camptotheca acuminata*)、珊瑚朴(*Celtis julianae*)、朴、糙叶树(*Aphananthe aspera*)、枫香、鹅掌楸、薄壳山核桃(*Carya illinoinensis*)、银杏、悬铃木、枫杨、大叶榉(*Zelkova schneideriana*)、紫薇、乌柏、紫叶李、无患子。

华北地区　油松、白皮松、圆柏、侧柏、毛白杨、青杨(*Populus cathayana*)、小叶杨(*Populus simonii*)、白桦、平基槭、蒙椴(*Tilia mongolica*)、糠椴(*Tilia mandshurica*)、紫椴(*Tilia amurensis*)、君迁子、洋白蜡(*Fraxinus pennsylvanica*)、花曲柳(*Fraxinus chinensis* subsp. *rhynchophylla*)、白蜡(*Fraxinus chinensis*)、槲树(*Quercus dentata*)、槐、皂荚、朴树、桑(*Morus alba*)、白榆、春榆(*Ulmus davidiana* var. *japonica*)、臭椿、银杏、薄壳山核桃、梨、苹果、海棠果、西府海棠(*Malus* × *micromalus*)、山荆子(*Malus baccata*)、柿、核桃、碧桃、樱花(各种)、紫叶李、天女花(*Oyama sieboldii*)。

(2) 列植

① 定义　树木成带状的行列式种植称为列植，又叫带植，有单列、双列、多列等类型。

② 应用场景　列植主要用于城市道路、广场、建筑周边、公路(图 2-11)、防护林带、农田林网、河道绿化种植等。列植具有引导视线的作用。

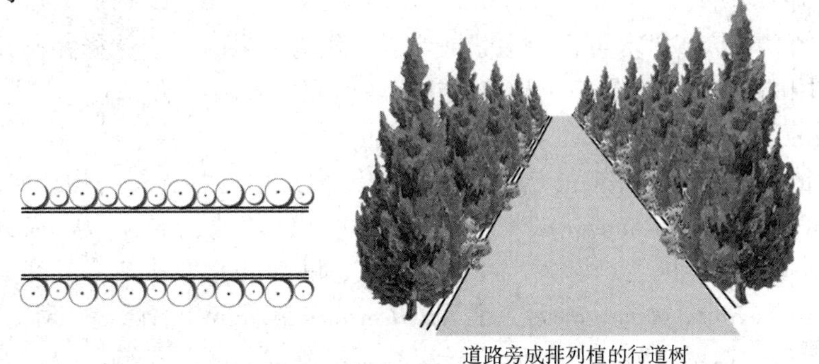

道路旁成排列植的行道树

图 2-11　行道树的配置方法和效果

③ 常用植物　一般大乔木株行距为 5~8m，中小乔木为 3~5m，大灌木为 2~3m，小灌木为 1~2m。完全种植乔木，或将乔木与灌木交替种植皆可。常用树种中，大乔木有油松、圆柏、银杏、槐、白蜡、元宝枫、毛白杨、柳杉、悬铃木、榕树、臭椿、垂柳、合欢等；小乔木和灌木有丁香、红瑞木、小叶黄杨、西府海棠、玫瑰、木槿等。

(3) 对植

① 定义　将体量、形态相近的一个或多个树种，按一定的轴线关系，相互呼应地种植在构图中轴线的两侧称为对植(图 2-12A)。

② 应用场景　对植可以应用在规则式和自然式园林造景中。在规则式园林中可以将其应用于道路、建筑的入口处两侧；在自然式园林中的廊桥、门厅(图 2-12B)、水道等的进口两侧以非对称但体量均衡的方式种植。

③ 常用植物　对植多选用树形整齐优美、生长较慢的树种，以常绿树为主，但很多花色优美的树种也适用于对植。常用的有松柏类、南洋杉、云杉、冷杉、大王椰子、假槟榔(*Archontophoenix alexandrae*)、苏铁、桂花、玉兰、碧桃、银杏、蜡梅、龙爪槐等，或者

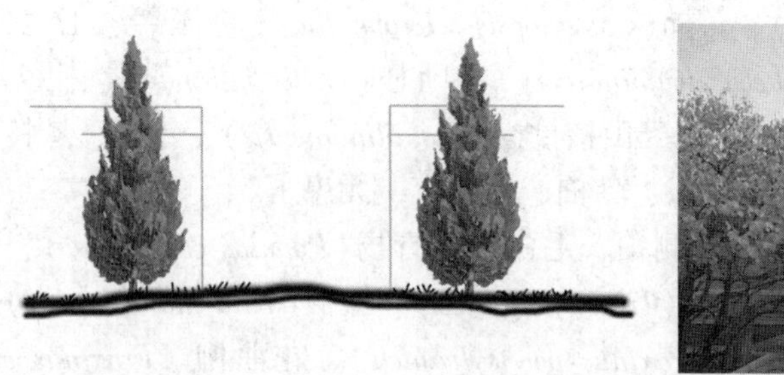

A　　　　B

图 2-12　对植树

A. 示意图　B. 门口的对植栽培形式

选用可进行整型修剪的树种进行人工造型，以便从形体上取得规整对称的效果，如整形的大叶黄杨、石楠、海桐等也常用作对植。

(4) 丛植

① 定义　由两株至一二十株同种或数种树木按照一定的构图方式进行组合种植，使树丛呈现整体的景观效果。

② 应用场景　丛植树木可作为主景或配景。作为主景时，应选择在空旷的场所，突出树丛；在中国古典园林造景中，丛植常在粉墙前配置入画。配置时，应注意三两组合，植物体量应相互呼应。

③ 常用植物　传统园林中的丛植常常结合传统文化蕴意选择植物，如山茶、牡丹、鸡爪槭、翠柏(*Calocedrus macrolepis*)、松、竹、梅、杜鹃花、瑞香(*Daaphne odora*)、蜡梅、南天竹、海棠花、玉兰、忍冬、迎春、含笑、贴梗海棠、桂花、紫薇等；草本植物有：芭蕉、玉簪(*Hosta plantaginea*)、萱草(*Hemerocallis fulva*)、百合、射干(*Belamcanda chinensis*)、芍药、鸢尾、菊花、水仙、石蒜(*Lycoris radiata*)、万年青(*Rohdea japonica*)、沿阶草、吉祥草等。

现代园林中可选用体量相宜、造型美观，甚至具有经济价值的观赏树种，如海棠花、苹果、梨、柿、核桃、山楂、金柑(*Citrus japonica*)、柚子等果树，以及忍冬、含笑、栀子、蜡梅、月季等香料植物。

(5) 聚植(群植)

① 定义　成片种植一种或多种树木，常由二三十株以至数百株的乔灌木组成，体现的是树木的群体美。

② 应用场景　群植通常作为景观主体，根据树种多寡，可以分为单一植物群和混交植物群。单一植物群主要由一种树木组成，可以应用阴性的宿根花卉作为地被植物。混交植物群为树群的主要形式，是现代复合式生态配置常用的模式，可分为乔木层(可细分为大乔木层、小乔木层)、灌木层和地被层三层(图 2-13)。

③ 常用植物

小乔木层　可选择色彩丰富或开花、结果树木，如紫薇、鸡蛋花(*Plumeria rubra*)、鸡爪槭、夹竹桃、柚子、荔枝、龙眼(*Dimocarpus longgan*)、桂花、山茶、紫玉兰(*Yulania*

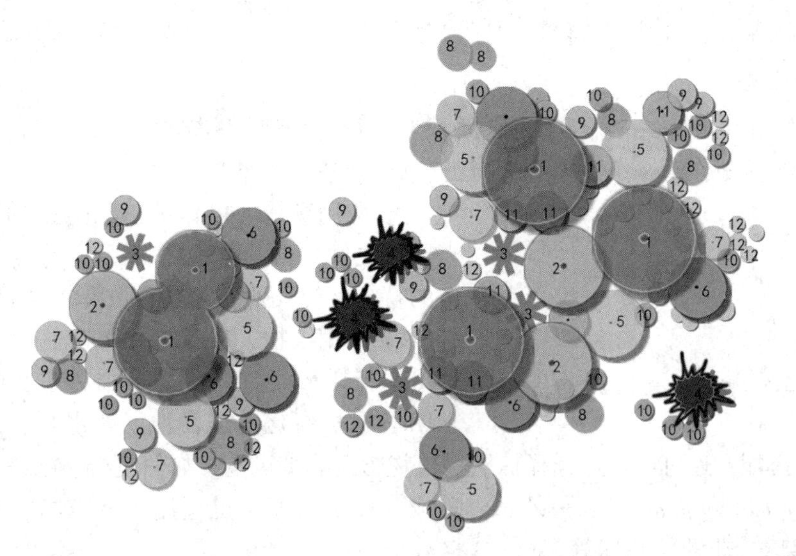

图 2-13 华南地区（福州）树群设计图

1. 木棉（3 株） 2. 白兰（5 株） 3. 大王椰子（4 株） 4. 南洋杉（3 株）
5. 大花紫薇（6 株） 6. 福建山樱花（7 株） 7. 鸡蛋花（11 株） 8. 紫叶李（12 株）
9. 朱槿（11 株） 10. 三角梅（40 株） 11. 红背桂（13 株） 12. 鹅掌柴（20 株）

liliiflora）等。

灌木层　可选择耐修剪、易造型的树木，如木槿、扶桑、黄蝉（*Allamanda schottii*）、琴叶珊瑚（*Jatropha multifida*）、毛鹃（*Rhododendron* ×*pulchrum*）、女贞、假连翘、小叶黄杨等。

地被层　可选择条状叶类或结合草坪设计缀花草坪，如沿阶草、山菅兰（*Dianella ensifolia*）、鸢尾、紫背万年青（*Tradescantia spathacea*）、紫花酢浆草、姜花（*Hedychium coronarium*）、吊竹梅、紫云英（*Astragalus sinicus*）、二月蓝（*Orychophragmus violaceus*）等。

（6）林植

① 定义　利用森林培育学、造林学的概念和技术成片大面积种植园林树木，形成风景林或营造小片的森林景观。根据种植形式可分为林带、密林和疏林等形式；根据植物组成，可分为纯林和混交林。

② 应用场景　成片林植可用于园林景观的背景、城市周边山地的美化绿化、游人密度较低的疏林草地中等。起到远观赏景、进入漫步游玩的目的，营造独特的森林景观。根据选用的树种可分为纯林和混交林。

③ 常用植物　各地区适用的重要树种如下：

华南地区　凤凰木、木棉、腊肠树、白兰、黄兰、大叶合欢（*Archidendron turgidum*）、黄豆树、南洋楹、海红豆、枫香、椰子、油棕（*Elaeis guineensis*）、橡胶树（*Hevea brasiliensis*）、白兰、橄榄、杧果、荔枝、龙眼、桃等。

华中地区　合欢、银杏、悬铃木、薄壳山核桃、鹅掌楸、鸡爪槭、朴、珊瑚朴、樱花、玉兰、七叶树、桂花、柿、杨梅（*Myrica rubra*）、枇杷等。

华北地区　平基槭、白桦类、油松、白皮松、白蜡类、毛白杨、青杨、河北杨（*Populus* ×

hopeiensis)、海棠花、山荆子、核桃、君迁子、椴树类、槐、柿、苹果、李、梨等。

(7) 散点植

① 定义　以单株为一个点在一定面积上进行有韵律、有节奏的散点种植，有时可以两株或三株的丛植作为一个点来进行疏密有致的扩展。

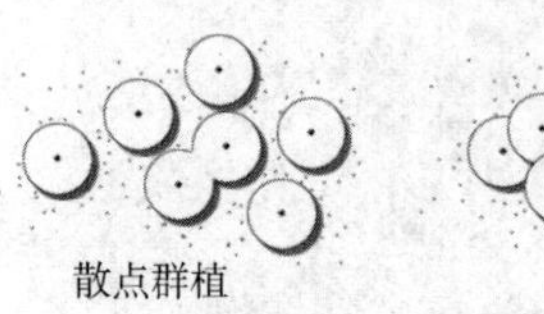
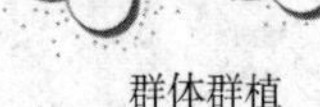

图 2-14　散点群植和群体群植

② 应用场景　可作为植物造景的主景，强调点与点之间的呼应和动态联系，特点是既体现个体的特征又使其处于无形的联系之中(图 2-14)。

③ 常用植物　选用的植物应注重形体的呼应，如可选择树形一致的尖塔形树种进行搭配，以寻求四季季相变化的丰富性，如水杉、落羽杉、池杉、水松等搭配；还可以通过选择棕榈科植物营造热带风情，如假槟榔、大王椰子、皇后葵(*Syagrus romanzoffiana*)等；另外，修剪成为球形的灌木也适用于散点植，如红花檵木球、黄金榕球、非洲茉莉球等。

2.3.2　花坛

(1) 花坛的定义

花坛在不同的时期被赋予不同的含义，早期的定义是在几何形体的植床中按照一定形式规则排列种植成一类或几类的种植形式，强调人为的、固定的边界和花卉的群体美、色彩美。现代城市中，花坛随处可见，它渗透人们的日常生活，美化人们的生活环境。有人认为，花坛是“在规定的地块上面集中栽培低矮的草本花卉，用来装饰环境、组织交通和分隔空间的植床”。也有人认为，花坛是在园林绿地中划出一定面积适当地栽种草本或木本植物，这些植物既可以是观花植物也可以是观叶、观果植物；并且认为，为了同时加强花坛的色彩及形态，可用建筑材料砌边，形成明显的轮廓，所以“花坛是建筑材料与植物材料的混合体”。

(2) 花坛的分类

①根据花坛的形状分类　可分为几何形体花坛、带状花坛、花缘。

几何形体花坛　指植床外形为规则的几何形及其变形，如圆形花坛(图 2-15A)、长方形花坛、方形花坛、三角形花坛(图 2-15B)和菱形花坛等。

带状花坛　指长轴比较长，为短轴的 3~4 倍以上，短轴宽 1m 以上的花坛(图 2-15C)。作为道路两边、建筑物强基的基础装饰，缓冲强基、墙角与地面之间生硬的线条，为配景。常用的植物有雏菊(*Bellis perennis*)、半支莲(*Portulaca grandiflora*)、香雪球(*Lobularia maritima*)、百里香(*Thymus mongolicus*)和酢浆草等。

② 根据植物材料分类　可分为一、二年生草花花坛，球根花坛，宿根花坛，水生花坛等。

③ 按观赏的季节分类　可分为春季花坛、夏季花坛、秋季花坛、冬季花坛。

④ 按花坛的组合形式分类　可分为单体花坛、连续花坛、组群花坛。

⑤ 按固定的程度分类　与传统的固定花坛不同，现代出现了移动花坛，又称活动花

图 2-15　花坛的形状

A. 圆形花坛　B. 近三角形花坛　C. 带状花坛

坛：在预制的容器中将花养到开花季节，以一定形式摆放在广场、街边、公园等适当的地方。适用于铺装地面和装饰室内。这是目前正在流行的一种花坛形式。

⑥ 根据布置的方式分类　可分为盛花花坛、模纹花坛、造型花坛、造景花坛、混合花坛。

⑦ 按照空间位置分类　可分为平面花坛、斜面花坛、立体花坛。

(3) 常见花坛的设计方法

① 盛花花坛　又叫花丛花坛，主要是以欣赏草本花卉盛开时鲜艳华丽的色彩为目的。一般由观花的草本花卉组成。要求植株高矮一致，开花整齐，花期一致且花期长。根据平面纵轴与横轴之比不同，可将盛花花坛分为两种：独立式：(1∶1)~(1∶3)，作主景或配景；带状：作配景花缘、镶边(图 2-16)。

图 2-16　盛花花坛类型

A. 独立式花坛　B. 带状花坛

图案设计　花坛外部轮廓主要是几何图形或几何图形的组合进行布置，适宜的观赏轴线在 8~10m 之间。图案设计上，不宜在有限的面积上设计过于烦琐的图案，内部图案要简洁、明了，图案简单，面积可以稍微放大。

植物选择　宜选用花期一致、花期较长、高矮一致、开花整齐、色彩鲜艳、叶小花大、叶少花多的草本观花植物。可用一、二年生花卉，如香雪球、雏菊、三色堇、一串红、鸡冠花等，也可用美人蕉、郁金香、风信子等多年生球根或宿根花卉。

色彩设计　一般要求花色鲜明、艳丽。同色调的应用于小面积花坛及花坛组，一般不常用，不作主景，起点缀装饰作用，如白色建筑前用纯色花，效果较好。暖色调的常应用在大型花坛中，配色鲜艳，色彩不鲜明时可用白色加以调剂，增强明亮度。在对比色的应用上，浅色调的对比配合，柔和而又鲜明；深色调的对比给人兴奋感，效果强烈。

② 模纹花坛　采用不同色彩的观叶或花叶兼美的草本植物以及常绿小灌木等，种植组成以精美复杂的图案纹样为表现主体的花坛。主要表现和欣赏植物所组成的精致复杂的图案纹样。因内部纹样所使用的植物材料不同和表现手法不同，可以分为以下几种：

毛毡花坛　主要用低矮观叶植物，组成精美复杂的装饰图案，花坛表面修剪平整呈平面或缓曲面。整个花坛宛如一块华丽的地毯。

彩结花坛　主要用锦熟黄杨和多年生花卉按一定图案纹样种植起来，模拟绸带编成的彩结式样而来，图案线条粗细相等，条纹间可为草坪为底色或用彩色石砂填铺。

浮雕花坛　表面纹样一部分凸现于表面，另一部分凹陷。

设计要求　模纹花坛主要表现图案的形式美，相邻的两种植物材料应该在色彩、体量或质感上有明显的差异，从而形成鲜明的对比，使花坛图案具有较高的辨识度。由于植物本身具有生长的特性，花坛纹样不宜太过复杂，线条不宜过细。过于复杂或纤细的图案常常会随植物生长而变得扭曲，使花坛无法达到预期的景观效果。

植物选择　植物应选择分枝密、植株矮小、叶片小、萌蘖性强、耐修剪、耐移植、生长缓慢的植物，花密而小最好。常用的有黄杨、紫叶小檗(*Berberis thunbergii*)、五色草(*Alternanthera bettzickiana*)、天竺葵(*Pelargonium hortorum*)、彩叶草、四季海棠、苏铁、龙舌兰(*Agave americana*)、景天树等植物。

图案设计　植床的外轮廓较为简单，主要以突出内部纹样精细华丽为主，内部纹样的宽度不能太窄，图案选择内容广泛，如工艺品的花纹、卷云等，设计成毯状花纹；用文字或文字与花纹样组合构成图案(图 2-17)、名人肖像；采用建筑小品，各种动物、花草、乐器等图案或造型。其内容不同，意义也不同。但应注意细部不能太细小，否则可能会因难于表现而弄巧成拙。

③ 立体花坛　立体花坛是图案式花坛的立体发展，是植物与造型的结合而形成的一种立体装饰物。以枝叶细密的植物材料种植于具有一定结构的立体造型骨架上而形成的一种花卉立体装饰，四面均可观赏。若应用多彩的植物包装，观赏效果很好。

图 2-17　以文字为主题的模纹花坛

设计要求　立体花坛可以是盛花花坛或模纹花坛，或者是二者的结合。立体花坛是用各种有机介质将包裹了营养土的植株附着在固定钢架结构上，确定基本形态结构后，再用植物覆盖表面，在三维立体的构架上布置不同色彩的植株，从而形成五颜六色的立体花坛。立体花坛的设计，必须有明显的设计意图和主题思想，如用五色草栽种成花篮、花瓶、亭子及动物造型等，现已被广泛应用。制作立体花坛的技术要求较高，养护管理要精细，常用于美化主要景点。

植物选择　立体花坛可以选择一些小型的灌木与观赏草本植物，理想的植物包括芙蓉菊(*Crossostephium chinense*)、景天科(Crassulaceae)、五色草、佛甲草(*Sedum lineare*)、'金叶'过路黄、黄帝菊、芒草等。立体花坛植物要求叶形细巧、适应性极强、耐修剪、叶色鲜艳。

④ 混合花坛　由两种或两种以上类型的花坛组合而成，如盛花花坛与模纹花坛、平面花坛与立体花坛的组合形式。混合花坛是园林中常用的设计手法，常常结合水景或雕塑，起到烘托主景、丰富视觉层次等作用(图 2-18)。

图 2-18　混合花坛

设计要求　混合花坛应在组合形式及色彩上力求丰富多样，但要把握局部与整体的对比与调和，避免因混合元素过多而显得杂乱无章。在选取组合形式时应充分考虑不同类型的花坛能否协调统一，达到理想的景观效果。如盛花花坛与模纹花坛的设计组合，充分展示了植物的色彩美和花坛图案的形式美。把花期相同的花卉或不同颜色的同种花卉种植在具有几何轮廓的植床内并组成图案，运用花卉的群体效果来体现图案纹样或观赏盛花时的绚丽色彩，突出鲜艳的色彩或精美华丽图案体现其装饰效果。

植物选择　开花灌木和一、二年生，多年生草本花卉混合配植；生长缓慢整齐、易栽培、缓苗快；观叶植物选分枝紧密、叶子细小的种类，如红绿草(五色草)、白草(*Pennisetum centrasiaticum*)、尖叶红叶苋等植物；观花植物选花小而繁、观赏价值高的种类如三色堇、千日红(*Gomphrena globosa*)、翠菊(*Callistephus chinensis*)、大花马齿苋等植物。

2.3.3　花境

花境是体现植物个体自然美和植物群体美的一种配置形式，是指植物配置方式从规则式构图到自然式构图的一种过渡的带状种植形式。几乎所有露地花卉都能作为花境的材料，但以多年生宿根、球根花卉较为常用，体现四时之景，可依据植物材料的不同进行花境分类。而按照设计形式分，花境可分为单面观花境、双面观花境和对应式花境。

(1) 单面观花境

① 定义　指仅供一面观赏的花境，常有背景(图 2-19)。

图 2-19　单面观花境

② 应用场景　建筑前、树丛前、绿篱或高大树篱前。

③ 常用植物　花境常用植物均可。但是靠近背景处宜选择较高的花卉，株高逐渐降低到远离背景处。

(2) 双面观花境

① 定义　可供双面或四周观赏的花境，没有背景(图 2-20)。

② 应用场景　常设置在绿地、草坪等中心。

③ 常用植物　花境常用植物均可。花境中间处应选用较高的花卉，四周应选用较矮的花卉。

图 2-20　双面观花境

(3) 对应式花境

① 定义　在轴线两侧设立的花境，可以有背景，也可无背景。

② 应用场景　道路两侧(图 2-21)、广场、建筑周围、草坪等地。

③ 常用植物　花境常用植物均可。轴线两侧用花均匀对称即可。

图 2-21　对应式花境

2.3.4　专类园

专类园这种园林设计形式，在中国早有记载，如竹园、梅园、牡丹圃、菊圃等。现代更有较多的专类园出现在大众视野中。植物专类园是一种强调植物某一方面共性的园林造园形式，随着我国园林的发展，专类园的应用也越来越广泛。

(1) 专类园定义

在不同的书籍中对专类园的定义有所不同。本教材将专类园定义为在一定范围内种植或收集同一类或有相似特点的植物，可供观赏、游览、科学研究或科学普及的一类植物园。如月季园、牡丹园、梅园、兰园、茶花园、沙生植物园(图 2-22)等。

(2) 专类园分类

专类园类型多样，因此，其分类方法也有很多。本教材从植物分类单位、生态习性分

类、观赏特点和特定用途四个方面来进行分类。

① 按照植物分类单位分类　依据植物分类单位不同，可大致将专类园分为同科植物专类园、同属植物专类园、同种植物专类园，如樱花园、菊园、竹园、萱草园(图2-23)、茶园等。

同科植物专类园　在科这一生物分类等级上，植物遗传关系相比于其他两种要远许多。因此，植物的选择范围比同属或同种大，能产生较为丰富的景观。如松柏园、苏铁园等。

同属植物专类园　这类专类园的植物种类变化比同种的更多，植物之间具有相似的观赏价值，如平阴玫瑰园和英国爱丁堡植物园中的杜鹃园等。

同种植物专类园　这类专类园主要是突出一种植物的特色，栽植大量该种植物的不同品种及变种，此类园子的面积不会很大，如菊园、郁金香园等。

② 按照生态习性分类　这类专类园将植物生长环境相似或一致的植物种植在一起，形成具有观赏、科研等功能的植物园。按照不同的生态环境因子，又可以细分为：

依据不同的水分条件　可分为水生植物园(图2-24)、湿生植物园、旱生植物园；

依据不同的温度条件　可分为热带植物园、温带植物园、寒带植物园；

依据不同的光照条件　可分为喜光植物园、阴生植物园；

依据不同的土壤条件　可分为沙生植物园、岩生植物园等。

这些类型的专类园不仅让人们了解各种不同的生态景观，还具有一定的生态保护价值。

图2-22　沙生植物专类园

图2-23　萱草专类园

图2-24　水生植物园

③ 按照观赏特点分类　依据植物不同的观赏部位(叶、花、果实)或观赏特性(季节——以四季开花的植物为主题)，将具有相似观赏价值的植物，按一定手法种植，以供人们欣赏的植物园。

④ 按照特定用途分类　这类植物园根据一个特殊用途，将相关的植物种植在一起。如药用植物专类园、经济作物专类园、观赏果蔬专类园、香料植物园等。

2.3.5　特殊立地环境的园林绿化

特殊立地环境是指有别于常规的园林绿地，包括：绿地上硬实铺装的地面、干旱地、盐碱地、无土岩石地、坡面地、垂直面、屋顶等立地环境。由于这些立地环境与正常的栽培地有较大区别，在水分、养分、土壤质地、温度、光照等方面都有不同，因此，在树种选择、栽培方法、养护管理方面都必须根据立地环境的不同而采取不同的措施，以期绿地上的植物能健康生长，满足景观的要求。

2.3.5.1　特殊立地环境的园林植物栽植

(1) 铺装地植物栽植

铺装地是绿地中为满足人们活动及景观需要而进行的地面处理。由于铺装地改变了植物生长的自然环境，因此，在植物选择、栽培和养护中，都要进行相应的处理，才能使植物满足景观和生态功能的需求。

① 铺装地的特点　为了满足人们活动的需要，城市常用地面铺装，硬质的地面铺装改变了自然环境下的下垫层的水汽的渗透性，造成了环境中植物与外界的水分、空气、微生物的交流通道被阻断，生长环境的土壤面积变小、生长条件恶化、易受机械损伤等，严重影响植物生长与发育。

铺装造成园林树木的生长环境发生变化　铺装时对基底进行夯实，造成植物根系周边的土壤紧实，根系延长生长的面积变小，根系生长受限制；铺装留给植物生长的土壤空间有限，有限空间中的水分、空气和营养都受限，根部得到的水分、空气和营养大量减少，造成根系代谢和功能相应减弱，同时土壤中的微生物也减少，植物体可得到的营养物质减少，生长发育受到影响。

铺装会造成土壤的营养循环受阻　自然环境下，枯枝落叶落地后，通过氧化、微生物的分解作用，可将枯枝落叶中的营养成分分解释放出来，回流土壤中，给植物重新吸收利用，良性循环下，植物营养会比较充分，但城市化进程中，铺装造成了营养物质回流的切断，植物可利用的营养物质缺乏，因此，植物的生长发育会受到影响。

铺装易造成园林树木的损伤　铺装会造成完整根系的切断，可吸收根的数量的减少，不利生长；根系可生长的空间，包括竖向、横向的都变小，根系过浅，不利生长；铺装造成土壤板结，不利生长，这些都会影响到地上部分的生长与发育。铺装地的人为干扰也会增加，影响植物的正常生长。

铺装改变了土壤的理化性质　硬质铺装会在土壤中留下大量的灰渣、沙石，土壤的酸碱度，使土壤理化性质变差、微生物活动变弱，根系的营养吸收受影响，树体生长受影响，也影响根系生长活力。

② 铺装地的植物选择　选择适应性强，易栽植，能满足需求的植物；选择根系发达、深根、耐旱、耐瘠薄、耐高温的植物；选择生长健壮、无病虫害、无机械损伤、树形优美的植株。

③铺装地的树木栽植技术

土壤处理　种植前要把建设后留下的垃圾全部清除。对紧实度高的土壤进行翻耕，提前1~3个月进行，最好能经过一个雨季；对于未熟化的土壤，深翻经过阳光暴晒，微生物分解，熟化后使用，或添加沙和有机肥进行改良；做好积水的排除，保证树下的土壤疏松、透气、肥沃、排水良好。

树盘处理　根据树木根系生长的特点，可吸收根系水平分布在树冠外围，因此，扩大树木周边的土壤面积比纵向的土壤的增加更为重要，尽量扩大树池面积，至少单株3 m^2面积，为避免黄土暴露，可以在树池内种植一些植物，如麦冬、波斯菊(*Cosmos bipinnata*)、百日草等，防止黄土见天；也可以用树皮、木片、碎石、卵石等覆盖；或者用透水砖、嵌草砖、通透的铁盖等铺设，达到既美观又透气的目的。

养护管理　养护过程中，主要的工作有：松土、浇水、施肥、修剪整形等。由于土壤有限，为使植物健康正常生长，需经常松土以增加土壤透气、透水性、浇水、施肥，并通过修剪整形来协调地下根系与地面枝叶的合理性，达到减少蒸腾，健康生长的目的。

(2) 无土岩石地的植物栽植

无土岩石地主要是：在山地上建宅、筑路、架桥后山体立面裸露的坡面；采矿石后被破坏裸露的未风化的岩石地；山体滑坡而形成的无土岩石地；人工的岩石园、假山等。

无土岩石地的特点是：植物生长的土层很薄、土壤贫瘠，树木生存环境恶劣，植被少。

① 无土岩石地的植物选择　无土岩石地缺土少水，要求植物能耐旱、耐瘠薄。植物要矮生，树体生长缓慢，株型矮小紧凑，抗性强；叶片厚、硬，叶片变小，有些叶片退化成针状、鳞片状，或叶片上有蜡质层、有角质、有茸毛等，这些附属物减少了叶片的水分蒸腾，使植物在缺水状态下，仍然能生长；根系发达，深根，强大的根系可以延伸数十米以上，可以从石头裂缝中延伸到有土壤有水的地方，去吸收水分和养分。可用于无土岩石地植物，如黄山松(*Pinus taiwanensis*)、马尾松、杜鹃花、芫花(*Weigela florida*)、锦带花(*Weigela florida*)、忍冬、胡枝子(*Lespedeza bicolor*)、胡颓子、火棘、沙枣等。

② 无土岩石地的改良

土壤改良　用客土进行改良，在岩石缝隙中填入客土；或将石头打碎填入客土，创造植物生长的环境。

斯特比拉纸浆的使用　这是一种专用纸浆，将种子、泥土、肥料与黏合剂、水、纸浆等搅拌，通过高压泵喷洒到岩石上。这种专用纸浆状覆盖物，有保水、保温、固定种子的作用。

水泥基质喷射　水泥基质是一种由固体、液体和气体组成的物质，具备一定强度的多孔人工材料。固体材料主要是土壤、胶结材料(低碱性水泥和河沙)、肥料和有机质等。在基质中加入稻草秸秆等成孔材料，使固体物质间形成形状和大小不等的空隙，空隙中充满水分和空气，喷射拌和种子的水泥基质，萌发后转入正常养护。

(3) 坡面植物栽植

坡面绿化是为避免坡面被冲刷，在坡面上进行各种铺彻和栽植的操作。包括大自然的悬崖峭壁、土坡岩石面、道路两边的坡地、堤岸、桥梁护坡和绿地中的假山等。

① 边坡绿化的植物选择　护坡绿化要注意色彩与高度要适当，花期错开，有丰富的季相变化，植物的选择应该根据坡地的类型，选择抗性强、攀缘性强，可以覆盖边坡，减少冲刷，防止水土流失，吸尘、防噪、抗污染的植物。常用的植物：三角梅（*Bougainvillea glabra*）、常春藤、薜荔（*Ficus pumila*）、炮仗花（*Pyrostegia venusta*）、扶芳藤、络石、凌霄、爬山虎、云南黄素馨（*Jasminum mesnyi*）、迎春花、铁线莲（*Clematis florida*）、木通（*Akebia quinata*）、南五味子（*Kadsura longipedunculata*）、大血藤（*Sargentodoxa cuneata*）等。

② 坡面绿化的养护

浇水　新植的植物应该多浇水，连续浇水至植物成活正常生长；春季可以少浇水、夏秋季多浇水；冬季越冬天气冷，可以少浇水或不浇水。

牵引　大多数坡面绿化植物为藤本攀缘植物，因此，必须人工牵引并固定到坡面上，在生长季节应该进行理藤、造型等。

施肥　种植前施足基肥；每年落叶后萌芽前，施用基肥；在生长季节，根据植物生长情况根外追肥。肥料可以单独施用有机肥，也可将有机肥和复合肥混合施用。

中耕除草　中耕促进根系生长，保持绿地整洁，减少病虫害，保持土壤水分。中耕结合除草，以“除早、除小、除彻底”为原则。

修剪　经常进行修剪整形，让枝条均衡分布，通风透光，防止病虫害。合理的造型，整齐美观，植株健康生长。

病虫害防治　保持植株通风透光环境，减少病虫害发生，若有病虫害发生时，进行综合治疗，用物理方法加化学、生物防治的方法，保证树体的恢复和健康生长。

(4) 盐碱地植物栽植

盐碱地为盐土地和碱土地的合称。在我国从沿海到内陆，从低海拔到高原都有这样的土地。盐土主要含有氯化物和硫酸盐，分为滨海盐土、草甸盐土、沼泽盐土；碱土主要含有碳酸钠、碳酸氢钠，分为草甸碱土、草原碱土、龟裂碱土。

我国的东部沿海和内陆部分城市区域，分布着盐碱地，对于盐碱地绿化，树种选择、土壤的改良、植物的栽培技术等都是重要的技术课题。

① 盐碱地的环境特点　土壤中含有大量水溶性盐或碱性物质。土壤结构差，湿时黏、干时硬；表层有白色盐分积淀，通气、透水性差，浓度高时，会造成植物缺水、萎焉、中毒、烂根死亡。因此，盐碱土要改良后才用于栽培植物。

② 土壤盐分来源　我国沿海城市中的盐土主要是滨海盐土，含盐量可达到1%~3%，其主要来源如下：

大气沉降　在海风的作用下，滨海周边的环境中飘浮着大量含盐分的水珠，飘向陆地并下沉，这是滨海盐渍地地表盐分的来源之一，这些盐分会让植物生长受到影响，生长不良，盐分含量高时甚至造成植物死亡。

地下水　滨海地区的地下水矿化度高，地下水对土壤盐渍化的产生造成影响，地下水通过土壤的毛细管上升造成地表盐化，多风的地区和季节，表现尤为突出。另外，地下水抽取多的会造成地面沉降和海岸地下水层中淡水水位下降，产生土壤次生盐渍化。

海水倒灌　海水潮汐时，大量海水倒流进入滨海低洼地或水位低处，这些海潮入侵促

使土壤盐渍化。

人类活动　人类的生活和生产活动，常有含氯废气和废水排放，这些通过水流或降水进入土壤，这会造成土壤盐渍化。如农业生产施用肥料；北方冬季融雪盐；人们吃饭的余物等都会造成土壤含盐量增加。

③ 盐碱地对树木生长的影响

引起生理干旱　土壤中的盐分含量高，造成植物养分、水分吸收困难，甚至出现水分从根中外渗，造成植物缺水，体内水分代谢不正常，出现生理干旱、树体缺水萎蔫、生长停止甚至死亡。

危害植物组织　植物体内盐分含量高，使蛋白质合成受阻，植物体内含氮的中间代谢物积累过多，造成植物组织的细胞中毒。盐碱的腐蚀作用也会造成组织受损。

滞缓营养吸收　盐分过多使土壤理化性状恶化、肥力下降，树体吸收营养物质减缓，利用率变低，严重影响植物的正常生长发育。

影响植物气孔开闭　高盐度下，叶片的气孔保卫细胞内的淀粉形成受阻，气孔不能关闭，植物会因缺水而干枯死亡。

④ 盐碱地的树木栽培技术

盐碱地的树木选择　耐盐的树种一般形态特征是：体态小；叶片小质地硬，蒸腾面积小、蒸腾量小；叶片气孔下陷；叶片常有蜡质或茸毛；叶肉的栅栏组织发达、细胞间隙小，可以提高光合作用的效率。耐盐性高的植物有：海滨木槿、紫穗槐（*Amorpha fruticosa*）、胡杨（*Populus euphratica*）、北美圆柏（*Sabina virginiana*）、合欢、沙枣、沙棘（*Hippophae rhamnoides*）、枸杞、木麻黄、夹竹桃等。

盐碱地的改良　主要有以下几种方法。

排水：对于地势低洼的盐碱地，可以通过挖排水沟，排出地面水来带走部分土壤盐分。

灌水淋溶盐分：把水灌入盐地里，在地面形成一定深度的水层，使土壤中的盐分充分溶解，再通过排水沟把溶解的盐分排出地，从而降低了土壤的含盐量。

增施有机肥：有机肥可以增加土壤的腐殖质，有利于土壤的团粒结构的形成，改良盐碱地的通风透气性和营养状况，分解后的有机酸还可以中和碱性，降低碱度。或者通过种植绿肥来改良。

深翻松土：对盐碱地深翻松土，增加盐分淋溶，防止返盐，增强保水提高抗旱能力，改良土壤养分。

抬高地面：采用换土抬高地面，可减少盐碱对植物的影响，提高成活率。

防盐碱隔离层：在小环境中，用防盐碱隔层，来控制水位上升，阻止地表土壤返盐，营造少盐或无盐环境，用于栽培植物。

盐碱地栽培技术　主要有以下两个方面。

适时栽植：选择秋季栽植，经过夏天雨水淋溶后，盐分减少时期进行栽植，定植后，经过秋冬缓苗易成活。

大土球移植：树木移植尽量用大土球，这样可以防止受损的根系直接接触盐碱土，而影响伤口愈合与再生。

(5) 干旱地植物栽植

干旱地植物栽植主要有以下几方面注意事项:

① 因地制宜,选择良种良砧　适合北方干旱、半干旱区栽培的较耐旱的树种有沙枣、桃、杏、枣(*Ziziphus jujuba*)。耐旱力中等的有山楂、核桃、梨、苹果、柿、李等。

② 适地规划建园,搞好水土保持　干旱、半干旱地由于地形复杂,保水保肥能力差,尤其在山地建园时,降雨易产生径流,冲刷土壤,导致树木产量低而不稳。因此,必须采取水保工程措施。

修筑梯田　对土层深厚的山区丘陵坡地,应根据地形地貌修筑断续或连续带状梯田。田面水平或里低外高(稍向内倾约5°)。树木定植于田面中部和略靠外侧,梯田宽随地形而异,外缘培修土埂,埂宽30cm,高50cm,以利蓄水。对缓坡地田面外侧可种植豆类、山药和绿肥作物等。

撩壕　在坡地上按等高线开沟,树植于壕沟外坡,壕沟宽50cm深约40~50cm,两壕相距2m。撩壕是一种临时的水土保持措施,适于土层薄、黏重、贫瘠丘陵低山区。

挖鱼鳞坑　鱼鳞坑为近似半月形的坑穴,长径70~150cm,短径60~100cm,深约50cm。外侧土埂高30cm,坑内侧有小蓄水沟与坑两角的引水沟相通。

营建防护林网　防护林营造时要求尽量选用抗逆性强,生长迅速,树体高大,枝叶繁茂且与树木无共同病虫害的本地树种,常用树种有杨树、苦楝(*Melia azedarach*)、臭椿、花椒(*Zanthoxylum bungeanum*)等。

③ 抗旱栽植

预先整地挖坑　在雨季来临前进行整地并挖好80~100cm见方的栽植坑,在坑内填埋秸秆、杂草10cm左右踩实,然后将底土与保水剂(每坑15~20g)拌匀,回填到坑内,表土回填上部并压实,当年秋季可因地适时栽植。

选用优质壮苗　苗木要求品种纯正,根系完整,接口愈合良好,无病虫害。栽植前修剪根系,用清水浸泡12~24h,并用ABT3号生根粉50~100mg/L溶液浸蘸根系3~5s。

栽植方法　栽植时,先在栽植坑位置挖开一小穴浇足底水,栽苗后浇表水,水渗后用土埋好坑,然后用塑料薄膜覆盖,四周用土压实,呈锅底形利于积水下渗。另外,苗木定干后,可用普通白漆、柴油或凡士林涂抹剪口,也可用膜袋套在苗木上绑好,以防失水,但苗木萌芽时要及时检查去膜袋,防止灼伤幼芽。

④ 加强土壤管理　主要有以下方面:

合理耕作　土壤瘠薄、有机质含量低的果园,伏耕有利于贮水保墒。对土壤肥沃、有机质含量高的果园可免耕,尽量保持土壤的自然状况,减少水分蒸发。另外,沟垄耕作,改锄草为浅旋耕或刈割亦有抗旱、保墒作用。

土壤覆盖

覆草:用麦秸、稻草、玉米秆、绿肥、杂草等,覆盖于树盘、树行或全园,有利于蓄水保墒和提高土壤有机质含量,覆盖厚度为10~15cm,并适当压土。

树盘覆膜:有灌溉条件的果园,早春灌水,水下渗后2~3d,重新修整树盘,并覆膜,但最大覆盖率不超过70%,以便雨水下渗。同时雨季要注意排水,夏季可将杂草撒在膜

面，防高温，秋季将杂草和落叶一起埋入树下作肥料。

穴贮肥水：在水源缺乏的山地果园，初冬或早春，结合果园深刨，施肥和整修树盘等。根据树龄大小在树冠投影边缘向内挖穴4~6个，用玉米秆、麦秸、杂草等扎粗度20cm左右，长比穴稍短些的草把，捆绑结实，在水中浸泡，使其充分吸水，然后放入穴中，草把周围填土，同时与土混合施入过磷酸钙100g及尿素100g，随即每穴浇水4~5kg。穴上覆膜，并在穴洼处的膜上扎一小孔，孔上压石块，以利保墒和压住薄膜，以后视干旱情况，每穴由膜孔灌水15kg。

化学覆盖：使用沥青乳剂、环氧己烷和高碳醇制剂、合成脂肪酸残渣制剂等土壤表面保墒增温剂制成乳状液，喷洒到土壤表面，形成一层覆盖膜，对土壤水分的蒸发有阻碍作用。但却不影响降水渗入土壤，有利于树木迅速有效地利用降水，还可将保水吸水剂如淀粉和聚丙烯酸盐接枝聚合体，羧甲基酸纤维素交联体、变性聚乙烯醇和交联聚丙烯酸盐等高吸水、高保水能力的高分子化合颗粒，直接撒施到土壤中。这种颗粒对水分的吸附力极强，而释放极慢。施用后能大大增强土壤的保水能力，但要注意保水剂的使用必须要有一定水浇条件，保证生长季能灌3~4次水，否则会有负作用。

增施有机肥及叶面喷肥　施肥应以有机肥为主，采用平衡施肥法或配方施肥法，确定适宜的化肥用量，推广实施果园生草，种植绿肥，以增强树木的抗旱能力，并可增强树体抗病虫能力。

⑤ 集雨节水灌溉　雨水是可开发利用的潜在水资源，可以通过修筑梯田、建造水窖、旱井和蓄水塘等防渗蓄水设施工程拦蓄集雨，进行滴灌、微喷灌等。也可用注射灌溉的方法，即采用特制的灌水器，直接向树木根区土壤注水或水肥溶液。

⑥ 叶面喷施蒸腾抑制剂　目前生产上已经应用的蒸腾抑制剂有黄腐酸(抗旱剂1号)、甲草胺(拉索)、乳胶、丁二烯、丙烯酸、高岭土等。此外，树木叶面喷施0.05%~0.10%阿斯匹林水溶液，连续喷施2~3次，或在土壤浇灌时加入0.01%阿斯匹林水溶液，对于减少因干旱而引起的落花落果有良好作用。

2.3.6 插花

(1) 定义

插花艺术是按照作者的主观意愿，以切花花材及大自然五彩缤纷的植物材料为主要素材，通过一定的技术处理和艺术加工，经过精心插制来表现植物活力与自然美的一门造型艺术。

(2) 花材

插花使用的植物花材浩如烟海，形态各异，蕴含着不同的质感和风情，具有不同的象征和寓意，能表现不同的神韵，寄托不同的情感。插花主要以花材进行造型和传递感情，花材是创作的主要元素，掌握花材的性质和特点，有助于准确把握插花造型完美表达主题。

① 花材及其主要造型功能　主要有以下几种花材。

线形花材　指外形呈长条状和线状的花材。它们有的枝叶呈长条状，如红瑞木

(图 2-25A)、银芽柳(*Salix argyracea*)、竹、香蒲、钢草(*Xanthorrhoea preissii*)(图 2-25B)、书带草(*Ophiopogon japonicus*)、鸟巢蕨(*Asplenium nidus*)；有的花序呈长条状，如唐菖蒲、蛇鞭菊(*Liatris spicata*)(图 2-26A)、文心兰(*Oncidium hybridum*)、鸟乳花(*Ornithogalum caudatum*)(图 2-26B)、石斛兰(*Dendrobium nobile*)等；还有的枝叶或花朵成簇长在一起，但它们布满枝上，形成整体的条状或线状轮廓，如雪柳(*Fontanesia fortunei*)、梅花、迎春花、连翘等，给人以修长的感觉。

线状花材有直线形、曲线形、粗线、细线、硬线、柔线等多种形态，具不同的表现力。

直线、硬线表现阳风之气和旺盛的生命力，而曲线、柔线摇摆多姿、有轻盈柔美之感。它们表现力很丰富，起到确立骨架、确定插花的高度和宽度、构成插花作品的基本轮廓作用。在构图中构成花型轮廓的基本骨架，也常常是决定作品比例高度的主要花材，在东方式插花中，常作为构图的主要担当元素。

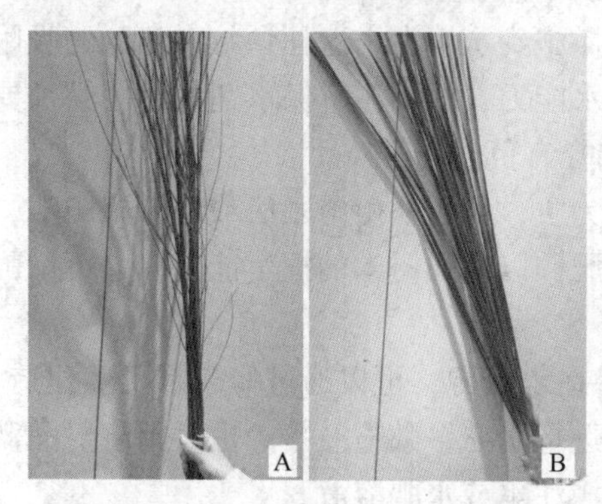

图 2-25　线形枝、叶花材

A. 红瑞木　B. 钢草

图 2-26　线形花材

A. 蛇鞭菊　B. 鸟乳花

团块形花材　外形呈较整齐的圆团状，块状形态的花材。有的花朵呈圆团状，如花毛茛、月季(图 2-27A)、香石竹(图 2-27B)、洋桔梗(*Eustoma grandiflorum*)(图 2-27C)、郁金香等；也有的整个花序呈圆团状或块状，如鸡冠花、向日葵、菊花等。圆块状花材在插花中是构图中的主要花材，在骨架轴线的范围内实现造型，丰满造型，有时也可以作焦点花用。

异形花材　外形不规整、结构形态奇特别致的花材。如红掌类(*Anthurium* sp.)(图 2-28A)、鹤望兰(*Strelitzia reginae*)、百合(图 2-28B)、蝎尾蕉(*Heliconia metallica*)(图 2-28C)等，色艳、形奇、观赏价值高，在构图中常作焦点花用，成为吸引视线的主要部分。

散形花材　外形由整个花序的小花朵构成星点状蓬松轻盈状态的花材，花形细小或碎小，如满天星(*Gypsophila paniculata*)(图 2-29A)、情人草(*Codariocalyx motorius*)、勿忘我(*Myosotis silvatica*)、‘乒乓’菊(*Dendranthema morifolium*‘Pompon’)、红果绿果金丝桃(*Hypericum monogynum*)(图 2-29B)、多花月季(*Rosa chinensis*)等。它们形如云雾或轻纱，常散插在主要花材之表面或空隙中，起烘托、陪衬和填充作用，增加层次感，填补造型空间部位、完善造型。

图 2-27 团块形花材

A. 月季 B. 香石竹 C. 洋桔梗

图 2-28 异形花材

A. 红掌栽培品种 B. 百合 C. 蝎尾蕉

图 2-29 散形花材

A. 满天星 B. 红果、绿果金丝桃

② 花材保养方法　主要有以下两方面的方法。

增强花材吸水能力　使用前将花枝在水中斜剪(水中剪切)1~2cm，吸水10min，深水养护；倒淋法；注水法；扩大切口面积法。

减少水分损失　及时插入水中；用湿棉包扎基部；喷水；避免风吹、日晒、烟熏。

(3) 工具花器及其他配件插花器具

① 花器　插花中盛放花材的器皿，盛放花材、供给花材水分，也有作为构图的一部分。有盆钵类花器、篮类花器、盘类花器、瓶类花器。外形各异，根据环境与插花风格、花器的色彩选择。

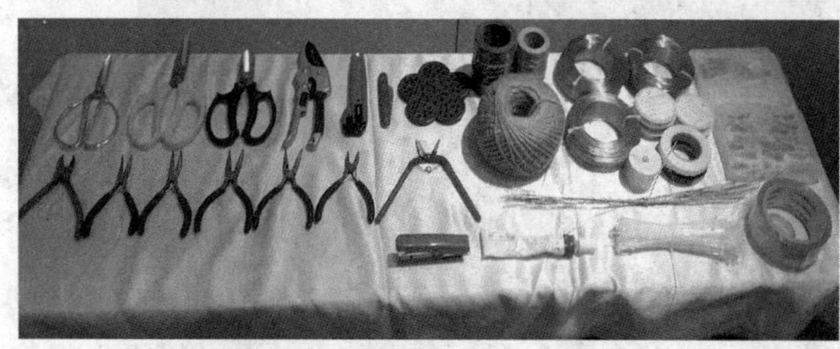

图2-30　常见插花工具材料及小配件

② 常见插花工具材料及小配件　各种丝网，各种丝带，各种包装纸，订书机，打刺钳，除刺宝，绿胶带，各种枝剪，各种钳子(如老虎钳、尖嘴钳)，锥子，手锯，锂电电钻，钉枪，热胶枪，胶棒，鲜花胶，各种形状花泥，剑山、竹芯、竹片，铁丝、环保铁丝、铜线、铝线、线、绳、皮筋，塑料扎带，花桶，喷水壶，玻璃试管，试管加水壶(图2-30)。

(4) 花材修剪及整理

花材的处理主要指善于修剪、精于弯曲、巧于固定等，这些都是插花中较为重要的基本技术。

① 修剪　是插花基本技术中最重要的环节，很多花木的枝条是规则型的，经过修剪加工就能成为自然弯曲的枝条，即使选取的枝条是自然弯曲的，也要把多余的侧枝、小枝去掉。可以从以下几个方面入手进行修剪。

顺其自然　具有自然风情的枝条，尤其在东方式插花中，其自然弯曲流畅的线条、仙人的姿态是构图优美成功的主要因素，所以要尽可能地利用这些具有自然美的枝条。

按正面修剪　修剪前先仔细观察区分出枝条的正反面，在正面找到主视面，即最好看的枝条的朝向和部位，以主视面为中心进行其余枝条的取舍。

枝条的取舍　同方向平行的枝条只留一枝，近距离的重叠枝、交叉枝要适当剪除，使枝干轻巧有变化，婆娑不繁杂，凡有碍于构图、创意表达的多余枝条一律要剪除。

确定枝条的长短　枝条的长短应该根据环境、花器的大小和构图的需要而定。剪切枝茎一般以斜剪为宜，以增加截面面积，增大花朵的吸水面，从而延长花枝的水养寿命。

② 造型整理　弯曲造型是插花中很重要的技巧，反映插花者手法的熟练程度。

枝条弯曲法　枝条的弯曲有很多种情况，一般枝条的枝节和芽的部位及枝条交叉处容易被折断，应该在两节中间进行弯曲。

枝条打圈法　通过对枝条进行打圈处理，改变枝条的造型，有助于插花作品设计的需要，且用这个方法时，要选择枝条柔软的花材。

叶片的弯曲与造型　相对比较简单，但变化也很多，柔软的叶片要做到适当弯曲，可

以把叶片夹在两个手指缝中，慢慢抽动，反复几次就能够如愿，有时为了让叶片呈现仿自然的形态，可以先造型，然后用大头针、订书机，或者透明胶带进行固定。也可以用手撕裂叶片创造出多种形状，这种方法尤其适用于单子叶植物平行脉的叶材，下面介绍几种叶片弯曲和造型的方法。

卷叶法：指有些叶片如书带草等通过卷曲可以改变原来的形状，将叶片由叶尖处向叶梗慢慢卷去，用手反复搓揉，放开手以后叶片仍然具有一定的弯曲度。假如要表现螺旋状可以将叶片斜向卷，揉搓后松开就成螺旋状了。

穿叶法：有些叶柄和叶面柔软的叶子，比如龙血树叶片可以取一张叶片作弯曲，并且在叶尖处扎一个小孔，然后枝叶柄穿入其间，圆圈的大小可以根据需要扩大或者缩小，处理时要注意防止叶片的撕裂。

修叶变形法：植物的叶具有自然的美，为了插花造型的需要，可以对叶形进行再创造，改变原来的形状，使其更符合插花艺术的需要，这类叶片要求展面宽大、质地硬实，如棕榈叶、苏铁叶、八角金盘叶等可塑性比较强的植物叶片。

叶片折叠法：插花中为了表现自然往往会对完整的枝叶做适当的折叠处理，如把长条形的叶、枝条做弯折处理。

叶片破损法：叶片可以表现虫洞、齿咬痕迹，将叶片边缘剪出一些凹缺，在叶的表面剪出几个洞，若想表现植物残败的痕迹，就可以将其中的一张叶片撕裂，呈现斑驳残缺的景象。

铁丝造型法　利用铁丝配合，进行枝叶的弯曲造型，也比较常用。一些花茎太硬或者太软，如剑兰、非洲菊等不容易弯曲，可以将铁丝穿入茎干中，运用螺旋状缠绕，再慢慢地弯成所需要的角度。如果有绿胶带，可将铁丝包起来则更好。另外，利用铅丝还可以使一些不容易弯曲造型的长枝、叶，按照构图需要进行造型。

（5）插花花材固定方法

花材的固定是插花的重要技能，也是插花艺术的基础，实现插花造型的前提是掌握花材固定的方法，不同风格的插花艺术有不同的固定花材技巧。

① 撒固定　撒是中国式插花独特的一种固定花材手法。撒是一种截木支撑结构，在中国传统插花中起到固定花枝的作用。中国传统插花注重表现花材的线条美，尤以表现木本花材的各种线条姿韵，由于木本枝条在空间的位置不好固定，因此，在器皿口使用一至数根截枝横在端口，花材由它的缝隙次序错落插入，以此固定造型。

清代李渔所著《闲情偶记》一书中曾有插花中使用撒的描述：“……磁瓶用胆，人皆知之，胆中着撒，人则未之行也。插花于瓶，必令中窾，其枝梗之有画意者随手插入，自然合宜，不则挪移布置之力不可少矣。有一种倔强花枝，不肯听人指使，我欲置左，彼偏向右，我欲使仰，彼偏好垂，须用一物制之。所谓撒也，以坚木为之，大小其形，勿拘一格，其中则或扁或方，或为三角，但须圆形其外，以便合瓶。此物多备数十，以俟相机取用。总之不费一钱，与桌撒一同拾取，弃于彼者，复收于此。斯编一出，世间宁复有弃物乎？”

用撒把花枝固定在花器口，将花枝有序地组合起来，可以使花叶远离瓶口，达到上散下聚，保持瓶口干净利落清爽。一个合格的撒是可以用手提着它将整个花器拾起来的。

目前使用的撒，可以分为狭义与广义两种形式。

狭义的撒　只是在花器口或花器内部固定枝条，有一字撒、十字撒、Y 字撒、井字撒等。

一字撒：就是用一根枝条横在瓶口，以便固定花材。

“Y”字撒：就是做成一个呈“Y”字或“V”字型的木条，可用直接开叉呈“Y”字的枝条、用两根枝条固定成 V 字型或是一根枝条一端剖开开叉成“Y”字型。

十字撒：是个十字状的撒，用两根枝条交叉成十字型，把交叉点固定放入器口而成。可以直接在容器口放两根小木棒，具体步骤分解如下：首先根据器皿的尺寸，剪下枝条笔直的部分，并将两端削尖。其次将两个枝条组成十字架牢固地嵌入器皿下约 1～2cm 处。然后为了更加牢固，可将插入的枝条根部一分为二，撑开固定在器皿壁上(非必须)。最后，插入较多枝条时，可按粗细、重轻的顺序来插。

井字撒：是四根木棍，与“十”字撒方法一样，将其固定做成撒。

广义的撒　泛指所有借助力学原理固定花枝的木、竹结构，有支架撒、易枝撒、竹筒撒、双层撒、组合撒等。

易枝：在花枝下端加一根“易枝”(有的地方也称“附枝”)。有两种处理方法，一种是采用横枝夹缚固定，花枝上的“横撒”可以使之固定，在需要插入的木本花枝尾部，做纵向剪切一豁口，夹上一段小枝。花枝与小枝呈“十”字交叉状，然后插入瓶中，使花枝与花瓶有三个支撑点，达到固定的目的。另一种是采用直枝夹缚固定，如果遇到花枝太短不好固定，可以直接在花枝上做“撒”，在短枝的下部分根据瓶的高度绑一根其他的木本枝条，其夹缚的枝条呈纵向，附枝长度根据花瓶深度确定。附枝上部伸出较短，能绑住花枝即可，另一头较长，一直伸到花瓶的底部。这种处理最宜在长花瓶和剑筒中使用。

双层撒：有些容器，如筒(或瓶)，在实际创作中，为了稳固结构，就会在筒的底部制作一个十字撒，顶部再制作一个十字撒，两个十字撒之间用竖枝连接，这样花材就能得到最大程度的稳固。制作要点：首先，根据容器的上口尺寸，做一个十字撒，十字需要从长到短逐渐缩小，以能够完全卡住瓶口为准；其次，用木枝测量容器的高度，确定两个十字撒之间的树枝的长度，绑扎在上口十字叉上；然后，估测容器中下部直径的尺寸，做内部的十字撒。最后，做好后绑架在一起，伸入容器中，适当调整。

② 剑山固定法　剑山是东方传统插花的固定用具，现在插花用的剑山是将铜针或不锈钢针固定在不同形状的铅块上，下部有橡皮圈，大小形状各不相同，适合放在不同的容器中使用。

剑山固定法经常用于浅盆插花，草本花材可以直接插在针上，如果茎干太细，可以把几支花绑扎成束后再插在剑山上；或者基部套入一截较松的短茎内，连通短茎一块插在剑山上；空心的草本花茎可以在基部中空部位嵌入一截短枝，然后插在剑山上固定；木本花材的茎比较粗硬，木质化程度高，枝茎会损坏剑山，所以木本花材茎基部一般要斜剪，利用削尖的剪口直插在剑山的针尖缝隙中，太粗的树干可用剪刀或者刀剖开，再插入剑山。

使用剑山固定花材优点多，中式插花中枝条用的很多，用剑山插花更稳固美观，利于花枝的保鲜；剑山可以反复使用，如果针歪了还可用矫正器矫正；木本插作时剑山固定扩大切口面积，增加花枝吸水能力；铜针上的铜与水发生反应产生铜离子，有很好的杀菌效

果，水质不易受污染，使花枝保鲜时间更长。

使用剑山的方法：插花前先将剑山放于花器中，加水至没过剑山的针，然后将花枝插在剑山上，以防止花材在插作中脱水焉掉，使花枝的保鲜期更长。

细弱花材固定　可以接枝换尾或者添加附枝捆扎后插入剑山，也可数条细枝捆扎成束后再插。

粗硬花材的剑山固定　比较粗硬的木本花材，一般采用斜剪切口法，进一步把枝端处理一下，将切口纵向剪成“十”字、“米”字、“井”字增加裂口再插入剑山。

盘花、碗花、缸花　可直接使用剑山，篮花则先要在篮里放置一个器皿，再放置剑山。

③ 花泥固定法　花泥是用酚醛塑料发泡制成的插花固定材料，又称花泉或吸水海绵。花泥的特点是使用方便，不仅具备保水供水、固定花材功能，且操作容易不伤枝叶，花枝角度变化可以随心所欲，西方式插花更是需要用花泥才能保证其几何图形的轮廓完整。

（6）现代插花基本技法

现代插花基本技法主要包括：铺成设计，影子，层叠，重叠，锥杯，阶梯，组群设计，群聚设计，卷筒，加框设计，饰绑，捆绑，编织，串，修剪。

（7）插花艺术风格与花型

① 东方传统插花艺术风格与花型　东方式插花崇尚自然，以自然美为最佳的艺术追求和表现，讲求“物随原境”“形肖自然”“虽由人作，宛自天开”“使观者疑花丛生于碗底方妙”。

风格特点　用花量少，以线条造型为主，追求植物的个体美，充分利用植物材料的自然姿态，展现自然风情；构图崇尚自然，常用不对称式构图，讲究画意，布局上主次分明，虚实相间，俯仰呼应；色彩清淡素雅，注重花材的寓意，赋予作品深刻的思想内涵，表达作者的思想和情感。

东方传统插花基本花型　不对称三角型是初学者需要掌握的主要花型：花材选择三大主枝，第一主枝决定花型的基本形态，如直立、倾斜、水平或下垂，其长度取花器高度与直径之和的1.5~2倍。第二三主枝向空间伸展，构出立体空间，使花型具有一定的宽度和深度，其长度分别为第一主枝的1/2或2/3、第二主枝的1/2或2/3。

其中四种基本造型是：直立型：第一主枝直立向上插入容器中。倾斜型：第一主枝倾斜插入容器中。水平型：第一主枝基本与花器呈水平关系。下垂型：将主要花枝向下悬垂插入容器中。

② 西方传统插花艺术风格与花型

风格特点　用花量大，多以草本、球根花卉为主，花朵丰满硕大，给人以繁茂之感；构图多用对称均衡或规则几何形，追求块面和整体效果，极富装饰性和图案之美；色彩浓重艳丽，气氛热烈，有豪华富贵之气魄。

基本花型　圆锥形、半球形、球形、倒T形、弯月形、S形、水平形、扇形、L形、三角形等。

花形的特点　外形规整，轮廓清晰，层次丰富，立体感强，主次分明，焦点加色彩突出。

对称式花型：三角型(外形轮廓为对称的等边三角形或等腰三角形，下部最宽，越往上越窄，形似金字塔状结构均衡)；扇型(外形轮廓放射状造型，花由中心点呈放射状向四面延伸，如同一把张开的扇子)；倒T型(如英文字母T倒过来，主轴竖线保持垂直状态，左右两侧的横轴呈水平状或略上垂、下垂，左右横轴的长度不超过主轴垂直线长的1/3~2/3，花型结构的腰部不能插放射状花材，其他花材紧贴三轴，集中在焦点附近，两侧花一般不超过焦点花高度)；半球型(外形轮廓为半球型，所用的花材长度基本一致)；水平型(水平型花型低矮、宽阔，为中央稍高，四周渐低的圆弧型)；圆锥型(外形轮廓如圆塔，横轴的长度不超过主轴垂直线长的1/3，每一个立面均为三角形，俯视每一个层面均为圆形)等。

不对称式花型：L型、不等边三角型、弯月型、S型等。

2.3.7 组合盆栽

(1) 组合盆栽的概念

组合盆栽是指将两种以上不同的花卉植物搭配组合后栽培在同一个容器内，以展现不同植物的观赏特色。

在我国，组合盆栽最早称作盆花艺栽，即把若干种独立的植物栽种在一起，使它们成为一个组合整体，以欣赏它们的群体美，使之以一种崭新的面貌呈现在人们面前。盆花艺栽这一概念强调组合盆栽设计的艺术性。在国外，组合盆栽又称作“迷你小花园”。从广义上讲，组合盆栽也叫容器园艺。它是一种创意组合，主要是通过艺术配置的手法，将多种观赏植物同植在一个或多个容器内，将植物的观赏性、生物学特性与容器、文化内涵、环境完美结合。

(2) 组合盆栽的类型

① 根据栽培容器划分　可分为碟上庭院、槽中庭院、钵中庭院、玻璃花房、其他。

碟上庭院　利用各式碟、浅盘、茶杯等没有排水孔、开口平坦的器皿作为容器，将植物合植于其中，利用庭院景观设计的各种手法和基本原理，构建微缩庭院式组合盆栽。碟上庭院可以利用生活中的各式容器制作，体积较小，节约空间。由于大多数碟、盘等体积小而无排水口，在制作时应选生长速度较慢的植物材料，比如常春藤、合果芋(*Syngonium podophyllum*)、肾厥(*Nephrolepis auriculata*)、袖珍椰子及多肉植物等。

槽中庭院　利用种植箱、种植槽等作为容器合植植物，并通过装饰、艺术等手法创作成微缩庭院，多置于窗台、阳台、露台之上或庭院之中，是现代城市住宅或公寓养花和室内外造景的良好选择。其植物材料的选择十分灵活，可以根据具体的环境条件和主人喜好而定。

钵中庭院　将花钵、花盆等作为容器创作组合盆栽。花盆和花钵是最传统的组合盆栽容器，其形态、材质多样，在家庭园艺中的应用十分广泛。

玻璃花房　玻璃花房是利用玻璃容器或透明的塑料容器栽培植物，如蕨类、竹芋(*Maranta arundinacea*)、小凤梨类、卷柏等，展现迷你庭院风光。根据形态不同，玻璃温

室一般有瓶式和鱼缸式两种。

其他　通过旧物改造、趣味饰品等，利用无限的创意，创作与众不同的组合盆栽。如利用蛋壳、南瓜壳等材料作为容器，制作植物特色组合盆栽；或是利用废弃的锅、碗、瓢、盘等作为容器，栽植多肉植物，创作别致的“沙漠植物景观”；或是随手拾起一段朽木，植上几株绿意盎然的植物，以创造“枯木逢春”的景象等；甚至在一双破旧的球鞋里植入几株草花，也别有韵味。

② 根据观赏方式划分　可分为台面庭院、空中庭院、壁挂植物画、缩微庭院、立体庭院、礼品盆花等。

台面庭院　将组合盆栽置于桌面、台面、楼梯、过道等作为有生命的绿色装饰品。可选择中小型组合盆栽，放置在桌上、窗台等台面上，既能美化空间，增加生活情趣，又能改善室内环境。

空中庭院　是指将藤本植物等种植在容器中，利用其花或叶子向下生长的特性形成良好的景观，并将其挂在空中欣赏。空中庭院的运用形式比较灵活，能够合理利用垂直空间形成多角度观赏的缩微庭院景观。常用来制作空中庭院的植物材料有吊兰、常春藤、绿萝(*Epipremnum aureum*)、旱金莲(*Tropaeolum majus*)、垂吊矮牵牛(*Petunia hybrida*)等。

壁挂植物画　壁挂式组合盆栽不占地面面积，且布置灵活，特别适合对面积较小的空间进行立体绿化装饰。制作壁挂植物，可利用画框或半圆形壁盆、壁篮等容器等固定在墙面上栽种植物材料，如报春花、倒挂金钟(*Fuchsia hybrida*)、天门冬等。

缩微庭院　将多种植物以艺术化的手法共同栽植于较大的种植容器中，并以适当的配饰作为装饰，如木、石、玩具鸟兽等，共同组成一个类似于庭院的小型植物群落，即缩微庭院。

立体庭院　利用构架摆放或悬挂组合盆栽，形成立体组合盆栽景观，既可以节约空间，又增加了盆栽观赏的层次。

礼品盆花　是指将盆花作为礼品销售，其观赏效果好，清洁卫生，便于携带且观赏时间更长。结合室内装饰和个人品味，以植物实际需要的养护条件进行设计，把各种有吉祥含意的植物，经过色彩搭配，加上适当的包装，即可成为适宜的应景礼品设计。年宵花是礼品盆花最主要的销售产品，如蝴蝶兰(*Phalaenopsis aphrodite*)、红掌、佛手等。为提高年宵花经济价值和观赏价值，常以组合盆栽的形式进行销售。

③ 根据植物材料划分　可分为观叶植物组合盆栽、观花植物组合盆栽、观果植物组合盆栽、多肉植物组合盆栽、水生植物组合盆栽以及其他特殊的组合盆栽等。

观叶植物组合盆栽　以观叶植物为主，重点突出植物体量、叶形、色彩和质感的协调与变化，如常春藤类、彩叶草、文竹、袖珍椰子等。

观花植物组合盆栽　制作观花植物组合盆栽，要根据对观赏期的要求选择植物材料。需长期观赏的一般选择花色丰富、花期较长的植物种类，球根花卉和宿根花卉是良好的选择，但大多数植物在花期过后容易出现衰老现象，从而影响整体效果，应及时更换材料。短期观赏的，只需根据美观和艺术方面的要求选择材料即可。

观果植物组合盆栽　制作观果植物组合盆栽，一般选择秋后果实累累、色泽鲜艳的植物种类，如胡颓子、石榴、金橘等。

多肉植物组合盆栽　多肉植物也叫肉质植物、多浆植物，或者多肉花卉，其形态特别，养护容易，如仙人掌科、垂盆草(*Sedum sarmentosum*)、石莲花等。利用多肉植物组合造景能够形成别具特色的植物景观。

水生植物组合盆栽　宜选择喜水湿或水生植物，如水仙、千屈菜、黄菖蒲等，可选择较大体量的容器，如盆、桶等，以表现自然界中水景植物景观；也可选择玻璃容器，以创造晶莹剔透的观赏效果。

其他特殊的组合盆栽

香草植物组合盆栽：香草植物也叫芳香植物，是花、种子、枝干、叶子、根等用于药物、料理、香料、杀菌、杀虫等利于人类的所有带有香味草本植物的总称。香草植物盆栽不仅能美化居室环境，其散发的香气还能起到杀菌、驱虫、调节中枢神经等作用，甚至可以作为天然的调味料。但是大多数香草植物观赏性不高，用于盆栽中很难体现其价值，因此，需要和其他花色艳丽、花型美观的观赏花卉或者多肉植物等组合栽培，以在色、香、形等方面取得良好的效果。

园艺作物组合盆栽：园艺作物和观赏植物一样具有形态美、色彩美、香味美。它可以使窗台、阳台等狭小的空间变身菜园、果园、厨用园，在美化居室环境的同时还具有生态效益，为家庭提供新鲜果蔬。常用的盆栽园艺作物有黄瓜、番茄(*Lycopersicon esculentum*)、辣椒(*Capsicum annuum*)、香葱(*Allium fistulosum*)、大蒜、薄荷(*Mentha haplocalyx*)、柑橘、山楂、苹果等。

野趣植物组合盆栽：可以利于这些具有野趣的植物材料，种植在特殊的容器中，创造出古朴或乡野趣味的组合盆栽。一截中空的木头，一块带洞的石头，甚至残破的陶罐，随心地搭配几株野草野花，都能创造出别具情趣的组合盆栽。

此外，根据栽培基质不同，组合盆栽可分为苔藓球盆栽和砂画艺术盆栽等，前者是把一种或几种植物从栽培容器中取出，整出一定形状，用青苔、水草等把其盆土外围包裹起来，放入特定的容器中进行欣赏，类似于和风盆景；后者是用彩色的砂土作为基质，在透明容器中绘制色彩缤纷的图案，栽培基质和植物本身共同构成欣赏的主体。根据观赏季节不同，选择当季植物，分别表达以春、夏、秋、冬景观特色为主题，进行组合盆栽设计，如春花、秋叶、冬枝、夏天清凉的色彩等。

(3) 组合盆栽植物的选择

组合盆栽常用植物包括观花、观叶、观果、观根茎等几大种类，几乎包括所有盆栽观赏植物。其优点为观赏寿命长，可随季节变化而变化，充分展现植物各个时期的自然之美。组合盆栽的植物选择，常从其习性、外形、规格、颜色、寓意五个方面着手。

① 习性　植物的相容性，要想使一件组合盆栽作品的观赏寿命能在1个月以上，首先要考虑植物配材的相容性。

② 外形　植物的外形轮廓是植物和自然生长条件相互作用后所产生的，亦包含人为处理，最后影响其形态、生长方向、密度、甚至植株大小。

③ 规格　植物除了多变的外形，尺寸的变化也引人注目。如文竹的叶状枝细如针尖，精致典雅；琴叶榕巨大的叶片，干脆利落。在组合盆栽设计中，可使用大小相似的元素，做简单的重复，形成统一的风格。也可以强调大小的差异，以对比的方式给人深刻的

印象。

④ 颜色　植物叶色分为暗、亮、彩、斑四类，花色分为红、白、黄、蓝四色系。强调植物色系、斑纹的变化、颜色深浅的交互运用，能让作品呈现活泼亮丽的律动及视觉空间的变化，也可用对比、协调、明暗等手法，从物理、生理、心理等感官因素去探索色彩。

⑤ 寓意　运用植物的象征意义，来增强消费者购买组合盆栽的愿望。如蝴蝶兰象征高贵、祥和；大花蕙兰象征幸福、快乐；凤梨象征财运高涨，用这些花卉来做组合盆栽的主花材，适宜节日送礼。绿萝、吊兰、虎尾兰、一叶兰、龟背竹是天然的清道夫，可以清除空气中的有害物质，特别是在吸附甲醛上颇有功效。用这些植物做组合盆栽的主花材，适于贺侨迁新居。

组合盆栽常用植物如下：

观叶植物　常春藤类、彩叶草、文竹、袖珍椰子、福禄桐(*Polyscias guilfoylei*)、网纹草(*Fittonia verschaffeltii*)、罗勒(*Ocimum basilicum*)、迷迭香(*Rosmarinus officinalis*)等。

观花植物　风信子、凤梨、红掌、蝴蝶兰、石斛兰、菊花等。

观果植物　胡颓子、石榴、金橘、富贵籽(*Ardisia crenata* var. *bicolor*)、黄瓜、番茄、辣椒等。

多肉植物　景天科植物、仙人掌科植物、龙舌兰科植物等。

水生植物　石菖蒲、旱伞草、镜面草(*Pilea peperomioides*)、水仙、千屈菜、黄菖蒲等。

(4) 组合盆栽创意设计构想

① 与插花艺术相结合　组合盆栽在设计手法类似于插花艺术，其在色彩搭配、构图形式等方面与插花艺术十分相似。在色彩上，可以采用类似色组合，高雅朴素，也可采用对比色组合，给人强烈的视觉冲击力。与插花艺术相比，组合盆栽具有更持久的生命力。近年来，开始流行盆艺插花，即将盆栽植物和插花艺术地组合在一起，进行室内布置的一种植物装饰艺术。常用体量较小的室内观赏植物作为材料。这种做法既可以使盆栽具有一定的持久性，又能弥补组合盆栽，尤其是观叶植物组合盆栽在色彩、体量、形式等方面的不足，增加组合盆栽的观赏性和艺术性。

② 与盆景艺术相结合　盆景艺术是用盆景塑造形象，具体反映自然景观、社会生活，表现作者思想感情的一种社会意识形态。盆景艺术和组合盆栽在材料、空间和时间上具有一致性。两者都选用活的植物作为材料，都具有空间感，都会随着时间的变化而变化。不同的是盆景艺术强调对植物本身的造型，通过植物本身的形态、疏密等表达空间，十分抽象，它注重的是意境美；而组合盆栽强调各种植物组合设计之后的整体美，通过不同植株之间高低变化、体量对比、前后错落等表现空间。相对于盆景艺术，组合盆栽对艺术的表达更自由随意。

③ 与绘画艺术相结合　组合盆栽与绘画艺术有着相当密切的关系。与绘画艺术一样，组合盆栽也可通过线条、色彩等手段创造形象。所不同的是，绘画是采用颜料、砂等无生命的材料作为创作载体，而组合盆栽的创作载体是有生命的植物材料。如近年来在日本流行的织锦花园，就是用多肉植物作为载体，绘制图案丰富的大型织锦毛毯式花园。而砂画

艺术盆栽则是将砂画艺术应用到组合盆栽基质的设计中，使基质成为观赏的一部分。

④ 与诗词艺术相结合　优秀的组合盆栽不仅要具有一定的观赏价值，还应具有一定的文化内涵。诗词是高度凝练的、极具韵律感的语言。可以借助诗词表达组合盆栽的主题，起画龙点睛的作用；也可以用组合盆栽加以适当地配饰，创建一定的场景，以表达诗词中的意境，使组合盆栽具有诗情画意。

⑤ 与园林艺术相结合　组合盆栽是一种特殊的园林艺术。与传统园林艺术相比，组合盆栽用较少的植物，在较小的空间内展现植物群落的自然之美，表达人们对自然的喜爱和追求。园林艺术的设计手法，也可以运用到组合盆栽设计之中。"微缩庭院"这种组合盆栽形式就是园林艺术在组合盆栽中运用的实例。

受城市居住环境的限制，利用花盆、吊盆等在窗台、屋顶、庭园等室内外摆放组合盆栽，成为提高居住环境水平的一个重要手段，也是增加城市绿量和城市物种多样化性的良好途径。但是我国对组合盆栽设计和应用研究不多，目前市场上组合盆栽产品种类很少，质量不高，不能满足消费需求。进行组合盆栽设计和应用研究，开发适合我国消费者消费期许的组合盆栽产品十分必要。

(5) 组合盆栽制作要点

① 植物的相容性　要想使一件组合盆栽作品的观赏寿命能在1个月以上，首先要考虑植物配材的相容性。

按光照需求　在组合盆栽中应用的观赏植物，应以其在生长过程中对光照的需求，分为阳性植物、阴性植物和耐阴植物三大类。全日照植物需要光照度比较强，如'香冠'柏(*Cupressus macrocarpa* 'Goldcrest')、垂叶榕(*Ficus benjamina*)、天竺葵、变叶木及各种喜光草花等)；半日照植物需要中等光照，如大花蕙兰、蝴蝶兰、发财树(*Pachira macrocarpa*)、凤梨科植物等；而耐阴植物则要求光照较弱，如竹芋、袖珍椰子、蕨类、粗肋草属(*Aglaonema*)等。

按水分需求　彩色马蹄莲和白色马蹄莲虽同属天南星科，但前者怕涝，后者喜水，将这两种植物组合就不合适。如多浆类植物及有气生根的植物不需太多水分，而有些植物，如仙客来、杜鹃花及草花类植物则必须天天浇水。这就要求花艺师熟悉各种植物的生理特点，在选择组合植物时，将这些因素都考虑进去。

② 形态搭配　植物的外形轮廓是植物和自然生长条件相互作用后所形成的，也包含人为处理，最后影响其形态、生长方向、密度，甚至植株大小。

根据植物配材的造型可将组合盆栽分成以下几类：

填充型　指茎叶细致、株形蓬松丰满，可发挥填补空间、掩饰缺漏功能的植物，如波士顿蕨、黄金葛、白网纹草、椒草等。

焦点型　具鲜艳的花朵或叶色，株形通常紧簇，叶片大小中等，在组合时发挥引人注目的重心效果，如观赏菠萝、非洲堇、报春花等。

直立型　具挺拔的主干或修长的叶柄，高挑的花茎者，可作为作品的主轴，表现亭亭玉立的形态，如竹蕉、白鹤芋、石斛兰等。

悬垂型　具蔓茎或线型垂叶者，适合摆在盆器边缘，叶向外悬挂，增加作品动感、表

现活力及视觉延伸效果，如常春藤、吊兰、蕨类等。

在进行组合盆栽创作时，要从不同的角度对植物反复观察，把植物形态最完美的一面以及最佳的形态展现出来。植物除了外形多变，其尺寸变化差距也很大，也是组合盆栽植物令观赏者感到新鲜和惊奇的地方。

③ 色彩搭配　观叶植物的组合盆栽要强调植物色彩斑纹的变化，利用植物叶片颜色的深浅，将同色系、质地类似的多种植物或品种混合配植，来强化作品的色彩。而制作观花植物组合盆栽，选定主花材时，一定要有观叶植物作配材，颜色交互运用，也可采用对比、协调、明暗等手法去表现，使作品活泼亮丽，呈现视觉空间变大的效果。不同植物色彩及质感的差异，能提高作品的品味，使作品更加耐人寻味。

比如，夏季用白色或淡黄色特别清爽，春季用粉彩色系特别浪漫柔情。深浅绿色的观叶植物搭配组合香花亦十分高雅。如圣诞节欢愉的红与绿色、春节喜庆的大红色等都可以作为设计的主调。但色彩对比的变化要有共通之处，不宜全同或全异。

④ 植物的象征意义　运用植物的象征意义，来增强组合盆栽的受欢迎程度。如康乃馨象征母爱，是慰问母亲之花；茉莉花象征优美；南天竹的茎杆光滑，清枝瘦节，秋风萧瑟，红叶满枝，红果累累，经久不凋，象征长寿；用这些花卉来做组合盆栽的主花材，适宜特殊节日送礼。富贵竹淡雅、清秀，象征吉祥、富贵，可作中小型盆栽，点缀厅堂居室，常春藤、荷兰铁、发财树(马拉巴栗)、金钱树、龟背竹等植物可吸收空气中多种有害气体，适于贺侨迁新居的佳品。

2.3.8 园林植物景观设计手法

(1) 框景

① 定义　为了突出主景，常借近处景物形成“画框”，将远处主景框于其中。

② 应用场景　古典园林中漏窗的应用，用植物遮挡形成“画框”(图 2-31)。

图 2-31　框　景

(2) 借景

① 定义　借远处美景与近处景物形成一体，搭配自然协调，不违和。

② 应用场景　拙政园中可借远处的北寺塔，杭州西湖可借远处的雷峰塔。

(3) 障景

① 定义　对主要景物进行遮挡，当游人通过障碍物时看到另一方不同的美景，达到移步异景之效。

② 应用场景　古典园林入口处的照壁。江南园林中曲径通幽；前方有垂柳等植物进行遮挡。

3 园林植物养护管理

3.1 一、二年生花卉养护管理

3.1.1 概述

(1) 生态习性

① 温度 一年生花卉喜温暖，不耐严寒，大多不耐0℃以下的低温，生长发育主要在无霜期进行，因此，主要在春季播种，也称春播花卉。

二年生花卉喜冷凉，耐寒性较强，但不耐夏季炎热，主要在秋季播种，也称秋播花卉。

② 光照 一、二年生花卉大多喜欢阳光充足，仅少部分喜欢半阴环境，如三色堇(*Viola tricolor*)、夏堇(*Torenia fournieri*)、醉蝶花(*Cleome spinosa*)等。

③ 水分 一、二年生花卉的根系分布较浅，易受表土影响，不耐干旱，要求土壤湿润。

④ 土壤 一、二年生花卉对土壤要求不严，除重黏土和过于疏松的土壤外，其他土质都可生长，但以深厚肥沃、排水良好的壤土为好。

(2) 繁殖方法

① 种子繁殖 一、二年生花卉的主要繁殖方式是种子繁殖。其中，一年生花卉适合在春季播种；二年生花卉，适合在秋冬季播种。

② 扦插繁殖 一、二年生花卉在露地栽培时一般不采用扦插繁殖，但有时为了保存优良母株的特性或种子不足时，有些多年生作一、二年生栽培花卉可以采用扦插繁殖方法，如美女樱(*Verbena hybrida*)、波斯菊(*Cosmos bipinnatus*)、一串红(*Salvia splendens*)、五色草(*Alternanthera bettzickiana*)、万寿菊(*Tagetes erecta*)等。

(3) 养护管理

一、二年生植物主要是在花坛中种植。花坛中的植物需要由经验丰富的园丁进行密集养护管理，以达到所需的外观要求，包括间苗、除草、摘心修剪、定期浇水以及病虫害防治等。

① 间苗　“去弱留壮、去密留稀”原则。幼苗保持一定距离，分布均匀。

② 中耕除草　株行中间处中耕应深耕，近植株处应浅耕；根系扩大到植株之间时，中耕应停止。

③ 灌溉　一、二年生花卉容易干旱，灌溉次数应多一些。定期检测含水量，为了保持植物健康生长以及防止枯萎，应适时定期浇水。使用滴灌或地下浇灌，以减少病虫害。小面积用喷灌；大面积采用沟灌法、滴灌法、喷灌法。为了形成排水良好的土壤，在种植前需要进行土壤改良（疏松、整地），以提高土壤的持水能力。

④ 施肥　花坛植物应该选择适合相应植物类型和土壤条件的肥料进行施肥。可施用缓释肥，也可补充水溶性肥料。氮、磷、钾配合使用；在缺少某一养分时，可施用单一肥料。为了促进花卉生产，使用低 N 肥料配方（N-P-K 10-20-20）。准备种植时，施足基肥。常以厩肥、堆肥、油饼或粪干等有机肥料作基肥。厩肥及堆肥在整地前翻入土中；粪干及豆饼在播种或移植前沟施或穴施。幼苗时期的追肥，氮肥成分可稍多一些；生长期间，磷、钾肥逐渐增加；生长期长的花卉，追肥次数应较多。

⑤ 摘心　摘心有三方面作用：一是促进分枝，使植株丛生状，进而增加花量；二是抑制枝条生长，进而促使植株矮化、延长花期；三是使植物恢复生长（带来第二次生长）。

适合摘心的一、二年生花卉有百日草（*Zinnia elegans*）、一串红、翠菊（*Callistephus chinensis*）、波斯菊、千日红（*Gomphrena globosa*）、万寿菊、藿香蓟（*Ageratum conyzoides*）、金鱼草（*Antirrhinum majus*）、桂竹香（*Cheiranthus cheiri*）、福禄考（*Phlox drummondii*）及大花亚麻（*Linum grandiflora*）等。一般可摘心 1~3 次。

有些花卉不适合摘心，是因为植株的主茎上着花多且花朵大，如鸡冠花（*Celosia cristata*）、蜀葵（*Alcea rosea*）等。

⑥ 摘除枯萎的花　开花过后应及时摘除枯萎花枝。摘除枯萎的花能保留住植株的营养，进而提高花朵产量，减少病害，提高植物观赏价值。

⑦ 降温防寒保护　不耐寒的植物在越冬时，应及时进行越冬保护，可就地覆盖保护，或焚烧枝杆浓烟增温，或移植温室管理；对不耐热植物，在炎夏进行适当遮阴，多次喷灌，以降低温度。

⑧ 病虫害防治　病虫害来源主要有土壤未经消毒所带的病虫害、种子不健壮自身携带病虫害、周围环境的污染三种。

种植过于密集时易染病虫害　要及时间苗，保证合适的株行距，保持良好的通风环境。

植物徒长时易染病虫害　不可过多的施肥和过量的浇水，进而导致植株徒长，易倒伏。

植物本身易感染疾病　在种苗前应对种子进行消毒或植株病害处理，不严重可进行治理，严重应及时拔除，以防感染其他植株。

在苗期和生长期应每隔一段时间进行农药喷施，针对的不同时期不同的病虫害采取的手段不一样。

要定时进行场地的清理，及时清理残枝枯叶和病害植株。对有病害的植株群体进行隔离，分区管理，以防感染健康苗。

⑨ 季节性更换　根据预算和项目展示的需求，依据季节性改变种植床内的植物类型。例如，春夏以球茎、一年生植物、菊花、羽衣甘蓝和卷心菜(*Brassica oleracea* var. *capitata*)为主，冬季以观叶植物为主。

3.1.2 常见一、二年生花卉养护管理实例

(1) 万寿菊(*Tagetes erecta*)　菊科

图 3-1　万寿菊

① 生态习性　性喜温暖、阳光充足，稍耐早霜和半阴；较耐干旱，在多湿、酷暑下生长不良；对土壤要求不严(图 3-1)。

② 繁殖方法

种子繁殖　种子繁殖为万寿菊的主要繁殖方式。能自播繁殖。种子线型，播种出苗较易，无需特殊管理。种子发芽适温为 21～24℃，约 1 周发芽，70～80d 后开花。一般 2~4 月播种，5~7d 出芽，出苗后分苗一次，真叶长出 3 枚时可移植到温床或营养小钵，晚霜期过后可定植。国庆节用花可夏季播种，一般 2 个月左右可开花。

扦插繁殖　扦插在生长期进行，2 周后生根，1 个月后开花。

③ 养护管理

浇水　天气干燥时，注意充分浇水。

施肥　在生长期视土壤肥沃程度确定是否追肥，追肥过多会引起徒长甚至倒伏。开花后可追肥，促使其继续开花。

摘心　万寿菊在定植上盆时就要进行摘心，一经摘心就会提前萌生侧枝，株形浑圆可爱，提高观赏价值。

设立支柱　生长后期易倒伏，可设支柱。

修剪　及时剪除凋谢的花，减少养分的浪费，并可结合反季修剪控制植株的高度。

病虫害防治　万寿菊病虫害较少，主要有病毒病、枯萎病、红蜘蛛等。病毒病用病毒威、菌毒清等药剂进行防治；枯萎病可用 75%百菌清、多菌灵、乙磷铝、甲基托布津等药剂进行防治；红蜘蛛虫害应在初期进行防治，用 40%氧化乐果 1000～1500 倍液每 7d 喷施 1 次，连喷 2 次。

图 3-2　波斯菊

(2) 波斯菊(*Cosmos bipinnatus*)　菊科

① 生态习性　性强健，喜温暖，也喜凉爽湿润的气候，不耐寒、忌暑热，天气过热时不能结籽。喜光、稍耐阴。耐干旱瘠薄的土壤(图 3-2)。

② 繁殖方法

种子繁殖　3 月中旬至 4 月中旬播种，晚霜后直播。能大量自播繁衍。播于露地苗床，其发芽迅速且生长快，应注意及时间苗。

扦插繁殖　可用嫩枝扦插，生根容易。

③ 养护管理

摘心　出现 4 片真叶后可摘心，促进分枝，控制株高。

浇水施肥　苗期控制浇水和施肥，以防徒长易倒。

设立支柱　植株高大时，应设立支柱，以防倒伏。

(3) 羽衣甘蓝(*Brassica oleracea* var. *acphala* f. *tricolor*)　十字花科

① 生态习性　喜阳光，喜凉爽，耐寒性较强。极喜肥，要求富含有机质疏松、湿润、排水良好的土壤(图 3-3)。

图 3-3　羽衣甘蓝　　**图 3-4　一串红**

② 繁殖方法

种子繁殖　北方早春 1~4 月在温室播种；南方秋季 8 月可在露地苗床播种。种子比较小，覆土要薄。

③ 养护管理

浇水　土壤不可过湿，也不可过干，防止由于过湿而腐烂，或由于缺水而长势不足；花期可适当补充水分。

施肥　喜肥，生长期间多追肥，以保证养分供应；花后及时追肥，维持植株长势。

病虫害防治　生长期间易受蚜虫危害，应及时喷药防治。

(4) 一串红(*Salvia splendens*)　唇形科

① 生态习性　喜光，喜温暖湿润的气候。不耐霜寒，生长适温为 20~25℃，气温不宜超过 35℃。喜湿润，不耐干旱。喜疏松、肥沃、排水良好的中性至弱碱性土壤(图 3-4)。

② 繁殖方法

种子繁殖　在春、秋两季均可播种，播种温度在18~22℃，真叶长出2~3枚时可移植。五一用花：8月中、下旬播种，8~10d后，种子萌发，10月上中旬假植于温室，10d后陆续上盆，翌年“五一”可盛开。国庆节用花：可于2月下旬或3月上旬播种。

扦插繁殖　春秋两季进行扦插，取母株上8~10cm的嫩枝作为插穗，10~20d可生根。

③ 养护管理

浇水　浇水注意忌积水，排涝。

施肥　花期根外喷施磷、钾液肥，使种子饱满。

光照　高温和强光照会使灼伤叶片，夏季要遮阴、叶面喷水。

摘心　6枚真叶时开始摘心，每隔10~15d摘心1次。

开花后管理　花后修剪，留下植株健壮的叶芽。及时处理残枝枯叶，并及时追肥，可使植物恢复长势，促使二次开花。

(5) 鸡冠花(*Celosia cristata*)　苋科

① 生态习性　喜阳光充足，喜炎热，不耐寒；耐旱性佳，怕涝；喜肥沃、排水良好的砂质壤土(图3-5)。

图3-5　鸡冠花

图3-6　矮牵牛

② 繁殖方法

种子繁殖　3月下旬到4月中旬播种，覆土要薄。10d后出苗，1个月后移栽1次。6月初或移苗后20d定植。

③ 养护管理

浇水　应防止土壤积水。夏季炎热时要充分灌水，但要防止灌水过多导致徒长。

施肥　追施肥料，薄肥勤施。

摘心　可采取摘除侧枝促主枝生长；进行摘心，延迟花期。

设立支柱　若因花茎太高，可立支架，防倒伏。

病虫害防治　苗期注意预防发生立枯病；施用乐果防治蚜虫危害。

(6) 矮牵牛(*Petunia hybrida*)　茄科

① 生态习性　性喜温暖、喜阳光，不耐寒。较耐干热，忌多雨。适应性强，要求通风。耐瘠薄，以疏松、湿润、排水良好的微酸性土为宜(图3-6)。

② 繁殖方法

种子繁殖　繁殖方式以播种为主，可春播和秋播。春播在4月下旬进行，秋播9月进行。种子细小，宜盆播。

扦插繁殖　可在5~9月进行，将老枝剪掉，利用萌发的嫩枝作插穗。

③ 养护管理

浇水　控制浇水，水分过多会导致倒伏。

施肥　隔10~15d施复合肥1次，直至开花。不可施用过多肥料，容易导致徒长倒伏。

摘心　真叶5~6枚时摘心，苗长20d后换盆，培育至开花；平时可经常摘心，限制株高，促其萌发新芽。

(7) 石竹(*Dianthus chinensis*)　石竹科

① 生态习性　喜阳光充足。喜凉爽，耐寒，不耐酷暑。忌水涝，适合排水良好、疏松肥沃的土壤，特别是富含石灰质的土壤(图3-7)。

② 繁殖方法

种子繁殖　9月初播种，种子与沙混合撒播，用细沙土覆盖至刚好看不见种子即可。注意喷水保持湿润，5~7d发芽，10d后移植，株距控制在30~40cm。温度在10~20℃最适宜，过高会使幼苗细弱徒长。

扦插繁殖　结实率低时，可以采用扦插繁殖。10月到次年3月都可扦插繁殖。将生长季或春季茎基部萌生的丛生芽条剪成5~6cm长的嫩枝，去掉部分叶片，扦插于沙床或露地苗床。插后注意遮阴，保持空气湿度，15~20d后生根，进行移植。

③ 养护管理

浇水　不干则不浇。

施肥　定植10d后施粪尿液，次年3月施用液肥；生长期每隔半个月施1次稀薄液肥。石竹对氮肥敏感，应控制其施用量。

摘心　进行2~3次摘心，促进分枝。残花修剪可使其再次开花。

病虫害防治　幼苗期常患立枯病，可施草木灰预防，拔除病株。锈病可用50%萎锈灵可湿性粉剂1500倍液喷洒。红蜘蛛虫害可用40%氧化乐果乳油1500倍液喷洒。

(8) 瓜叶菊(*Pericallis hybrida*)　菊科

① 生态习性　不耐寒冷、酷暑与干燥，适宜温度为12~15℃。喜富含腐殖质、疏松肥沃、排水良好的砂壤土(图3-8)。

图3-7　石竹

图3-8　瓜叶菊

② 繁殖方法

种子繁殖　播种至开花需5~8个月。3~10月分期播种可获得不同花期的植株。长江流域各地多在8月播种，可在元旦至春节期间开花；北京地区可在3~8月播种，分别在元旦、春节和“五一”开花。种子播于浅盆中，温度控制在21℃左右，3~5d萌发后逐渐揭开覆盖物，置于遮阴处。

扦插繁殖　重瓣品种可采用扦插或分株法繁殖。取侧芽在清洁河沙中扦插，约20~30d生根。浇足水，注意遮阴防晒。

③ 养护管理

施肥　生长期每2周施1次稀薄液氮肥；花芽分化前停施氮肥，增施1~2次磷肥，促使花芽分化和花蕾发育。

光照　花期稍遮阴，保持通风良好，有利于延长花期。

(9) 三色堇(*Viola tricolor*)　堇菜科

① 生态习性　性喜凉爽，较耐寒而不耐暑热。要求适度阳光照射，耐半阴。喜肥沃湿润的砂质壤土，在贫瘠的土壤中生长发育不良(图3-9)。

图3-9　三色堇

② 繁殖方法

种子繁殖　春、秋两季均可播种，但以秋播为好。3月进行春播，使用加底温的温床或冷床；8月下旬到9月上旬进行秋播，播后保持温度15~20℃，用沙覆盖避光遮阴，保持湿润，10d后发芽。

扦插繁殖　扦播在5~6月进行，剪取基部抽生的枝条作插穗，扦插于泥炭土中，保持空气湿润，15~20d后生根。

③ 养护管理

浇水　生长期浇水应保持盆土湿润不渍水，经常向茎叶喷水，提高周围空气湿度；花期要保持相对干燥。

施肥　苗期可适当施氮肥；蕾期应施用腐熟的有机液肥或氮磷钾复合肥，同时控制氮肥使用量。

光照　植株应保证每天4h以上的日光直射，使其生长更为茁壮。

温度　白天15~25℃，夜间3~5℃的条件下发育良好。小苗须经28~56 d的低温环境才能顺利开花。

病虫害防治　春季雨水过多时易发灰霉病，可用65%代森锌可湿性粉剂500倍液喷洒；生长期常受蚜虫危害，可用40%氧化乐果乳油1500~2000倍液喷洒，每隔1周喷1次，连喷2次效果好。

3.2 宿根花卉养护管理

3.2.1 概述

(1) 生态习性

① 温度　宿根花卉耐寒力差异很大。早春季开花种类大多喜冷凉，忌炎热；夏秋开花种类大多喜温暖。

② 光照　宿根花卉喜阳光充足，只有少数种类要求半阴。

③ 水分　宿根花卉较一、二年生花卉耐旱性较强，但也有差异。鸢尾(*Iris tectorum*)、铃兰(*Convallaria majalis*)、乌头(*Aconitum carmichaelii*)等喜湿润；萱草(*Hemerocallis fulva*)、马蔺(*Iris lactea*)、紫松果菊(*Echinacea purpurea*)等耐干旱。

④ 土壤　对土壤要求不严，除砂土和重黏土外，大多数都可以生长。小苗喜含腐殖质多的疏松土壤。

宿根花卉对土壤肥力要求不同　耐瘠薄的有金光菊(*Rudbeckia laciniata*)、荷兰菊(*Aster novi-belgii*)、桔梗(*Platycodon grandiflorus*)等；喜肥的有芍药(*Paeonia lactiflora*)、菊花(*Chrysanthemum* ×*morifolium*)等。

宿根花卉对土壤酸碱度要求也不同　喜酸性的，如多叶羽扇豆(*Lupinus polyphyllus*)；喜微碱性的，如非洲菊(*Gerbera jamesonii*)、宿根霞草(*Gypsophila paniculata*)。

(2) 繁殖方法

宿根花卉常以营养繁殖为主，有分株、扦插、压条和嫁接繁殖等。

① 分株繁殖　分株繁殖主要针对具有萌蘖、匍匐茎、走茎、根茎芽等特性的植物。春季开花的花卉，一般秋季分株，应在地上部已进入休眠、地下根未停止活动时进行，如芍药；在秋季开花的，宜春季分株，应在发芽前进行，如菊花。

② 扦插繁殖

根插　根插时间在晚秋或早春进行；冬季也可在温室的温床内进行；还可在秋季挖起母株，将根系储藏越冬，翌春再进行扦插。

茎插　茎插时间宜7~8月。春季发芽后到秋季生长停止前都可进行茎插。茎插又可分为软枝扦插和硬枝扦插。

③ 种子繁殖　对一些易得种子且播后1~2年就能开花，或作新品种培育时，常采用种子繁殖。对耐寒力较强的宿根花卉可春播、夏播或秋播，可即采即播；对一些要求低温与湿润条件完成种子休眠的花卉，则需秋播；对不耐寒宿根花卉可春播或种子成熟后即播。

(3) 养护管理

① 工具　主要有以下几种：

园艺剪刀　日常剪除残花，扦插、根插时使用。

移植用小手铲　栽种花苗、铲除深根性杂草时使用。

大锹　给花坛翻土、挖掘植株时使用。

树篱剪　用于修剪直立宿根植物以及冬季植株的整理使用。

修枝剪　用于修剪花茎坚硬、粗壮的植物及分株时使用。

② 浇水　幼苗期不需要过多的水分，保持土壤不干燥即可，可适当的进行叶面喷施；生长期可较频繁浇水，以供植物进行大量的生理反应；开花期间，配合植株进行科学浇水，达到更好的观赏效果。

③ 施肥

基肥　种植时，需在底层铺上基肥，再铺上一层土，才能栽种植物。常用作基肥的材料有有机合成肥料、各种缓释型化肥(小颗粒，N∶P∶K=8∶8∶8)、发酵豆粕等固态肥料。

追肥　为保证花色艳丽且开花时间长，花前应追施肥料；生长期及花期长的品种，在开花期间需要追肥。常作追肥的有各种缓释型化肥、发酵豆粕等固态肥料。

④ 修剪　及时清除残枝、落叶和病叶，减少病虫害的侵染源。花后应及时清除残花和枯叶，减少植株养分消耗，促进二次开花。

⑤ 防寒越冬　一般用稻草、树皮和落叶等天然铺盖物覆盖的效果好；入冬前灌防冻水，同时施入充分腐熟的堆肥或厩肥，进行防寒越冬。

⑥ 病虫害防治　定期进行病虫害预防；及时清除病害植株，对轻微病害的植株进行隔离治理；可用多菌灵、乙磷铝等农药进行病害治理；虫害则使用氧化乐果进行喷施。

3.2.2　常见宿根花卉养护管理实例

(1) 香石竹(*Dianthus caryophyllus*)　石竹科

① 生态习性　喜凉爽，不耐炎热。适宜在空气相对干燥、通风的环境中生长。喜光，需要选择阳光充足、通风的场所。适宜生长在疏松肥沃、含丰富腐殖质、湿润而排水良好的砂壤土，土壤pH以6.0~7.5为宜(图3-10)。

图3-10　香石竹

② 繁殖方法　常用扦插、播种和组培繁殖。

扦插繁殖　插穗要选择植株中部的侧枝，取健壮，叶宽厚、色深而不卷、顶芽未开放的枝条为佳。插前先将插条基部2片叶去掉，掰下的侧枝立即浸水防止萎蔫。用0.2%吲哚丁酸浸泡基部1~2min，生根效果显著。生根适温为10~13℃，超过32℃会损害插条和抑制生根。插后即浇一次透水，用60%~70%遮阳网遮光，插后20~25d生根。

种子繁殖　7~9月播种，适温为18~20℃，播后约1周发芽，翌年3~5月开花；9~11月播种，翌年5~6月可以上市。

组培繁殖　切花生产可以用茎尖组织培养的无毒苗进行繁殖；切下基尖，接种到 MS 固体培养基，7 周后可形成丛生苗；分割丛生苗在新鲜培养基上继续培养，待苗高 2cm 时，转移到 1/2 MS 培养基上培养，发根后可出瓶移植；成活的小苗，经检测确定无毒后，隔离培养，扦插培养成为母本，再从母本上取得大量插穗，用于切花生产。

③ 养护管理

浇水　定植后进入高温期，最好在行间灌水，但不可过湿，以免发生茎腐病。9～10 月，生长旺盛，要充分供水。11 月或翌年 2～3 月，日夜温差大若温室温度较低，应适当控制浇水量。

施肥　香石竹喜肥，应适当减少氮和磷，多增加些钾肥。栽培时间长，用肥量大，每年追肥 10～20 次，可干施或液施。肥料可用骨粉、鸡粪、油粕、牛粪、堆肥、过磷酸钙、草木灰、迟效性颗粒肥料等。

中耕　行间要经常用锄浅耕，疏松表层土壤，使之保持土壤空气充足和适度湿润促使根系发育旺盛。

摘心　当苗长至 6~7 个节时、于基部以上 4 节处进行第一次摘心；摘心后发生的第一级侧枝选留 2~3 枝，当长至 5~6 节时，进行第二次摘心。

摘芽与摘蕾　切花枝上生出的侧芽要及时摘除。大花型品种茎顶端常生有几个花蕾，要剥除侧蕾，选留顶蕾。

花期调控　2 月初定植进行一次摘心，6 月底开始开花，7 月为第一批采花高峰，第二批采花高峰在元旦、春节；第三批花在翌年的 5~6 月上市，也可延至 7 月初。

（2）四季秋海棠（*Begonia cucullata*）　秋海棠科

① 生态习性　喜温暖湿润的半阴环境。冬喜暖、夏喜凉，对温度和光照十分敏感，生长适温为 18～22℃，冬季温段不低于 13℃。对水分的要求高，但要避免积水。宜生长于富含有机质、排水良好的微酸性土壤中（图 3-11）。

② 繁殖方法　通常采用播种、扦插及组织培养等方法进行繁殖。

扦插繁殖　可采用茎插或叶插。茎插繁殖多在春季或秋季进行；插穗一般采自顶端营养茎。叶插 11～13 周可形成根系，叶基部有小植株长成。

种子繁殖　种子细小，为喜光性种子，播后不必覆土；在 20～25℃ 的条件下，10～15d 即可发芽。

图 3-11　四季秋海棠

③ 养护管理

浇水　生长季要有较高的空气湿度，但忌积水。通常每天浇 1 次水，浇水时要注意勿使水喷到叶片与花上，后期慢慢减少浇水量。

施肥　小苗用肥以氮肥为主，随植株的生长，应减少氮肥用量，逐渐提高磷、钾肥的用量，开花前应加大施肥量，还可适当进行叶面喷肥。

温度　在夏季应采取降温措施；冬季要注意保暖，最低温度不得低于 15℃。

光照　夏季要特别注意遮阳，高温和强光照下叶片会出现灼伤。

修剪整形　在生长期间可进行摘心，促使植株萌发侧枝，使株型丰满。及时去除多余的花蕾，以免因养分的大量消耗而影响其他花朵的发育。

(3) 菊花(*Chrysanthemum* spp.)　菊科

① 生态习性　适应性强，耐寒性强。喜阳光充足、气候凉爽、通风良好的环境条件。喜深厚肥沃、排水良好的砂质壤土。忌积涝及连作(图 3-12)。

② 繁殖方法

分株繁殖　选择无病虫害而健壮的母株，从母株根系上切取带一定量根系的母茎，进行培养。

扦插繁殖　切取长 8~10cm 无病虫害且健壮的枝条作插穗进行扦插。

③ 养护管理

浇水　不干不浇，浇则浇透的原则。忌积水，可进行叶面喷施。

施肥　幼苗期以薄肥勤施为主。生长期可多次追肥，促使其生长。

设立支柱　对于植株高、花型大的个体，可设立支柱，防倒伏。

病虫害防治　养护期间及时定期做好病虫害防治，针对不同的病虫害施用不同的农药。

图 3-12　菊花

图 3-13　君子兰

(4) 君子兰(*Clivia miniata*)　石蒜科

① 生态习性　怕冷怕热，夏季须采取降温措施，冬季须保温。喜阴凉和通风良好，要求阳光充足，但夏季要适当遮阴。喜湿润，喜营养丰富、富含腐殖质、通透性良好的土壤(图 3-13)。

② 繁殖方法　常采用播种和分株繁殖。

种子繁殖　一般室温 20~25℃播种。

浸种：播前需将种子放入 40℃左右的温水中侵泡 24~36h。

生根和萌芽：播后室温 10~25℃时，约 20d 生根，40d 抽出子叶。

分苗：待生出 1 片真叶(约 2 个月的时间)后进行分苗。

上盆：翌春上盆。

分株繁殖　分株最好在采种后开花前进行。将母株叶腋抽出的吸芽分离，另行栽植或插入沙中，生根后上盆。分株时芽子最好带根才容易成活，无根的要进行扦插生根处理。芽子从母株上取下后，伤口处涂上草木灰，防止感染和阻止水分蒸发。

③ 养护管理

越冬管理　冬天移入温室栽培，温度保持在10℃左右，适当干燥，促其逐渐进入半休眠状态。

夏季管理　盛夏时炎热多雨，停止施肥。但要注意加强通风，宜向叶面经常喷水。

换盆　成年君子兰1~2年需要换盆1次，一般在3~4月或8月进行。

浇水　君子兰有发达的肉质根，能贮存较多的水分，所以盆土不干不浇水，盆内不可积水。

不开花的原因　冬天室内温度太高，施氮肥多而缺磷肥使植株发生徒长；浇水过多，引起烂根；夏季光照过强，深秋和冬季光照不足。

图3-14　射干

(5) 射干(*Belamcanda chinensis*)　鸢尾科

① 生态习性　喜温暖，较耐寒。耐干旱，怕积水。适应性强，耐贫瘠，喜疏松肥沃、排水性良好的土壤(图3-14)。

② 繁殖方法

种子繁殖　在秋季进行种子收集，收集后可进行沙藏或随即播种。

分株繁殖　春季芽萌动之前，将母株挖出，切取带有2~3个芽和根系的根状茎，待切口略干燥后种植在施加过基肥的平整地块中。

③ 养护管理

浇水　“不干不浇，浇则浇透”原则。生长旺盛期需密集浇水；休眠期可减少浇水。

施肥　春季植株刚解除休眠生长，可进行施肥；花后也需进行追肥。

摘心　具有促进分枝、矮化、促花多的功能。长到5~6片真叶时可进行摘心，之后可多次摘心。

清除残花　花期过后修剪掉残花和枯叶，可减少病虫害，促进二次开花。

越冬保护　对露地栽培的植株进行越冬保护，可用土壤覆盖、稻草铺面以及浓烟增温法。

病虫害防治　及时定期进行病虫害防治。应及时对出现的病虫害喷施相对应的农药，拔除病害植株，对污染区域进行消毒和隔离。

3.3　球根花卉养护管理

3.3.1　概述

(1) 生态习性

① 温度　球根花卉种类不同，对温度要求也不同。

② 光照　球根花卉大多数要求阳光充足，少数喜半阴，如百合(*Lilium brownii* var. *viridulum*)、石蒜(*Lycoris radiata*)等。阳光不足不仅影响当年开花，而且球根生长不能充实肥大，进而影响翌年开花。

③ 水分　喜湿润环境，生长旺盛期和开花期可多浇水，休眠期可控制浇水。

④ 土壤　对土壤要求很严，一般喜含腐殖质、表土深厚、排水良好的砂质壤土。

(2) 繁殖方法

主要采用扦插、分球、组织培养等方法繁殖。

① 种子繁殖　生产上很少采用，主要用于培育新品种。

② 扦插繁殖　主要有插芽(茎)法、插叶法、插鳞片法。

③ 分球繁殖　自然分球；人工分球：刻伤法、半去心法、去心法、切割块茎。

④ 组织培养法　提高繁殖率，满足生产需要。

(3) 栽培管理

① 浇水　保持土壤湿润，不可过湿，忌积水；水温尽量接近土温；以雨水浇灌最好，其次是河水，如水质过硬，应进行软化后再进行浇灌；不干不浇，浇则必透，避免浇“半截子水”。

② 施肥　有机肥肥效缓而长、肥分全，常作基肥使施用；无机肥养分含量高、见效快，多作追肥使用；目前多采用多元复合肥；有机肥和无机肥配合使用。

③ 种球管理　大球与小球要分别栽植，避免由于养分分散而造成开花不良；球根花卉在生长期间不可移植；在进行切花栽培时，满足切花长度要求的同时，尽量保留植株叶片；开花后要加强肥水管理；花后应立即剪除残花。若是种球生产栽培，见花蕾发生应立即除去，以保证新球生长养分供应。

④ 种球采收　采收要适时，地上部分停止生长，叶片呈现萎黄时，即可采种球；应选晴天，在土壤湿度适当时进行；要剔除病球、伤球。

⑤ 球根储藏　对通风要求不高而需保持一定湿度的球根，如美人蕉(*Canna indica*)、百合、大丽花(*Dahlia pinnata*)等，可用干沙或锯末埋藏；储藏时需要相对干燥的球根，可采用空气流通的储藏架分层堆放，如水仙(*Narcissus tazetta* var. *chinensis*)、郁金香(*Tulipa gesneriana*)、唐菖蒲(*Gladiolus gandavensis*)等；储藏春植球根，室温保持在5℃左右；储藏秋植球根，通常保持室内高燥凉爽，忌闷热和潮湿。

⑥病虫害防治　选用无病虫感染的球根和种子；栽种时需进行土壤消毒；栽植或播种前，对球根或种子进行处理，以杀灭病菌、虫卵；球根采收后，储藏之前要进行药剂处理；应用茎尖脱毒技术生产无病毒植株。

3.3.2 常见球根花卉养护管理实例

(1) 百合(*Lilium* spp.)　百合科

① 生态习性　喜凉爽湿润，耐严寒，怕酷暑，适温为18~25℃。喜阳光，稍耐遮阴。要求肥沃、腐殖质丰富、排水良好的微酸性土壤(图3-15)。

② 繁殖方法　可采用分球法、分珠芽法、鳞片扦插法、播种法和组织培养法。其中，

图 3-15　百合

分球法、鳞片扦插法和组织培养法最常用；有些种和品种会产生珠芽，珠芽也可用于繁殖；通过杂交授粉培育新品种为目的时常采用播种法。

③ 养护管理

浇水　生长期多浇水。

施肥　种植后的 3~4 周不施肥，鳞茎发芽后及时追肥。前期以氮肥为主，花芽分化后，每 10d 加施 1 次磷、钾肥，也可进行叶面喷肥。

光照调控　直接的强光对百合生长不利，可用 50% 的遮阳网降低光照。在秋冬季节，应除去遮阳网，以防光照不足而落花落蕾。

张网立柱　植株生长到 60cm 时可设立支柱或用尼龙网扶持，以防茎秆弯曲而降低品质，支柱可用竹木，也可用钢筋加尼龙网，用网时应拉紧。

病虫害防治　根腐病应拔除病株并销毁，并及时对土壤进行消毒；病毒病防治应拔除病株，防止传染，也可采用组织培养技术获得无病毒苗；主要害虫有蚜虫、螨类、蛴螬和地老虎等，可用三氯杀螨醇或毒饵防治。

(2) 郁金香(*Tulipa* spp.)　百合科

① 生态习性　喜冬季温暖湿润、夏季凉爽，耐寒性很强，可耐-3℃的低温，生长适温为 8~20℃。长日照花卉，喜稍干燥的向阳或半阴环境；要求腐殖质丰富、疏松肥沃、排水良好的砂质壤土(图 3-16)。

② 繁殖方法

分球繁殖　以分离小鳞茎法为主。华东地区可在秋季 9~10 月分栽小球，华北地区宜于 9 月下旬至 10 月下旬栽植，往南可延至 10 月末至 11 月初种植。

种子繁殖　露地秋播。需经 7~9℃低温处理，越冬后种子萌发出土，6 月地下部分形成鳞茎，待其休眠后挖出储藏，到秋季再种植，经 5~6 年才能开花。

③ 养护管理

浇水　抽花台期和现蕾期要保证充足的水分供应，以促使花朵充分发育。而花后，植株进入休眠，应适当控水。

施肥　生长期间，追施液肥效果显著。一般从现蕾至开花，每 10d 喷 1 次浓度为 2%~3%的磷酸二氢钾溶液，可促花大色艳，花茎结实直立。

病虫害防治　选用脱毒种球；栽种前进行土壤消毒；应保持良好的通风，防止高温高湿；发现病株应及时挖出并销毁。

(3) 唐菖蒲(*Gladiolus hybridus*)　鸢尾科

① 生态习性　喜温暖，并具一定耐寒性，不耐高温，尤忌闷热，以冬季温暖、夏季凉爽的气候最为适宜。喜深厚肥沃且排水良好的砂质壤土，不喜黏重土壤或积水处，土壤 pH 以 5.6~6.5 为佳(图 3-17)。

图 3-16 郁金香

图 3-17 唐菖蒲

② 繁殖方法 以分球为主，也可用播种、组织培养等方法繁殖。

分球繁殖 新球翌年可正常开花，子球需培养 1~2 年，用于培养切花。

切球法：将种球纵切成几部分，每部分必须带一个以上的芽和部分茎盘。切口部分用草木灰涂抹，待切口干燥后再种植。

种子繁殖 夏秋种子成熟采收，进行盆播。冬季温室培养，翌春栽于露地，夏季植株开花。

组织培养 用花茎或球茎上的侧芽进行组织培养，获得无菌球茎；也可用组培进行脱毒、复壮繁殖。

③ 养护管理

浇水 在幼苗期要适当浇水，防治土壤干燥。生长期应经常浇水，以供植物生长。

施肥 3~4 片叶前施营养生长肥，3~4 片叶后开始花芽分化，此时还可喷施叶肥。花期不施肥，花后应施磷、钾肥，促进新球生长。

病虫害防治 夏季遇高温多湿，易患立枯病，可用 1kg 硫酸铜，加水 500~1000mL 喷施；球茎消毒可去除球茎皮膜，浸入清水中 15min，再浸入 80 倍福尔马林液 30min，最后用清水冲洗后栽植；有线虫危害时，将种球掘起烧毁，并对土壤进行消毒。

(4) 风信子(*Hyacinthus orientalis*) 天门冬科

① 生态习性 喜冬季温暖湿润、夏季凉爽稍干燥、阳光充足或半阴的环境。喜肥，宜肥沃、排水良好的砂壤土，忌过湿或黏重的土壤(图 3-18)。

② 繁殖方法 可采用分球和种子繁殖，以分球繁殖为主。

分球繁殖 秋季将母球周围自然分生的子球分离，进行栽植。

种子繁殖 采用种子繁殖，实生苗培育 4~5 年才能开花。

③ 养护管理

浇水 苗期浇水要控制，不宜过多，应一次浇透，待表土较干后再浇；根据不同的生长期要求来浇水。土壤湿度保持在 60%~70%。

施肥　根据薄肥勤施的原则，不可过多施肥，以防烧心和植株徒长；也不可施肥太少，使植株生长不良。

病虫害防治　以加强管理为基础，以积极预防、综合防治为原则。

主要病害有叶斑病，防治方法为拔除病株并销毁；感染菌核病的植株应拔除，而发病初期的植株可喷施50%多菌灵可湿性粉剂600倍液防治；预防白腐病应避免连作，进行土壤消毒，并注意避免鳞茎球受伤。

图 3-18　风信子

图 3-19　大丽花

(5) 大丽花(*Dahlia pinnata*)　菊科

① 生态习性　喜凉爽干燥，不耐严寒与酷热，生长适温为10~25℃。喜阳光充足、通风良好的环境。忌积水又不耐干旱，以富含腐殖质的砂壤土为宜(图3-19)。

② 繁殖方法　大丽花以分根和扦插繁殖为主，育种可用种子繁殖。

分块根繁殖　常用分割块根法。每年2~3月间进行分根，取出储藏的块根，将块根连着生于根颈上的芽一起切割下来进行栽植。在切口处涂抹草木灰以防腐烂。

扦插繁殖　2~3月扦插，春插苗经夏、秋季的充分生长，当年即可开花。6~8月初可取芽扦插，但成活率不及春季扦插。9~10月扦插成活率低于春季，但比夏季扦插要高。

种子繁殖　播种于20℃左右的播种箱内进行。4~5d可萌芽，待真叶长出后分植，1~2年后开花。

③ 养护管理

浇水　浇水要掌握“干透浇透”的原则。小苗阶段，晴天可每日浇1次，保持土壤稍湿润；生长后期，枝叶茂盛，消耗水分较多，应适当增加浇水量。

施肥　幼苗期，每10~15d追施1次稀薄液肥。现蕾后，每7~10d施1次。气温过高或花蕾透色时应停止施肥。

摘心　当主枝生长至15~20cm时，自2~4节处摘心，促使侧枝生长开花。每侧枝保留1朵花，开花后各枝保留基部1~2节再剪除，使叶腋处发生的侧枝再继续生长开花。

抹芽　保留主枝的顶芽继续生长，除靠近顶芽的2个侧芽留存作为防顶芽受损的替补芽外，其余各侧芽均除去。

设立支柱　植株长高至30cm以上时，应在每一枝条旁边插一小竹竿，并用麻皮丝(或细线绳)绑扎固定，随着植株越长越高，应及时换上更长的竹竿，最后竹竿要顶在花蕾的

下部。

越冬保护　11 月间将地上部分剪除后搬进室内，可以原盆保存，也可将块根取出，晾 1~2 d 后，埋在室内微带潮气的砂土中，温度不超过 5℃，翌春再上盆栽植。

病虫害防治　白粉病应及时摘除病叶，用 50%代森铵水溶液 800 倍液或 70%托布津 1000 倍液进行喷雾防治。花腐病可用 0.5%波尔多液或 70%托布津 1500 倍液，每 7~10d 喷洒 1 次，有较好的防治效果。

3.4 乔木养护管理

3.4.1 概述

(1) 生态习性

① 温度　园林树木可以根据其原生地的气候带进行区分，温度是影响其分布的最主要因子。种植时应根据植物的原生地选择与之相似的种植区域。

② 光照　园林树木根据其光照适应性可分为喜光树木、中生树木和耐阴树木。种植时应根据阳光朝向配置相适应的树木。

③ 水分　园林树木可以根据对水分的适应程度分为耐旱树木、中性树木和耐涝树木。

④ 土壤　园林树木对土壤养分及 pH 的适应性有所不同，多数树木喜疏松透气、养分充足的土壤，但部分树木可适应相对贫瘠的土壤。树木对土壤的酸碱度适应性差异较大，可分为喜碱性土壤树木、喜酸性土壤树木和中性树木。但多数树木能够在 pH 为 6.5 左右的土壤中生长良好。

(2) 繁殖方法

① 有性繁殖　乔木的播种主要分秋冬播和春播。秋冬播掌握在土壤上冻前进行，播后浇封冻水。春播可在 3 月上旬至 4 月中旬进行。播种方法有点播、条播、撒播三种。播种后要马上浇水，对于小粒种子可采用浸盆法，以免种子浮起或被冲走。种子一旦发芽就要去掉覆盖物，并将其移至有阳光的地方。

② 无性繁殖

扦插繁殖　对乔木的最应用广泛的是枝插。枝插可以根据枝条的成熟度分为硬枝扦插和嫩枝扦插。先以应用更为广泛的硬枝扦插为例介绍具体过程。插条要选择生长健壮的幼龄母树上的 1 年生枝条，或选用 1~2 年生实生苗，插穗的长度一般为 10cm 左右，适当剪去枝条上的叶子，留取顶部 2~3 枚叶片，插穗的上口为平口，下部在背芽侧剪为 45°斜口，剪口要平整。

压条繁殖　压条是将下垂枝条刻伤后埋入土中，待土中的枝条生根后切离母株另行栽植的繁殖方法。压条繁殖可分为高空压条、普通压条、平卧压条及堆土压条等。

嫁接繁殖　是指把植物体的一部分(接穗)接合到另一植物体上，使其组织相互愈合后，培养成独立个体的繁殖方式。嫁接繁殖可以大大缩短植物的培养周期，提早开花，并能保持品种的优良特性，嫁接后的植株抗逆性增强，延长花期，提高观赏价值。苗木培育中最常用的是枝接和芽接两种嫁接方法。

3.4.2 常见园林树木养护管理实例

(1) 桂花(*Osmanthus fragrans*) 木犀科

① 生态习性 喜肥沃疏松、排灌良好、略带酸性的土壤。生长适温为20~30℃，极端低温不低于-8℃。喜阳光充足，应种植在向阳通风的地方(图3-20)。

图3-20 桂花

② 栽培要点

栽植时间 一年中以早春新芽萌发前或秋季花后种植为宜。

苗木选择 应选择树冠饱满、主干粗壮、侧枝分布均匀、无病虫害的健康苗木。

栽植前准备 桂花为常绿小乔木，采用带土球起苗，土球直径为胸径的8倍，高度是宽度的70%。注意保护好根系，断根伤口收平整，草绳捆扎土球，防止散落。栽植前修剪应维持冠形饱满。桂花萌枝力较弱，疏枝量不超过20%。

栽植技术 桂花不耐水涝，应种植在排水良好的缓坡地上，种植时，可在树池四周埋设一条塑料管以增加透气性。种植深度可比原地面高出10~15cm。

栽后养护 栽植后应在树池上形成中间高、四周低的土堆，避免积水，并做好支架支撑。

③ 养护要点

水肥管理 既要保持土壤湿润，又不可过涝。浇水时要见干见湿，切忌积水。桂花不耐肥，因此不可施太多太浓。在发芽和孕蕾期间应多施些含磷、钾的稀释肥水，以使枝条及花蕾生长健壮，尤其是在开花前几天，施些稀释肥水，会使花大、色艳、香味浓。

整枝技巧 树冠必须经不同程度的修剪，以保证水分代谢的平衡。桂花为假二叉分枝类型，容易形成丛生枝，应注意改善树冠内通风透光。

越冬防护 不耐寒，能耐受-5℃低温。可采用裹干、覆膜等方式越冬。

常见病虫害 主要病害为枯斑病和炭疽病。生长季节常有尺蠖吞食嫩叶，注意观察捕杀。

(2) 山茶(*Camellia japonica*) 山茶科

① 生态习性 选择温暖湿润环境和排水良好、疏松肥沃的砂质壤土。山茶喜温暖，怕寒，适宜生长温度为15~25℃。喜半阴，忌烈日(图3-21)。

图 3-21 山茶

② 栽培要点

栽植时间 一年之中把握好栽培技术均可种植，最佳种植时间为秋冬季休眠期至翌春花谢萌芽前。

苗木选择 选择冠形饱满、生长健壮、无病虫害的健康苗木。种植前需要对山茶的花、品种进行确认，符合设计要求。

栽植前准备 山茶枝叶茂密，在种植前应对树冠进行全冠式修剪，摘叶量在 1/3 左右。同时，如在花期或孕蕾期栽植，应摘除花朵与花蕾以减少养分消耗。起苗应用草绳对树冠部分进行束冠，土球大小为主干地径的 10 倍以上。

栽植技术 山茶不耐水涝，应种植在排水良好的缓坡地上，种植深度可比原地面高出 15~20cm。种植时应剪断草绳，扶正植株，并使土球与土壤紧密结合。定植后应及时浇好定根水，3~5d 后浇第二次水，10~15d 后浇第三次水。

栽后养护 新栽植的山茶可采用荫棚越夏，树干部分可采用裹干等方式保湿。

③ 养护要点

水肥管理 栽植时可施用足量基肥，之后半年内不宜施肥，待来年根系恢复后再行追肥。山茶喜肥，可在每年春季萌芽后施用氮肥，夏季施用磷钾肥，花前施用矾肥水，开花时再施用速效磷钾肥，可以保持花艳、花期长。

整枝技巧 山茶的主要观赏部位为花，应注意花芽的孕育，可通过摘心、短截等方式来促进花芽分化，同时花后及时疏除残花以免养分消耗。

越冬防护 山茶不耐寒，部分品种能耐受-8℃低温。地栽苗可采用覆膜的方式越冬。

常见病虫害 山茶易感染炭疽病、煤烟病、叶斑病、轮纹病等，可采用多菌灵 500 倍液、百菌清 800 倍液等进行防治，平时要注意环境的通风。虫害以螨虫、蚜虫、介壳虫、卷叶蛾等常见虫害为主，可采用久效磷 25mL 兑 15kg 水进行喷雾，应对蚜虫可采用 40% 氧化乐果 1000 倍液进行防治。

(3) 白玉兰(*Magnolia denudate*) 木兰科

① 生态习性 喜肥沃、湿润且排水良好的弱酸性土壤(pH 5~6)，稍耐弱碱性土壤。具有一定的耐寒性，能在-20℃条件下越冬。喜光，稍耐阴(图 3-22)。

② 栽培要点

栽植时间 白玉兰为落叶乔木，适宜在仲秋栽植，春季则选在花前半个月左右种植。

图 3-22　白玉兰

北方地区忌在晚秋或冬季移栽。

苗木选择　应选择生长良好、主干通直、主侧枝分布均匀、顶梢完好、无病虫害的健康苗木。

栽植前准备　带土球起苗，土球直径为胸径的 6~8 倍。注意保护好根系，断根伤口收平整，草绳捆扎土球，防止散落。起苗前修剪应采用全株式修剪法，剪去病虫枝、畸形枝、结构干扰枝等，修剪量为 1/3，保留树冠基本外形和结构。

栽植技术　提前准备好树木的定植空间。根系可生长范围应大于树木的冠幅。种植穴应大于土球直径的 30~40cm，深度比土球深度深 30cm。穴底施用腐熟的基肥，种植深度略高于根颈处 2~3cm，不超过根颈处以上 5cm。

栽后养护　栽植后做围堰，浇透水，封土。7d 后浇第二次水，并做好支架支撑。

③ 养护要点

水肥管理　白玉兰喜肥，宜在花前、花芽分化期(5~6 月)、入秋前追肥，并根据不同时期的生长需求，分别施用富氮肥或磷钾肥。白玉兰不耐涝，要注意保持种植池内不积水，入秋后减少水分以利越冬。

整枝技巧　修剪一般在花后进行，若花后不留种，应将残花和蓇葖果及时剪除，以免消耗养分。对枝条结构的整形，以轻短截为主，保持树冠内通风透光、树形优美。

越冬防护　可采用裹干、覆膜等方式越冬。

常见病虫害　病虫害较少，常见病害有炭疽病、黄化病、黑斑病等，虫害有大蓑蛾、霜天蛾等。可结合实际情况综合防治。

(4) 银杏(*Ginkgo biloba*)　银杏科

① 生态习性　银杏对土壤要求不严，在弱酸、弱碱性土壤中均能生长，尤适合在湿润、排水良好的土壤中生长。较耐寒，能耐受-20℃的低温。喜光，稍耐阴(图 3-23)。

② 栽培要点

栽植时间　银杏宜在休眠期种植，通常指在秋季落叶后至翌春发芽前。

苗木选择　园林种植的银杏通常选择雄株，主干明显，生长健壮，芽饱满，茎干无干缩、皱皮、损伤的植株。

栽植前准备　银杏可裸根或带土球种植。裸根苗需要裹泥浆保水；带土球苗的土球直径为胸径的 6~8 倍。银杏生长缓慢，移栽前的修剪以轻剪为主，注意保持树形。

栽植技术　种植穴规格根据苗木根系大小或土球大小而定，一般宽度大于土球或根系范围 30~40cm，深度高出 30cm 左右。银杏宜浅埋，深埋则不易发根，种植时宜将新土覆盖于原土球持平处或根颈处 5cm 以内。

栽后养护　栽植后做好支架支撑，休眠期栽植应保墒保水。

③ 养护要点

水肥管理　银杏较耐贫瘠，只需每年根据生长情况在春秋季施肥即可。水分管理应注意避免积水，如遇雨季积水，应及时开挖排水沟。

整枝技巧　银杏主干发达，修剪以保护顶梢、发展骨干枝为主。修剪时枝顶不可短截。

越冬防护　可采用裹干、涂白等方式越冬。

常见病虫害　病虫害较少，常见病害有根腐病和叶枯病等，多因根部积水或树势衰弱引起，平时注意排涝和养分管理。虫害有银杏大蚕蛾、银杏超小卷叶蛾等，可结合实际情况综合防治。

图 3-23　银杏

图 3-24　大王椰子

(5) 大王椰子(*Roystonea regia*)　棕榈科

① 生态习性　大王椰子的种植以疏松、湿润、排水良好、土层肥沃的土壤为佳，喜酸性土壤。不耐寒，0℃以下即遭冻害，适宜在 20~25℃生长。喜光，需种植在阳光充足的区域(图 3-24)。

② 栽培要点

栽植时间　大王椰子喜温暖，应选 4~5 月和 8~10 月的气候条件下栽植，这时气温适宜，栽后成活率较高。

苗木选择　选择自然高度在 3~3.5m 的苗木，茎干通直、生长健壮、根系粗壮的苗木。

栽植前准备　大王椰子选用带土球移栽，土球大小为树木地径的 3~4 倍，土球深度应大于根系分布区域，呈圆球形。

栽植技术　种植穴应比土球大 30~40cm，深度大于土球的 20~30cm。种植时应保持树干直立，土壤夯实。

栽后养护　栽植后浇透水，并注意种植初期的水分供应。做好支架支撑，确保大王椰子生长方向直立向上。

③ 养护要点

水肥管理　保持树体水分平衡，在种植初期夏季可适当用荫棚遮阳。生长旺季要每天浇水，根据生长情况追施氮肥、入秋后施用磷钾肥。

整枝技巧　大王椰子整枝以修剪残老枝为主，保护顶芽。尤其是要在台风季节注意对树上的残枝、挂枝进行清除，以免大枝掉落砸伤行人。

越冬防护　可采用裹干、覆土、地面覆盖等方式越冬。北方地区的盆栽苗可移至温室。

常见病虫害　大王椰子易感染干腐病、心腐病、叶斑病、褐斑病、霜霉病等，可通过改善种植环境的通风透光性，增施钾肥来增强植株的抗性。

3.5　灌木养护管理

3.5.1　概述

(1) 生态习性

① 温度　不同种类的灌木耐寒性有很大差别。

② 光照　灌木大多喜光，稍耐阴，生长期要有充足的光照。

③ 水分　灌木为丛生根系，多数不耐涝，土壤以湿润为宜。

④ 土壤　灌木大多喜质地疏松、排水良好、肥沃的土壤。

(2) 繁殖要点

① 扦插繁殖　多采用扦插繁殖。选取合适的插穗进行扦插，注意控制湿度和温度，待其生根即可成苗。

② 嫁接繁殖　选取合适的砧木，将砧木与接穗紧密结合，待其伤口愈合成活即可成株。

(3) 养护管理

① 浇水　要保证灌木根部土壤湿润；雨天要注意排水，以防灌木根部积水；浇水时水温尽量不要与环境温度相差太大。

② 施肥　施肥种类可以按植物的生长情况进行合理施肥；施肥量可以根据灌木的种类、树龄、生长期以及土壤理化性状等条件来确定。观花、观果类灌木可以适当增施磷肥和钾肥；观叶类灌木可以适当增施氮肥。施肥适合在晴而无风的天气下进行，施后及时浇水。

③ 修剪　应遵循“先上后下，先内后外，去弱留强，去老留新”的原则。观叶类灌木修剪应使枝叶分布均匀，多留枝条，疏除过密枝、病枝和枯枝。春季开花的灌木，如连翘(*Forsythia suspensa*)、迎春花(*Jasminum nudiflorum*)、樱花(*Cerasus serrulata*)等，修剪应当在开花后进行，主要以疏剪整形为主；夏秋开花的灌木，如木槿(*Hibiscus syriacus*)、紫薇

(*Lagerstroemia indica*)、珍珠梅(*Sorbaria sorbifolia*)等，除剪除过密枝、病枝和枯枝外，对剩下的枝条可弱枝重剪，壮枝轻剪，每个枝条上留4~6个芽即可；一年多次开花的灌木，如月季花(*Rosa chinensis*)，当花谢后，应当立即进行修剪，促使剪口下面的腋芽萌发，进而抽生新的花枝，为再次开花做准备；多年生枝条开花的灌木，如紫荆(*Cercis chinensis*)、贴梗海棠(*Chaenomeles speciosa*)等，应注意培育和保护老枝；既能观花又能观果的灌木，如金银木(*Lonicera maackii*)、忍冬(*Lonicera japonica*)，为了不影响观果，花后可不必修剪，但可适当剪除一些过密枝，使之通风透光，更好结果。

④ 中耕除草　要及时铲除灌木旁的杂草和缠绕在灌木上的藤蔓植物。中耕除草适宜在晴朗的天气下进行，尽量避免在土壤潮湿状态下进行。

⑤ 病虫害防治　种植时，应当选择生长旺盛、健壮，有一定抗病虫害能力的植株。病虫害防治可以采用清理枯枝、病叶、树干涂白等物理方法，也可以采用喷洒农药或者使用其他化学药剂等化学方法来减少病虫害。清除的病叶和枝，要集中处理，避免病虫害复发。

3.5.2 常见园林灌木养护管理实例

(1) 毛杜鹃(*Rhododendron × pulchrum*)　杜鹃花科

①生态习性　最适生长温度为15~25℃。喜疏阴，忌暴晒。有一定耐旱性。土壤以肥沃、疏松、排水良好的酸性砂质壤土为宜(图3-25)。

② 繁殖方式　以扦插繁殖为主。一般在初夏或秋后，选取当年生半木质化的枝条作插穗，长5~10cm，在25℃条件下，1个月左右就可以生根。

图3-25　毛杜鹃

③ 养护管理

浇水　杜鹃花喜阴湿，浇水时可等土壤七成干时浇透，切忌不能太干。喜酸性土壤，可以浇水时加入0.2%的硫酸亚铁，保证土壤呈酸性。

施肥　杜鹃花喜肥，在开花后，每隔10d施1次薄肥。施肥要在土壤干后进行，施肥后再用水冲淋，施肥要遵循薄肥勤施的原则。

修剪　杜鹃花萌发力强，若生长过旺，可以适当修剪，疏去花蕾。在花后，可减去密枝、细弱枝、徒长枝。

病虫害防治　杜鹃常见的虫害为红蜘蛛。平时应仔细检查叶背，个别叶片受害，可摘除虫叶；较多叶片发生时，应及早喷药，可用40%三氯杀螨醇乳油1000倍液进行喷杀。主要的病害为褐斑病。若发现病叶，要及时摘除。可用70%甲基托布津可湿性粉剂1000倍稀释液进行防治，每10~14d喷施1次，连续喷施2~3次防治效果较好。

(2) 红花檵木(*Loropetalum chinense* var. *rubrum*)　金缕梅科

① 生态习性　喜温暖，地栽能耐-12℃低温和能抗43℃的高温。喜半阴，在阳光充足的条件下，叶色、花色鲜艳，开花多；而在庇荫处，花色和叶色暗淡，且开花较少。喜湿润，也耐旱。适宜在肥沃、湿润的微酸性土壤中生长(图3-26)。

图3-26　红花檵木

② 繁殖方式　以扦插繁殖为主，也可以采用种子繁殖和嫁接繁殖。在春、夏、秋三季均可扦插。当新梢停止生长时，剪取半木质化的枝条为插穗。扦插后注意保持湿度，以提高成活率。

③ 养护管理　病害以黑斑病和苗木立枯病为主。

黑斑病　可喷施70%甲基托布津1000倍液或75%百菌清800~1000倍液。

苗木立枯病　可在移栽或种前每平方米用40%甲醛50mL兑水6kg进行土壤消毒。

虫害主要为蚜虫、介壳虫和红蜘蛛。

蚜虫防治　可在萌芽前喷5%柴油乳剂杀死越冬成虫和虫卵，在植株开花前，若虫大部分孵化时喷第一次药，花落后喷第二次药。

介壳虫防治　喷敌敌畏乳油或敌百虫800倍液。

红蜘蛛防治　喷73%克螨特乳油1500~3000倍液。

图3-27　假连翘

(3) 假连翘(*Duranta erecta*)　马鞭草科

① 生态习性　喜温暖，抗寒能力较差。遇5~6℃低温或短期霜冻，植株易受寒害。喜光，种植地以避风向阳为宜。耐水湿、不耐干旱。喜肥，不耐贫瘠，适合在排水良好的土壤上栽种(图3-27)。

② 繁殖方式

扦插繁殖　以扦插繁殖为主。可在秋冬季进行扦插，选取当年生半木质化的健壮枝条，剪成10~15cm长的小段作为插穗，扦插后，一般10d左右即可生根。

种子繁殖　假连翘的种子无休眠，随采随播。在我国南方地区，一年四季均可进行种子繁殖。

③ 养护管理

浇水　生长期水分供应要充足。

施肥　每半个月左右追施1次液肥。

修剪　花后要进行修剪，剪去徒长枝、交叉枝、病枝等。

病虫害防治　假连翘性强健，生长期病虫害防治较少。注意季节性发生的蚜虫在每年的3月初和10月前后危害嫩梢，可用10%吡虫啉可湿性粉剂3000~5000倍液或3%莫比朗乳油2000~2500倍液交替喷雾2~3次。

（4）小蜡（*Ligustrum sinense*）　木犀科

① 生态习性　性强健，喜温暖，较耐寒；喜光，稍耐阴。喜湿润，耐干旱。对土壤要求不严，但在深厚、肥沃而排水良好的土壤上生长旺盛(图3-28)。

图3-28　小蜡

② 繁殖方式

种子繁殖　一般在2月进行播种，4月中旬发芽出土，当年苗高30cm。

扦插繁殖　休眠枝扦插在2~3月进行，选生长健壮的1~2年生枝作插穗。嫩枝扦插可于6~7月进行，插穗长10~12cm，上端留叶2对，插入土中2/3，随即搭棚遮阴，插后1个月可发根。

③ 养护管理

浇水　生长期注意浇水，特别是6~8月高温季节，宜半个月浇水1次。

施肥　春夏季节可追施一定量的复合肥或有机肥。

④ 修剪　对枝条多而细的植株应强剪，疏除部分枝条；对枝少而粗的植株轻剪长留，促进多萌发花枝。树冠较小者可以对1年生枝进行短截，扩大树冠；树冠较大者重剪主枝，以侧代主，缓和树势。冬季以整形为目的，疏除部分密生枝及无用枝，保证生长空间，促进新枝发育。对于用作造型的树种一年要修剪1~2次，如用作绿篱，更应该经常修剪，以保持良好的形态。

病虫害防治　危害小蜡的病虫害主要有女贞尺蛾、卷叶蛾、白蜡蚧、锈病等。

发生女贞尺蛾、卷叶蛾时，可喷施25%灭幼脲2000~2500倍液，或20%米满悬浮剂1500~2000倍液，或50%辛硫磷2500倍液等药物。

对于白蜡蚧危害，若在虫孵化盛期，在未形成蜡质或刚开始形成蜡质层时，向枝叶喷施6%吡虫啉可溶性液剂1000倍液，或5%啶虫脒乳油2000~2500倍液，或25%高渗苯氧威可湿性粉剂800~1000倍液，上述3种药剂交替使用，每隔7~10d喷洒1次，连续喷洒2~3次。

对于锈病，发生时应及时清除病落叶，并在发病期喷洒70%甲基托布津可湿性粉剂1000~1200倍液，或50%多菌灵可湿性粉剂500~700倍液等药剂。

(5) 米仔兰(*Aglaia odorata*)　楝科

图3-29　米仔兰

① 生态习性　喜温暖，不耐寒，适宜在12℃以上的温度中生长。幼时耐阴蔽，长大后喜阳光充足的环境。适合生于肥沃、疏松、富含腐殖质的微酸性砂质土中(图3-29)。

② 繁殖方式

扦插繁殖　4月下旬至6月中旬，剪取1年生木质化的枝条进行扦插，1~2个月即可生根。

压条繁殖　在4~8月，选择1年生健壮枝条，进行1cm宽的环状剥皮，伤口用基质进行包裹，2个月左右会在包裹的部分生根。

③ 养护管理

浇水　在生长期，要保持土壤湿度。夏季高温天气，可每天对叶面喷水1~2次。

施肥　生长期可施用氮肥；花期施加磷钾肥，促进开花，10~15d施1次为宜。

修剪　在晴天的上午，进行摘心打顶和疏蕾。强枝要去除部分侧枝，弱枝要进行摘心或短截，促进发枝。

米仔兰发花性强。在花芽形成时，摘除约1/2的花，有利于调节营养生长和生殖生长之间对养分的争夺。

病虫害防治　病害主要是叶斑病和炭疽病，可喷洒70%甲基托布津可湿性粉剂1000倍液。虫害主要有介壳虫、红蜘蛛、蚜虫、螨虫、卷叶蛾。介壳虫和红蜘蛛，可用1000~2000倍液乐果喷杀。蚜虫、螨虫可用蚜螨杀进行处理。卷叶蛾的幼虫食害叶片，应及时进行人工捕杀或喷药防治。

(6) 月季(*Rosa chinensis*)　蔷薇科

① 生态习性　较耐寒、一般品种可耐-15℃低温，多数品种最适温度为 15~26℃。喜光照，但盛夏需要适当遮阴，因为光照过强会使花色暗淡。喜湿润，忌积水，稍耐旱，空气相对湿度维持在 70%~80%为宜。对土壤要求不严，以富含有机质、肥沃、疏松的微酸性土壤为宜(图 3-30)。

图 3-30　月季

② 繁殖方式

扦插繁殖　以嫩枝扦插为主，插穗长 10cm，插入备好的插床中。如果能提供 18~28℃温度条件，则四季均可扦插。

嫁接繁殖　常采用“T”字形芽接进行嫁接。选择根系发达、强健的蔷薇作砧木。

③ 养护管理

浇水　浇水时把握“见干见湿，浇则浇透”的原则。在夏季，保持半干状态。冬季进入休眠期前，要控制浇水；完全休眠时，要避免浇水。

施肥　冬季修剪后到萌芽前进行施肥。春季开始展叶时，新根大量生长，不能使用浓肥，以免新根受损，影响生长。生长季节也要多次施肥。5 月开花后，要及时施肥，以促进后续的开花。秋末应控制施肥，以防秋梢过旺生长受到霜冻。

修剪　1 年生植株在其主枝出现花蕾时进行摘心，使主枝中下部的叶腋可以抽枝为开花枝。多年生植株在冬季落叶前对 3~4 个生长健壮的主枝进行短截，使翌春能长出更多粗枝。平常修剪要注意剪除全部的病枝、干枯枝和弱枝，剪除使植株偏向生长的分枝，保证植株能有充足的光照。

病虫害防治　月季常见的病害有黑斑病、白粉病、枯枝病、根瘤病等。病害以预防为主。在高温、高湿或阴雨季节，定期喷施杀菌药物。在苗木进入休眠阶段，喷施石硫合剂进行全面杀菌。主要的害虫有蚜虫、红蜘蛛、介壳虫等。

(7) 茉莉(*Jasminum sambac*)　木犀科

① 生态习性　喜温暖，不耐寒，在冬季低于 3℃时容易受冻害，开花最适温度为 25~37℃；喜光，生长期要保证充足的光照；喜湿润；喜疏松、肥沃、排水良好的酸性土壤(图 3-31)。

图 3-31 茉莉

② 繁殖方式

扦插繁殖 在 5~6 月，选取成熟的 1 年生枝条进行扦插，保持较高的空气湿度，40 d左右即可生根。

压条繁殖 选取较长的枝条，在节下刻伤后埋入砂土中，保持一定湿度，1 个月左右即可生根。

③ 养护管理

浇水 茉莉喜湿，要注意保持盆土湿润。盛夏时节，每天早、晚各浇 1 次水。冬季需要控制浇水，不能使盆土过湿。在盛花期，为了延长花期，可适当控制浇水。随着气温降低，也要逐渐控制浇水。

施肥 茉莉喜肥，在花期可以每周施 1 次稀释的肥水。9 月上旬，要停止施肥，以提高枝条成熟度，顺利越冬。

修剪 盆栽茉莉一般 1~2 年换 1 次盆土，时间一般在 4 月中旬。换盆前，要对植株进行修剪，1 年生枝条只保留 10cm 左右，并且剪掉枯枝和过密、过细的枝条。在生长期，要适当修剪生长过密的老叶。花谢后，要及时去除残花和枯枝。

病虫害防治 茉莉容易发生黄叶现象，原因有养分供应不足、浇水过多或施肥太浓导致根部受损、土壤和肥水偏碱等。这时，需要根据具体情况进行合适的养护。茉莉的虫害主要有卷叶蛾和红蜘蛛，危害其顶梢嫩叶；主要病害为白绢病、炭疽病、叶斑病以及煤烟病，要注意及时防治。

(8) 南天竹(*Nandina domestica*) 小檗科

① 生态习性 喜温暖，较耐寒，在 20~25℃下生长良好。喜半阴，在强光下生长不良。若种在过于阴蔽处，则茎细叶长，株丛松散，难以结实。对水分要求不严格，既能耐湿也能耐旱。喜肥沃、排水良好的砂质壤土(图 3-32)。

② 繁殖方式 可以种子繁殖、扦插繁殖和分株繁殖。

种子繁殖 播种后约 3 个月发芽，3~4 年后才能开花结果。

扦插繁殖 一般在 2~3 月，选取 1~2 年生粗壮、无病虫害的茎干作为插穗，截成 10~15 cm 的小段，插入土中，进行遮阳、保湿。待插穗生根发芽后，再松土施肥。

分株繁殖 在春秋季节，将丛生状的植株从根基结合处按每 3 个萌蘖一丛进行分株，剪去一些较大的羽状复叶，定植，待新根长出后，即可松土施肥。

图 3-32 南天竹

③ 养护管理

浇水　夏季，要经常给南天竹土壤浇水，保持湿度。在花期，不能浇水过多，避免引起花朵脱落。秋冬季节，适当浇少量水即可。

施肥　在花期，可喷施 2 次 0.2%磷酸二氢钾溶液。

修剪　南天竹在生长期间，根茎部位会萌发出很多细枝条。要及时剪掉不需要的枝条，确保树形美观。每年秋后，要进行 1 次全面修枝整形，剪掉病虫枝、过长枝、弱短枝、老龄枝等，使植株矮化和利于翌年初萌发新枝。

病虫害防治　常见的病害和虫害有红斑病、炭疽病和尺蛾。在红斑病发生前，用 70%代森锰锌可湿性粉剂 500 倍液喷雾，可有效预防病害发生。在红斑病发生后，应将全部病叶摘掉，并集中销毁。若发生炭疽病，需要清除病叶，集中烧毁，控制炭疽病扩散；并用 50%甲基硫菌灵可湿性粉剂 500 倍液，每隔 10d 喷雾 1 次，连喷 3 次，即可有效防治。在早春或晚秋，采取人工挖蛹来消灭尺蛾；在成虫羽化期，采用黑光灯诱杀；也可用药剂防治，在幼虫 4 龄前，用 90%敌百虫可溶性粉剂 300 倍液来灭杀。

3.6　藤本植物的养护管理

3.6.1　概述

(1) 生态习性

① 温度　藤本植物适应性强、喜温暖。大多具有一定的耐寒能力，如常春藤(*Hedera nepalensis* var. *sinensis*)、爬山虎(*Parthenocissus tricuspidata*)、紫藤(*Wisteria sinensis*)、金银花(*Lonicera japonica*)、凌霄(*Campsis grandiflora*)等，部分藤本如茑萝(*Quamoclit pennata*)、大花牵牛(*Pharbitis limbata*)、龙吐珠(*Clerodendrum thomsoniae*)等不耐寒。

② 光照　藤本植物喜光，有一定的耐阴能力。

③ 水分　藤本植物大多性强健，具有一定的耐旱能力而不耐涝。

④ 土壤　藤本植物对土壤要求不严，在深厚、疏松肥沃、排水良好的土壤中生长最好。

(2) 繁殖要点

① 种子繁殖　一般在春季进行播种，多采用条播和撒播的方式。

② 扦插繁殖　藤本植物萌芽能力强，只要温度适合，任何时段均可进行扦插。选取健壮、无病虫害、成熟的半木质化插穗为宜。

③ 压条繁殖　大多数藤本可以将其枝条压入土层中，其茎节处可以生根。一般在春季，将枝条压入土中，待其生根，切离分栽。压条之后需要时常浇水，不能使其缺水。

(3) 养护管理

① 浇水　藤本植物生长时期及在保水能力差的土壤中，浇水的次数和数量应适量增加。冬季要注意初冻水的浇灌，以利于植物安全越冬。

② 施肥　应在春季萌芽后至当年秋季进行施肥。藤本植物追肥可分为根部追肥和叶面追肥两种：根部施肥每 2 周 1 次，以混合肥为宜；叶面施肥可以每年 4~5 次，施肥后应

及时浇水。

③ 牵引与修剪　藤本植物每年要整理一次，清除枯死的藤蔓，理顺攀爬方向，并根据不同生长类型和使用方法及时牵引。

修剪多在休眠期或生长期进行。对于不耐寒的藤本，每年都需要去除病、老、弱枝，选留健壮枝。对于耐寒类，可以隔几年再对病、老枝或过密枝进行修剪。

藤本植物根据其应用方式的不同，有不同的修剪牵引方式。例如，凉廊式应用的藤本，主蔓不宜过早攀爬于廊顶，应修剪来促生侧蔓，使之均匀布满格架后，再引至廊顶。

④ 中耕除草　适时中耕，保持土壤疏松、通气良好，及时清除周围杂草。

⑤ 病虫害防治　藤本植物的主要病虫害有蚜虫、螨类、叶蝉、天蛾、白粉病等。发现病症要及时防治，清理病叶、枯枝、杂草等，防止病虫扩散、蔓延。

3.6.2　常见园林藤本植物养护管理实例

(1) 蔷薇(*Rosa multiflora*)　蔷薇科

① 生态习性　喜温暖，耐寒冷。喜阳光，耐半阴。有一定耐旱能力，忌积水。喜肥沃、排水良好的中性土壤(图 3-33)。

② 繁殖方法　播种、扦插和压条繁殖法均可。

③ 养护管理

浇水　干透后再浇水。

图 3-33　蔷薇

施肥　在开花前，施氮磷结合肥 1～2 次；盛花期忌施肥；花后再追 1 次肥；12 月可施有机肥帮助越冬。

修剪　夏季进行造型修剪，主要修剪嫩稍枝，使植株成景，就具有一定的造型。冬季修剪病虫枝、干枯枝、徒长枝、过密枝或弯曲枝，使植株同风透光。修剪一般在叶芽萌动前进行。冬季修剪后喷湿 1.02kg/L 石硫合剂杀死越冬的病菌。

病虫害防治　常见的虫害有蚜虫、刺蛾等，可用 10%除虫精乳油 2000 倍液进行喷杀。常见病害有白粉病和黑斑病，可用 70%甲基托布津可湿性粉剂 1000 倍液，25%粉绣宁 1500～2000 倍液，每 15～20d 喷洒 1 次可有效防治。

(2) 络石(*Trachelospermum jasminoides*)　夹竹桃科

① 生态习性　性喜温暖，喜明亮散射光线，不喜强光。具有较强的耐干旱、耐寒的能力。对土壤要求不严，喜疏松肥沃、腐殖质高的微酸性土壤(图 3-34)。

图 3-34　络石

② 繁殖方法

种子繁殖　在 2～3 月采用条播，覆土 1cm 左右，成苗率高。

扦插繁殖　以扦插繁殖为主，四季均可扦插，其中 6～7 月的半木质化枝条作插穗成活率最高。插穗一般剪成 3～5cm，具 2～3 节，15～20d 后即可生根，1 个月左右可成苗。

压条繁殖　春、夏季将嫩枝压入土中约 2～3cm，节与节间即可生根成新植株。

③ 养护管理

浇水　浇水的原则是“见干见湿”。络石不能种植于低洼地，否则容易积水烂根。

施肥　一般络石春秋季各施一次氮磷钾复合肥即可，冬夏不施肥。欲使络石花繁似锦，可多施磷钾肥，少用氮肥。

修剪　络石萌芽力强，耐修剪。在秋季，可进行适当重剪，促进其分枝。

病虫害防治　络石的病虫害主要有炭疽病、叶斑病、蚜虫、斜纹夜蛾等。本着“预防为主，综合防治”的原则，要适当修剪，保证通风、提高植株抗性来减少病虫的发生。

(3) 洋常春藤(*Hedera helix*)　五加科

① 生态习性　喜温暖、能耐 0℃低温。喜冷凉、阴蔽的环境。喜湿润，不耐旱。对土壤要求不严，有一定的耐盐能力，以湿润、含腐殖质高的土壤为宜(图 3-35)。

② 繁殖方法　以扦插繁殖为主。除冬季以外均可进行扦插繁殖，插穗以 1～2 年生枝条为宜，约 20d 生根。

图 3-35　洋常春藤

③ 养护管理

浇水　保证土壤湿润，见干见湿。春季和冬季空气干燥，每周都要向叶面喷水来增加空气湿度。

施肥　在生长旺季，可每隔 2~3 周喷施 1 次 0.2%磷酸二氢钾液肥。施肥不能过勤，以防徒长，节间变长。夏季高温期和冬季休眠期应停止施肥。

修剪　为促使枝蔓向上发展，可以适当摘心，使其萌发侧枝。

病虫害防治　病害主要有叶斑病、炭疽病、细菌叶腐病、叶斑病、根腐病、疫病等。虫害以卷叶虫螟、介壳虫和红蜘蛛的危害较为严重。

(4) 金银花(*Lonicera japonica*)　忍冬科

① 生态习性　喜温暖，耐寒性不强。喜光，但也耐阴。耐旱也能耐水湿。对土壤要求不严，喜湿润、肥沃的砂壤土(图 3-36)。

② 繁殖方法

扦插繁殖　以扦插繁殖为主。除寒冬外，一年其余时间均可进行。选择 1 年生健壮枝条，截取 15~20cm的插穗，插入土中，浇透水，2~3 周即可生根。

分株繁殖　分株一般在春秋两季进行。

压条繁殖　压条适合在 6~10 月进行。

③ 养护管理

施肥　春季开花前，要施足基肥。花后应追施，以氮肥为主的肥料。每年入冬前，可在根周围施有机肥 1 次；入冬后，在根茎部培土防寒。

图 3-36　金银花

修剪　早春修剪掉老枝、枯残枝，使营养集中，促健壮生长。

病虫害防治　干热季节，通风不良易生蚜虫，可以适当疏枝，加强通风，并用0.1%乐果喷杀。

(5) 飘香藤(*Mandevilla sanderi*)　夹竹桃科

① 生态习性　喜温暖，生长适温为20~30℃。喜阳光充足的环境，稍耐阴，光照不足会使开花减少。喜湿润，不耐涝，忌积水。对土壤适应性较强，以富含腐殖质排水良好的砂质壤土为佳(图3-37)。

图3-37　飘香藤

② 繁殖方法　一般采用扦插繁殖，可在春、夏、秋季进行扦插，扦插极易成活，也可使用组织培养进行快速繁殖。

③ 养护管理

浇水　不宜种植过于低洼的场所，避免积水引起植物生长不良。浇水要适量，便于形成发达的根系。

施肥　在生长期，可以适量追施复合肥3~5次，但需要控制氮肥施用量，避免营养生长过旺而抑制生殖生长，减少开花。

修剪　一般在花后进行修剪，对1~2年生枝条进行轻剪。而多年生老枝可于春季进行强剪，促进萌发新枝。

病虫害防治　病害主要是根腐病和茎腐病。红蜘蛛和粉虱是危害最大的虫害，可用吡虫啉等进行防治。

(6) 五叶地锦(*Parthenocissus quinquefolia*)　葡萄科

① 生态习性　喜温暖，耐寒、耐热。耐阴，需要一定的阳光。耐旱、在干燥的条件下也能生存。耐贫瘠，对土壤要求不严，在中性和碱性的土壤中均可生长。具有一定的抗盐碱能力(图3-38)。

② 繁殖方法

扦插繁殖　一般采用春季扦插育苗，即将枝蔓剪成长10~12cm的插穗，扦插后，每天浇水2~3次，成活率很高。也可在夏季采用嫩枝扦插的方法，但冬季需做好防寒措施。

压条繁殖　在夏季采取波状或水平状压条的方法，也可得到新植株。

图 3-38　五叶地锦

③ 养护管理

浇水　在生长期及开花期，需要吸取较多的水分。在夏季，要及时浇水。浇水要一次浇透、浇足。

施肥　在生长期，可根据植物生长情况，合理追肥。8 月底，应停止施肥，以防养料过多，植株疯长，造成冻害。

修剪　一般在冬季整枝修剪，主要是修剪掉一些枯枝、过密枝及病虫枝，促使成活枝更好地生长。对 1~3 年生的枝条进行重剪，促其多发侧枝；将近地处基部侧枝拉下进行水平或波状压条，使其萌生新蔓。

病虫害防治　五叶地锦的抗逆性强，遭受病害和虫害的侵袭较少。加强养护管理，一般不容易发生病虫害。

3.7　草坪草养护管理

3.7.1　概述

草坪景观注重的是"三分种、七分养"。如果草坪景观未维护得当，既达不到建植所要求的良好效果，又容易出现杂草丛生、草坪退化等现象，极大地影响原有的景观及其周边环境。

(1) 生态习性

① 温度　总体来说，冷型草坪植物最适温度范围 15~25℃，暖型草坪草最适生长温度 26~32 ℃。一个地区的月平均最低温度和最高温度与该草坪草能否在此正常生长发育有着密切关系。在养护管理中，温度与有害昆虫、菌类的发生又有着极密切的关系。

② 光照　草坪一般要建植在光照条件良好的地方，如果与林木或灌木结合建植，林木应该尽量稀疏，以保证必需的光照。如果草坪本身生长过高、过密或者枯草层过厚会影响草坪的光照，严重时会引起草坪的退化死亡，需要采取如修剪、打孔、穿刺等措施予以改善，以保证草坪草生长发育所需光照。

③ 水分　保证草坪水分的供给，是形成优质草坪的必要条件。但是过多的水分往往容易诱发病害，过高的土壤湿度也不利于根系生长。

④ 土壤　草坪土壤中有机质的含量一般应在 2% 以上，如果不足，可以通过施用有机肥或泥炭加以补充。

(2) 基础养护措施

草坪维护首先做好三项工作：修剪、灌溉与施肥。

① 修剪　草坪的修剪工作是草坪景观维护中最复杂、最耗时的工作，需要使用特定的修剪机械，同时修剪的质量会影响草坪景观与草坪草的生长。修剪草坪必须遵循三分之

一的原则，即每次修剪的草坪高度不能超过草坪草纵向高度的三分之一。这样操作才能确保草坪草的良好生长，保证景观效果。

频繁的修剪草坪草能有效地控制杂草的生长，如果再结合草坪打孔、穿刺等通气措施，可以增强根系的通气性，改善草坪的水肥供给条件。

② 灌溉　草坪建植后首次灌溉应及时充足，之后灌溉频率需依据当地的气候状况而定。如福州地区主要为酸性红壤土质，春秋季节降水量较多，闷热潮湿的气候环境使得草种生长旺盛，因此，在草坪生长季节，水分供给的频率和水量应该根据降水情况而定，过多的水分和湿度会滋生病虫害。

③ 施肥　一般以磷、钾肥为主，对于长势不足的草坪，可少量辅以氮肥。但在施肥时需注意水肥施用均匀度，保证草坪整体长势一致，才能保证草坪景观的美观。

总之，草坪的养护工作主要是定期修剪、适当浇水、合理施肥。这些都是保证草坪景观维护的基础工作。另外，要加强病虫害、杂草的防治工作，改善草坪的通气状况，才能保证草坪景观的美观性与使用的持久性。

3.7.2 常见草坪草养护管理实例

杂交狗牙根(*C. dactylon* × *C. transvadlensis*)　禾本科

别名天堂草。是美国杂交狗牙根 Tifton 系列的简称。常见品种有‘矮脚虎’(Tifdwarf)、‘老鹰草’(Tifeagle)、‘天堂 328’(Tifgreen328)、‘天堂 419’(Tifgreen419)。

① 生态习性　一般需要在光照充足地点种植，可形成茁壮的、侵袭性强、高密度的草坪，具有强大的根状茎、匍匐茎，可以形成致密的草皮，须根系分布广而深。冬季易褪色，耐低修剪，一般 1.3~2.5cm，有的品种可达 6mm。营养繁殖为主，养护精细，修剪频繁时应增施氮肥和及时补充水分。常用于高尔夫球场果岭、球道、发球台以及足球场、草地网球场等。

② 高尔夫球场果岭的特殊养护管理

修剪　果岭草坪草要求修剪相当精细，必须使用专用的修剪机，即滚刀修剪机。通常使用手扶式果岭修剪机。剪草次数建植初期每周 1~2 次，随着果岭草坪的形成加密到每日 1 次。一般参考高度在 3~3.6mm。剪草的方向通常每次都要改变，可设计成时钟刻度的方向，例如，12：00 对 6：00，3：00 对 9：00，4：30 对 10：30，最后是 1：30 对 7：30 四个方向，当这四个方向结束一轮以后，再重复循环，以此减少单向分蘖芽的产生。

灌溉　频繁的灌溉是果岭日常养护必不可少的工作内容。浇水的时间宜在晚上或未使用前的清晨进行，一般水量能渗透 15~20cm 即可。

施肥　一般氮肥 4~7g/m^2；在每个生长月中要施 1~2 次。钾肥的需求量为氮肥的 50%~80%；磷肥在春季和夏末秋初进行。总的施肥原则是重氮肥、轻磷钾。氮肥的施用量比磷钾肥的 2 倍还多。

病虫害及杂草防治　在易于生病的季节，特别是南方夏季，高温高湿的环境下，果岭至少要每周或每 2 周喷杀菌剂 1 次。鼹鼠及蚯蚓对果岭的危害也时常发生，一般采用人工捕杀的方法。

一般的杂草因难以适应频繁低修剪。因此，果岭的杂草危害一般不会严重。偶有发生时，可用人工拔除。

打孔等通气措施　打孔应在草的生长季节进行。冬季低温时，土壤过湿、过干情况下不能实施。

覆沙与滚压　果岭覆沙频率很高，在打孔、梳草、划草、切割等工作后都要辅助覆沙。在冬季，通过少量覆沙能促进草的生长。平时每 3~4 周薄而少量覆沙，每年覆沙至少 10 次。

果岭滚压既可强化修剪的条纹效果，又能保持果岭表面草坪的致密和坪床的坚实。滚压可以使用果岭滚压机，生长季节每 10d 进行 1 次。

冬季覆播　在冬季，部分南方地区或过渡气候带地区可用多年生黑麦草(*Lolium perenne*)、一年生黑麦草(*Lolium multiflorum*)、西伯利亚剪股颖(*Agrostis stolonifera*)等冷型草坪草进行覆播，以维持果岭良好的景观效果。

3.8　室内植物养护管理

3.8.1　概述

(1) 生态习性

① 温度　室内植物大多喜温暖。

② 光照　室内植物大多较耐阴，要避免长期的阳光直射，可放置于室内种植；也有喜阳光，可放置于阳台种植。

③ 水分　不同的室内植物对水分的要求不同。大多热带观叶植物喜湿，在高湿度环境下生长良好，但是也有植物如仙人掌(*Opuntia dillenii*)，耐旱，浇水宜少不宜多。

④ 土壤　不同的室内植物对土壤要求不同。一般以排水透气性良好的肥沃土壤为宜。

(2) 繁殖方法

主要是营养繁殖，以分株和扦插繁殖为主。也可采用压条、播种法繁殖。只要温度适宜，四季都可进行。

(3) 养护管理

室内植物多采用盆栽的种植方式，在居室内进行观赏。室内光照强度较弱、昼夜温差小、通风透气能力较差，湿度会随季节的变化而变化。因此，室内植物若想保证达到稳定的观赏效果，需要精心的呵护管理。

① 灌溉　春季，室内植物处于生长期，需水量大，盆土干时要及时浇透水。夏季气温高，水分蒸发快，应及时进行浇水，保持土壤湿润。但注意不要在中午气温较高时进行浇水。对于喜湿的植物，如龟背竹(*Monstera deliciosa*)、绿萝(*Epipremnum aureus*)等，需要每天早晚各浇 1 次水，平日也可对叶面进行适当喷水，保持空气湿度；对于因夏季高温进入休眠期的多肉植物，应减少甚至停止浇水。秋、冬季随着气温不断降低，浇水量和浇水次数应该逐渐减少，盆土不干不浇，不能使盆土过湿。

② 施肥　盆栽植物在生长期需及时进行施肥。一般盆花可 7～10d 施 1 次稀薄液肥，喜酸性土壤的花卉，可每隔 10d 施 1 次矾肥水，施肥时要避免肥水溅在叶片上，以免叶面受损。观叶类盆栽应该适当多施氮肥，保证其叶片翠绿；观花类盆栽在花后应当多施磷肥，保证其来年花大而多。盆栽植物施肥前要注意松土，先施肥后浇水，有助于植物对水肥的吸收。

③ 修剪　枯枝、病枝和过密枝应及时剪去。室内观花类植物应摘除过多的花蕾，促使其花大艳丽。

④ 防寒保护　冬季要注意保持室温，平时可以放在避风向阳处。此时，应停止施肥，等盆土干后才能浇水。

⑤ 病虫害监测　控制空气湿度，保持环境通风透气，提高植株抗病能力；在冬春季，及时清理枯枝落叶；若发现病情，要及时剪除患病部位，防止病情扩散。同时，找到病原，及时处理。

⑥ 其他　给予适宜光照条件。及时换盆。经常擦拭叶片，保持美观与健康。

3.8.2 常见室内植物养护管理实例

(1) 建兰(*Cymbidium ensifolium*)　兰科

① 生态习性　性喜温暖、湿润，宜生长在 15～30℃ 的环境。喜阴，忌阳光直射。肉质根，盆土要求疏松透气、排水良好(图 3-39)。

② 繁殖方法

分株繁殖　分株繁殖是建兰的主要繁殖方式；建兰主要在夏秋季开花，最适宜的分株时期是在春季新芽未抽出前；一般 3~4 年分株一次；分株前先使盆土略干，促使根系缩水变软，分栽时不致断根。分株时要先抖去泥土，清除枯根和病根，然后栽种。

组织培养　取侧芽茎尖为培养材料，经过无菌体系的建立、诱导培养、增殖培养和生根培养，炼苗移栽即可获得大量植株。

③ 栽培管理

光照　要求适当的遮阴，并保证有一定的散射光。夏季，应特别注意避免中午强光直射和高温酷热。

图 3-39　建兰

浇水　不可用大水浇灌。

施肥　施肥宜少不宜多，浓度宜淡不宜浓。

病虫害防治　在高温多湿的环境，建兰极易遭受病虫害。应及时修剪建兰的残花和病叶，以免病虫传染。

(2) 蟹爪兰(*Zygocactus truncata*)　仙人掌科

① 生态习性　喜半阴，适宜的生长温度为 13～26℃，休眠期温度应控制在 10~13℃。喜

图 3-40 蟹爪兰

富含有机质、疏松、透气且排水良好的砂质土壤(图 3-40)。

② 繁殖方法

扦插繁殖　将切下的茎节放置于阴凉处干燥 1d 后，插入沙盆内。盆土湿度不宜过大，以免切口腐烂。插后约 20d 可生根。

嫁接繁殖　以劈接为主，常用量天尺或叶仙人掌作砧木。嫁接 10d 后，如接穗仍保持新鲜硬挺，则表示已愈合成活。

③ 栽培管理

光照　春、夏、秋三季遮阴 50%～70%；冬季不遮阴。特别是夏季高温，需放置于通风凉爽的半阴环境，忌干热和直射阳光。

浇水　在生长期和开花过程中，需保持盆中有充足水分，在盆土表面 1～2cm 变干时浇水。而在休眠期应当减少浇水，休眠结束应适当增加浇水。

施肥　在生长期，每 14d 左右施肥 1 次。

(3) 昙花(*Epiphyllum oxypetalum*)　仙人掌科

① 生态习性　性喜温暖、湿润、多雾的生长环境，对日照适应性强，不耐寒，在我国大部分地区需在室内越冬。生长适宜温度 24～30℃，安全越冬温度 10℃以上，最低可耐受 5～8℃低温。耐旱而不耐土壤水湿；对土壤适应性较强，弱酸性、中性土壤均能生长，但以弱酸性土壤为佳；忌黏重土壤，在疏松、较肥沃的砂壤土中生长良好(图 3-41)。

图 3-41 昙花

② 繁殖方法　主要采用扦插繁殖。一般在 5~6 月，选取植株上部 1~2 年生成熟的片状枝或基部棒状枝，从茎枝 2~3 节处剪下，下剪口应在节下。剪口晾干后，斜插于干净的砂土或蛭石中，放置阴凉、通风处，适当喷水保湿。一般 21~28d 可生根，生根后即可移植上盆。

③ 栽培管理

光照　夏季要放在无阳光直射的地方，冬季要保证光照充足。白天对昙花进行遮光处理，晚上用灯光进行照射，处理 7～8d，可以让昙花在白天开放。

浇水施肥　茎叶旺盛生长期要勤浇水并常向叶片喷水雾，或喷 0.2%硫酸亚铁水。春、秋季浇水要减少，冬季保持盆土不干即可。生长期每 7～10d 施 1 次液肥。晴天施肥，雨天停肥。

(4) 金钱树(*Zamioculcas zamiifolia*) 天南星科

① 生态习性 喜温暖，生长适宜温度为20~32℃，若室温低于5℃，易导致植株受寒害。喜光，但忌强光直射，有较强的耐阴性。有较强的抗旱性，忌积水。喜疏松、排水良好的土壤(图3-42)。

图3-42 金钱树

② 繁殖方法

分株繁殖 分株繁殖一般在4月进行。当室外的气温达18℃以上时，将大的金钱树植株脱盆，抖去宿土，从薄弱处掰开，进行上盆栽种。

扦插繁殖 插穗可用单个小叶片、单独一段叶轴或一段叶轴加带两个叶片。扦插后，一般2~3个月即可成苗。

③ 栽培管理

浇水 生长期适当多浇水，可等土壤半干时浇水；在冬季浇水时，应选择一天中温度较高时进行，尽量让水温要与土温相近。

施肥 金钱树喜肥，生长季节可每月浇施2~3次平衡肥。忌偏施氮肥，易出现叶轴徒长现象。入冬时，增施磷、钾肥有利于植株越冬；而冬季应当停止施肥。

其他 金钱树烂根的原因主要是浇水。发现烂根时，要及时将植株从盆中倒出，抖落部分宿土，置于半阴凉爽处晾一两天，换用新的砂壤土栽植即可。

(5) 富贵竹(*Dracaena sanderiana*) 龙舌兰科

① 生态习性 喜温暖，生长适温在20~28℃。喜半阴，忌强光直射。对湿度较敏感，积水易引起烂根或植株枯黄。适宜栽植于富含腐殖质、疏松、透气且排水性好的砂质壤土(图3-43)。

② 繁殖方法

分株繁殖 在4~6月换盆时，将整株从盆内托出，去掉旧土及病、弱根系，从基部将植株掰开，每丛留有3~4枚叶片。用新的培养土重新上盆栽植，置于半阴处恢复。

种子繁殖 种子成熟后，将种子播于疏松、排水性好的沙床上，然后覆上一层薄土，喷湿后，盖上塑料薄膜，置于20~25℃的室内，在播后15~25d发芽。

图 3-43　富贵竹

③ 栽培管理

浇水　生长期间应经常保持盆土湿润，但忌浇水过多和积水。积水易引起烂根或植株枯黄。夏季可用细孔喷雾器向叶面喷水，以增加空气湿度。为防止其徒长，最好每隔 3 周左右加小量的营养液即可，使叶片保持翠绿。

病虫害防治　富贵竹常见的病害为炭疽病，冬春季要及时剪除病叶和清理枯叶，并喷施 50%复方多菌灵 500 倍液防病。发病时可用 50%炭疽福美可湿粉 500 倍液进行防治。

其他　水养富贵竹时，刚生根后不宜换水，常换水容易造成叶黄枝、枯萎，应该等水分蒸发一部分后，再及时加水。平日应放室内明亮处，忌风吹。不要将富贵竹摆放在空调机、电风扇等常吹到的地方，以免叶尖及叶缘干枯。

(6) 绿萝(*Epipremnum aureum*)　天南星科

① 生态习性　绿萝性喜温暖，不耐寒，生长适温为 15~25℃。耐阴性强，忌阳光直射，喜有明亮散射光的环境。喜温暖湿润，最佳湿度为 70%左右。盆栽绿萝应选用肥沃、疏松、排水性好的偏酸性的腐叶土或中性砂壤土(图 3-44)。

② 繁殖方法　常用扦插繁殖。在春末夏初，选取健壮的绿萝藤，剪成两节一段，不要伤及气生根，扦插后浇透水放置于荫蔽处，每天向叶面喷水或盖塑料薄膜保湿，温度不低于 20℃，成活率很高。

图 3-44　绿萝

③ 栽培管理

浇水　可以根据温度高低进行适度浇水，温度高则多浇水，温度低则少浇水。可以从上往下喷洒水，提高空气湿度，有利于气生根的生长。

施肥　生长季节需要每 2~3 周施 1 次含氮、钾的复合肥液。水培时，则需要每周换

水 1~2 次。

病虫害防治　常见的病害有叶斑病和根腐病。防治方法：清除病叶，注意通风；发病期喷 50%多菌灵可湿性粉剂 800 倍液。经常擦拭叶片可预防病虫害。

(7) 猪笼草(*Nepenthes mirabilis*)　猪笼草科

① 生态习性　喜高温，不耐寒，生长适温 25~30℃，低于 15℃停止生长，10℃以下受冻。喜光线充足的环境，又怕强光直射，光照不足则植株生长弱小，叶片和捕虫囊变小，甚至长不出捕虫囊。喜高湿，相对湿度以 70%~80%为宜。土壤以疏松肥沃、透气性良好的腐叶土或泥炭土为佳。盆栽常用泥炭土或腐叶土、水苔、木炭和树皮屑的混合基质栽培(图 3-45)。

图 3-45　猪笼草

② 繁殖方法

扦插繁殖　将枝条 2~3 节剪成一段，用水苔包裹下端，在较高温度下约 3 周即可生根。

压条繁殖　将生长枝条叶腋下剥下一圈外皮，用水苔包扎，生根后切取栽植。

③ 养护管理

浇水　猪笼草对水分比较敏感，必须在较高的空气湿度下叶笼才能正常发育，因此在生长期需经常喷水。春秋季，每天浇水 1~2 次；夏季，每天 2 次；冬季减少为 1 次。还要经常向植株及周围环境喷水，以增加空气湿度，并避免温度变化过大。

施肥　生长季节每月施 1 次腐熟的稀薄液肥或其他无机复合肥，以满足生长对养分的需求。

病虫害防治　叶斑病，可用 65%代森锌 500~800 倍液、50%多菌灵 600~800 倍液等进行防治，喷施间隔 10~15d；茎腐病，可用 50%多菌灵可湿性粉剂 500 倍液、70%甲基托布津可湿性粉剂 800~1000 倍液等进行防治，喷施间隔 7~10d；介壳虫，可用 40%乐果乳油 1000~1200 倍液喷杀，每隔 10d 喷施 1 次；红蜘蛛，可用 50%马拉硫磷乳油或 40%乐果乳油 800 倍液喷雾，每隔 7d 喷施 1 次。

(8) 吊兰(*Chlorophytum comosum*)　天门冬科

① 生态习性　喜温暖、湿润，生长适温为 15~25℃，越冬温度为 5℃。喜半阴环境，

图 3-46　吊兰

对光照要求不严。喜疏松肥沃且排水良好的微酸性砂质壤土(图 3-46)。

② 繁殖方法　主要采用分株繁殖。

宜在春季换盆时将密集的盆苗分栽成新植株。分株是用剪刀从植株根基部将整体分割成几丛，每丛带 2~3 个幼株。可以在剪取枝条上已长有根的幼株，进行分栽。

③ 栽培管理

浇水　中生花卉，抗旱能力较强，但在 3~9 月生长旺季需要经常浇水及喷雾，以增加湿度。夏季要 1~2d 浇水 1 次。秋后逐渐减少浇水量，以提高植株抗寒能力。

施肥　生长季节可每月施 1~2 次稀薄液肥，以氮肥为主。夏季高温和冬季气温低于 10℃时不施肥。

病虫害防治　吊兰病虫害较少，但当盆土积水且通风不良时，除会导致烂根外，也可能会发生根腐病，应注意喷药防治。选用多菌灵 800 倍液混合福美双混剂 600 倍液等药剂防治。

4 精选案例

4.1 福州市典型案例

4.1.1 福州植物园

(1) 背景资料

① 地理位置　福州植物园是集科研科普与游览于一体的综合性植物园，由中心园区和3个分区构成，3个分区包括宦溪生态区、北峰生态区、灵石国家森林公园，总面积为5593.1hm²。

中心园区位于福建省福州市晋安区，地理坐标为北纬26°07′，东经119°16′，面积为2921.1hm²。三面环山，一面临水，东以福飞路为界，西至湖顶与叶洋村接壤，南至八一水库北岸堤坝，与福州动物园为邻，北至岭头乡，与笔架山毗邻。中心园区是主要的植物迁地保护区，并有人文景观区、龙潭风景区、森林博物馆和鸟语林等旅游景点。

② 地质地貌特征　中心园区、宦溪生态区、北峰生态区海拔高度为61~784m，地势西北高、东南低。园内土壤母岩主要为结晶花岗岩和凝质岩。土壤以红壤为主，土壤剖面显强酸性，下层为红棕色或橘红色，底层有红、黄、白交错的网状层。山地大部分土层较薄，表层石砾比较多，含腐殖质较少。个别为石质土，平地分布有少量的潜育性水稻土。

③ 河流水系　中心园区、宦溪生态区、北峰生态区的南端为八一水库，八一水库面积23.7hm²，库容量157m³。水库正常水位高程46.4m。其他水体景观还有山川水库、荷花池、赤桥溪、叶洋溪、龙潭溪、白鹭溪。园内主要溪流为赤桥溪，发源于北峰和叶洋村，在墓亭下汇合流入八一水库，汇水面积13km²，终年有水。园中龙潭溪、白鹭溪蜿蜒曲折，时而流水，时而跌泻成瀑潭。

④ 气候条件　中心园区、宦溪生态区、北峰生态区位于福州晋安区，属典型的亚热带季风气候，气温适宜，温暖湿润，四季常青，阳光充足，雨量充沛，霜少无雪，夏长冬短，年均温为19.6℃，年平均日照数为1700~1980h；年平均降水量为1438.5mm。极端最高气温为39.3℃；极端最低气温为-2.6℃，年平均相对湿度84.3%。

⑤ 木本植物资源　福州植物园受多种自然条件影响，植被类型复杂，种类繁多，植被多分布在丘陵和谷地上较平坦的地段，有人工林和天然次生林两种类型，并有部分天然

灌木林。

福州国家森林公园总面积为5593.1hm^2(其中：中心园区为859.3hm^2、北峰园区1293.1hm^2、宦溪园区768.7hm^2、福清灵石山国家森林公园2672hm^2)。其中，有林地面积有4266.67hm^2，天然林面积783.41hm^2(中心园区范围内含有17.27hm^2；灵石国家森林公园含有766.14hm^2)，人工林面积约为3500hm^2，总体普查面积为4266.67hm^2。

福州国家森林公园属于典型的中亚热带常绿阔叶林，全区植物约234科1307属5134种，其中蕨类植物39科72属147种(含种下单位)；裸子植物10科34属115种(含种下单位)；被子植物185科1201属4872种(含种下单位)。其中，木本植物有2641种(含种下单位)。

(2) 实习目的

① 熟悉和掌握福州植物园主要植物的识别特点和生长状况，应用一个常见的植物分类系统系统整理植物名录，通过观察分析并对照相关专业书籍或资料，了解植物的生态习性，并分析部分植物的园林用途。

② 调查各主要专类园的植物，熟悉专类园的植物规划。

③ 调查花境营造的植物选择，熟悉应用于花境的植物材料。

④ 了解森林康养体系的营建。

(3) 实习内容

① 福州植物园中心园区共有16个专类园和1个南洋杉苗圃，专类园包括：山茶园、樱花园、阴生植物园、裸子植物园、苏铁园、紫薇园、桂花园、竹园、珍稀园、棕榈园、榕树园、桃花园、姜目园、药用园、梅花园和鸢尾园。应用样线法对福州植物园保存的种质资源进行调查、登记。

② 应用植物识别软件结合标本收集，查阅相关书籍鉴定植物。

③ 调查花境的植物种类及花境营建形式。

④ 通过负离子浓度等指标的测定，了解森林康养体系(群落)的营建。

(4) 实习作业

① 列出专类园调查中每种植物的中文名称、拉丁学名、科属、分布与观赏要点。

② 应用植物专类园的理论与实践，利用合适的研究方法(如Argis的视域分析、植物群落调查方法等)分析福州植物园植物专类园规划与设计的优缺点。

③ 应用花境景观规划与设计的理论与实践分析福州植物园花境营建的优缺点。

④ 应用拍照或手机视频的信息绘制花境植物种植设计平面图。

⑤ 通过测定负离子浓度与群落结构特征，总结负离子浓度与群落结构特征的相关性，了解森林康养体系的营建。

4.1.2 福建农林大学

(1) 背景资料

福建农林大学把教学科研设施建设与景观、生态保护融于一体，人与生态自然环境在

校园中和谐相处、繁衍生息，走进校园，更像走进一所植物园。

① 校园植物园规划设计新理念——中国古典园林造园手法应用于植物园设计　植物园作为现代科学的产物，是在20世纪二三十年代，随着现代科学技术由西方传播到中国的。所以，中国现代植物园的发展与中国古典园林在相当程度上是脱节的，缺乏继承、连续和发展。因此，古典园林艺术创造融入现代农业技术手段，是建设优美园林景观、丰富科学内涵植物园的必要条件。

福建农林大学教学植物园在水生植物专类园（生态水景）的设计过程中，融入了“一池三山”“涌泉”“挖湖堆山”等中国古典园林造园手法和技术，在国内校园植物园建设中还尚属首次。

福建农林大学教学植物园在“森林兰苑”专类园规划设计中，尊重场地特点，合理布局，营造了一个诗情画意的山水空间。设计在充分利用场地的地形地貌、植被优势、生态环境的基础上，结合各种造景手法，在营造兰花展示园的同时，注入了兰花文化，因地设景，建设了一座具有科教性、观赏性、游览性、参与性的兰花生态园。

② 风景园林技术应用——生态型游步道和步栈道在校园植物园中的应用　福建农林大学本部校区，南北面环山，并且承担了“台湾森林旅游步道系统研究”等对台合作项目，因此，在扎实理论研究基础上，规划设计了校园生态型游步道，在保护好山地自然野生的状态和精心引种培植教学科研所需动植物的前提下，利用地形优势，以废弃的枕木为材料，形成了环绕半个校园的环境友好型生态廊道，并成为师生健身、休闲的好去处，以及科普教育的重要基地。

福建农林大学主干道由于人车混流而常拥挤不堪，并易引发安全事故，在校园植物园园路规划时引入生态型步栈道，在人车分离、交通疏导和交通安全方面起到了重要作用。

生态水景设计及有关技术在许多项目中已经有体现，但未涉及活水系统的构建。福建农林大学水生植物专类园（观音湖生态水景）构建了维系水环境生态平衡的活水系统。

③ 植物收集及植物展示技术研究　主要是开展了种质资源的调查，野生观赏植物引种驯化工作，特别结合山地观赏植物生产有计划有步骤，分期分批地研究引种对象的生长发育规律及必需的生境条件，进一步探索引种驯化的理论和方法，利用野生种质资源开展栽培种的品种改良研究。

植物标本馆　福建农林大学校园植物园包含福建林学院树木标本室（FJFC）。裸子植物、壳斗科（Fagaceae）、樟科（Lauraceae）、木兰科（Magnoliaceae）和竹类（竹亚科 Bambusoideae）标本较丰富，共有腊叶标本70 000份，其中模式标本15份。这些资料较完整地保存了对野生植物的记录，是植物园就地保护的重要文献。

植物园在展开当地野生植物资源调查和引种过程中，报道了福建省新记录属粗筒苣苔属（*Briggsia*）、兜兰属（*Paphiopedilum*）和新记录种短葶无钜花（*Fonliophyton breviscapum*）。

植物引种　“森林兰苑”作为福建农林大学教学观赏型植物园的重要组成部分，规划面积约$3.3\times10^4 m^2$，园内收集培育兰科植物约500种，包括国内及福建省野生兰花的大部分种类，从国外及台湾地区引种的珍稀兰花、国兰的名贵品种等，地生兰、附生兰、腐生兰3种生存方式的兰花都在森林兰苑得到展示，并成立了兰花优质种植资源繁育基地，进一步将科研、教学、景观、生产、经营融为一体。“森林兰苑”利用郁闭度比较高的山林地所

形成的高温和阴湿生境，露地栽培(附生兰栽培于树干)兰科花卉200种以及大量的品种。经研究确认：许多分布在海拔600～1600m的兰科花卉，只要重视小生境，特别是水分条件，在海拔100m的自然小生境能成功引种驯化。同理，纬度差异大的兰科花卉引种，只要重视水热条件也能成功引种驯化。

中华名特优植物园是利用校内教学用地精心设计创建的。此园占地逾7hm^2，模拟我国包括台湾省在内的34个省(自治区、直辖市)的行政地图，按实际面积的比例划分建设成34个省级园，每个省级园分别种植该省(自治区、直辖区)的省级名特优植物并附有学名和功能的说明牌。除了遵循"纬度相似性原则"和"气候相似性原则"等原则进行植物引种外，还对广生态幅植物进行引种。对于有的新适应的生态条件还不了解的名特优植物，做了一些引种，确定、探索其必需的生态条件。对于不太适应福州气候条件的植物，则营造小气候生境进行引种，这些引种实践拓展了植物引种理论。

福建与台湾一水之隔，福建农林大学教学植物园所提供的重要窗口，有利于海峡两岸植物园进一步交流合作。特别在引种台湾名特优植物并研究出适宜福建及其他地区推广的园林植物，为促进和提升大陆园林植物的研发与应用水平提供平台。福建农林大学教学植物园已经引种台湾名特优植物400多种。

引种园林植物优良品种开发　植物园开展了各项园林植物的良种选育研究工作，重点开展关于野生优良花卉品种种质资源的鉴定、收集及选育等工作，并开展对特殊立地环境(如沿海沙地)景观林树种选择方面的研究等。近年来，植物园引种了全国(含台湾地区)名特优植物600多种，建设了中华名特优植物园和台湾名特优植物园；对福建观赏植物的种质资源[如野牡丹科观赏植物，樟科(Lauraceae)、木兰科(Magnoliaceae)等观赏树木]、新优园林树木[观赏型红豆杉(*Taxus chinensis*)等]的繁育进行了深入研究，拓展了园林树种区域规划和特色花卉产业化的内容；深入研究了园林植物净化空气、释放负氧离子的倍增效应功能。"观赏竹园"收集了国内外416种竹子，收集量位居全国第一，并开展了适合特殊立地环境(如沿海沙地)观赏竹种选择等研究工作。

植物栽培研究及实践　一些引种于热带、南亚热带，性喜高温的植物易受到危害，通过调查，总结了一些受低温危害的引种植物及低温危害状况。引种于温带地区或高海拔地区生长的植物的越夏常出现危害症状，通过调查，总结了受湿热气候危害的主要引种植物及危害情况。福建农林大学教学植物园保存了以本地区植物区系为主的植物种质资源，特别是一些珍稀濒危植物，并对其在植物园中生长的习性和养护要点做了总结。详细观察了101种台湾引种植物的生长习性、耐寒性，对它们的生长繁殖方式进行了试验。植物园进行了红树植物淡水种植及品种筛选试验。两个受试种类[秋茄(*Kandelia candel*)、桐花树(*Aegiceras corniculatum*)]均获得了成功，均能在淡水环境中存活，在构建淡水人工湿地时可优先选用。利用"围笼植树"技术，对已适应陆地生长的园林植物池杉(*Taxodium ascendens*)、落羽杉(*Taxodium distichum*)和水松(*Glyptostrobus pensilis*)的大规格苗木进行静水中的适应性驯化试验，并总结出了水杉在静水中种植的两个关键技术，一是对种植时间的把握；二是调节水位升降对水杉进行适应性驯化。

④ 活植物收集圃种类丰富

专类园建设　福建农林大学教学植物园核心展示区将规划建设30个专类园区，大部分已经完工，“森林兰苑”是其中一个，已经建成的还有中华名特优植物园、百竹园、菌草园、山茶园、水土保持园等。“森林兰苑”引种了约500种兰科植物。中华名特优植物园引种种植了全国各地具有园林景观、净化环境、人体保健等功能的名特优园林植物600多种，并按照各种植物的生态习性和植物造景原理进行了合理配置。观赏竹园收集了国内外416种竹类植物，收集量位居全国第一。水生植物园引进了水生植物和滨水乔灌木128种。

在专类园的建设过程中，保存了以本地区植物区系为主的植物种质资源，特别是一些珍稀濒危植物。发掘利用了一批种质资源用于树木育种，为新树种的推广应用起到先导和示范作用，总结了一批在本地生长不良、不宜栽培利用的树种，为今后的引种提供借鉴。

经初步统计，本专类园维管植物的数量为：蕨类植物30科36属45种2变种(根据秦仁昌系统统计)，裸子植物10科31属59种10变种(根据郑万钧系统统计)，被子植物约174科994属2433种105变种9亚种13变型4杂交种(根据克朗奎斯特系统统计)。保护了《中国植物红皮书》和《国家重点保护野生植物名录(第一批)》收录的植物61种3变种1亚种。迁地保护和就地保护成效较显著。单种科植物4种，分别是银杏(*Ginkgo biloba*)、伯乐树(*Bretschneidera sinensis*)、杜仲(*Eucommia ulmoides*)、连香树(*Cercidiphyllum japonicum*)。中国特有种38种，如福建柏(*Fokienia hodginsii*)、福建含笑、黄山木兰(*Magnolia cylindrica*)等。经济林物种多，杉木(*Cunninghamia lanceolata*)、毛竹(*Phyllostachys heterocycla*)、肉桂(*Cinnamomum cassia*)和香樟。名特优中草药种类多，如药用蒲公英(*Taraxacum mongolicum*)、活血丹(*Glechoma longituba*)、金银花(*Lonicera japonica*)、杜仲、夏枯草(*Prunella vulgaris*)、茴香(*Foeniculum vulgare*)、牛至(*Origanum vulgare*)、柴胡(*Bupleurum chinense*)等。新型能源植物种类较齐全，如柳枝稷(*Panicum virgatum*)、麻风树(*Jatropha curcas*)、象草(*Pennisetum purpureum*)。多功能用途植物种类多，如光叶金虎尾(*Malpighia glabra*)、‘西印度’樱桃(*Malpighia glabra* ‘Florida’)、栎叶樱桃(*Malpighia coccigera*)、美国樱桃(*Carissa grandiflora*)等花期长的木本花卉，同时，这些植物的果实营养价值高，可生食、制果汁或酿酒，是观赏和生产兼具的植物。

农作物种质资源圃　甘蔗种质资源圃拥有国内外甘蔗种质资源800多份。红麻植物种质资源圃收集保存麻类种质资源200多种；菌草种质资源圃保藏有37种62个品种的菌草种质；茶种质资源圃保存了400多份茶树品种资源，1000多个种质；果树种质资源圃保存了95种，400多个品种；闽台果树种质试管苗库可同时容纳1万支试管，并具备构建DNA指纹图谱的功能。

⑤ 植物展出的技术与方法　生态学园林景观，即在校园树木草地以及湖水中不用农药、化肥。目前，福建农林大学已有中华名特优植物园、恢复性湿地公园、观音湖、植物园、百竹园、菌草园、茶园、甘蔗园等几大生态景观区。这些景观区集教学、科研、生态、观赏、运动、休闲、思想教育多种功能于一体，建筑与绿地不分主辅，建筑融于绿地，绿地掩映建筑。

——从水景观、水生态、水文化等角度出发，深入探讨了水环境、水利风景区规划与建设的相关实践和研究工作，探讨了水环境下的植物配置，两年来，经过对生态的大力治

理，引闽江水改善水质，引进生物处理净水技术，在观音湖周边形成生物循环整体，使福建农林大学教学观赏型植物园的组成部分——观音湖的景观“活”了。

——开展野生观赏植物在园林中应用的研究，利用野生观赏植物，创造城市模拟自然群落，应用野生植物引种驯化的成果，精心设计了12个可在福州绿地广泛栽植的人工植物群落。

——“森林兰苑”划分为3个功能区并赋予其极具诗意的名字，其中，“兰蕙争艳”为广场兰花展示区，“空谷幽兰”为兰花生态栽培种植区，“墨香兰韵”为兰花文化展示区，成为一道亮丽的风景线。

——成功设计和营建了屋顶花园，把现代庭院造景模式也融入植物园。

——引种台湾名特优景观植物并研究出适宜在福建及其他地区推广的景观植物，促进和提升大陆景观植物的研发与应用水平。开展新优、珍稀乡土观赏植物种质资源研究，并对其在园林植物生态配置、花境营造和水生植物造景方面，结合植物多样性和景观多样性原则进行研究与实践。

(2) 实习目的

① 熟悉和掌握校园植物园主要植物的识别特点和生长状况，应用一个常见的植物分类系统，系统整理植物名录，通过观察分析并对照相关专业书籍或资料，了解植物的生态习性，并分析部分植物的园林用途。

② 调查各主要专类园的植物，熟悉专类园的植物规划。

(3) 实习内容

① 设计出合适的样线法和样方法，以最大程度地对校园植物园某一区块保存的种质资源进行调查、登记。

② 应用植物识别软件 app(如 Biotracks)的样线调查轨迹记录和调查植物种类记录，讨论如何应用最短的调查样线记录到最多的植物，达到校园植物种质资源调查的目的。

(4) 实习作业

① 列出专类园调查中每种植物的中文名称、拉丁学名、科属、分布、观赏要点。

② 应用植物专类园的理论与实践分析校园植物园植物专类园规划与设计的优缺点。

③ 应用拍照或手机视频的信息绘制某一植物专类园植物种植设计平面图。

4.1.3 南江滨公园

(1) 背景资料

南江滨公园是福州市政府兴建的大型滨江园林景观，依闽江而建，位于仓山区闽江南岸，全长2850m，占地27.4hm^2。整个公园以“活力南江滨”为主题，由一个主入口广场和“春江花月夜”、雕塑园区、“金色沙滩”等8个景区共同构成，以福州文化为主要脉络。园内景观极富有亚热带地区特色，具有其独特的闽江流域文化特色和榕城风情，集亲水性、生态性、艺术性为一体，艺术地展示了南江滨充满活力的精神气质。

公园内环境优美、空间结构丰富，植物品种繁多，每天吸引着大量的居民来此进行各

种休闲健身活动，是福州市民休闲健身活动的好去处。

（2）实习目的

① 识别南江滨公园的园林植物，通过观察分析并对照相关专业书籍或资料，掌握其主要形态特征、生态习性、栽培繁殖及园林应用等知识。

② 了解公园内不同区域植物材料的选择和植物配置等。

（3）实习内容

① 熟悉和掌握南江滨公园主要园林植物的识别特点和生长状况，通过观察分析并对照相关专业书籍或资料，记录园林植物主要形态特征及其学名、园林用途等，归纳其所属类别。

② 调查南江滨公园不同景点和区域的园林植物的选择与配置，并作出分析与评价。

（4）实习作业

① 从园林的角度对福州南江滨公园不同景点和区域的景观资源的造景形式、造景艺术原理、植物材料的选择和植物配置等方面进行调查和评价，并作出优劣势分析，提出有效建议。

② 完成植物名录(含学名、科属、植物识别要点、生态习性)150种以上(表4-1)。

表4-1 南江滨公园园林植物识别调查表

类 别	序 号	植物名称(中文学名、拉丁学名)	所属科属	主要形态识别特征	生长环境及生长状况	园林用途	备 注
乔木类							
灌木类							
藤木类							
草本植物类							
其他类							

4.1.4 西湖公园

（1）背景资料

福州西湖公园从晋太康三年(公元282年)郡守严高凿西湖至今，已有1700多年的历史，也是福州迄今为止保存最完整的一座古典园林，被称为“福建园林明珠”。其占地面积为42.51hm^2，其中陆地面积12.21hm^2，水面面积30.3hm^2，在全国36个西湖中排名第六位。福州西湖公园几经疏浚、修整，成为山水形胜、声名远播的一座古典园林。历代文人墨客对西湖美景赞叹不已，经常聚此吟诗作画。宋代辛弃疾游览后写道：“烟雨偏宜晴更好，约略西施未嫁”。1830年，林则徐重修西湖荷亭，留有诗句：“人行柳色花光里，身在荷香水影中”。

1914 年福建巡按使许世英辟西湖为公园，当时面积仅 3. 62hm^2。中华人民共和国成立后，西湖公园几经扩大，集福州古典园林造园风格，利用自然山水形胜，并以乡土树种配置为主，讲究诗情画意，“小中见大”，使西湖景色愈见秀丽，闻名遐迩。修复及新增的景点有“仙桥柳色”、紫薇厅、开化寺、宛在堂、更衣亭、“西湖美”、诗廊、水榭亭廊、鉴湖亭、“湖天竞渡”“湖心春雨”“金鳞小苑”“古堞斜阳”、芳沁园、荷亭、桂斋、浚湖纪念碑、盆景园等。2009 年新增大梦山景区，恢复了明朝时期古建筑梦山阁、西湖社、西湖书院，当中还点缀小亭、细水、睡莲、林中小道等古典园林要素。

福州西湖公园不仅是福州市的著名旅游景点，更是福州市民休闲、健身的主要场所。

(2) 实习目的

① 识别 150 种以上园林植物，掌握其主要形态特征、生态习性、栽培繁殖及园林应用等知识。

② 了解古典园林植物材料的选择和植物配置等。

(3) 实习内容

① 熟悉和掌握福州西湖公园主要园林植物的识别特点和生长状况，通过观察分析并对照相关专业书籍或资料，记录园林植物主要形态特征及其学名、园林用途等，归纳其所属类别。

② 调查福州西湖公园不同景点和区域的园林植物的选择与配置，并作出分析与评价。

(4) 实习作业

① 完成植物名录(含学名、科属、植物识别要点、生态习性)150 种以上(表 4-2)。

表 4-2　福州西湖公园园林植物识别调查表

类　别	序　号	植物名称(中文学名、拉丁学名)	所属科属	主要形态识别特征	生长环境及生长状况	园林用途	备　注
乔木类							
灌木类							
藤木类							
草本植物类							

② 从古典园林的选址和造景形式、造景艺术原理、植物材料的选择和植物配置等方面对福州西湖公园不同景点和区域的景观资源进行调查和评价，并作出优劣势分析，提出规划建议。

4.2 漳州市典型案例

4.2.1 漳州东南花都

(1) 背景资料

漳州东南花都，位于福建漳州漳浦马口，是历届国家级盛会——“海峡两岸现代农业博览会·海峡两岸花卉博览会”的举办地，国家“4A级旅游风景区”和全国农业旅游示范点，福建漳州国家农业科技园区的核心区。

漳州东南花都，占地近万亩，整个花都景区可分为室内展馆和室外景观两部分。其中，室内展馆设有：花卉馆、梦幻科技馆、现代农业展示馆、生态渔业馆、阴生植物馆、沙漠植物馆、药用植物馆、吸气味植物馆、闽台文化展示馆、奇石馆、根艺馆、艺霖轩书画苑12个专业馆。东南花都的室外景观包含：纪念林、百亩芙蓉园、儿童乐园、玫瑰爱情主题园、名贵树种园、百花园、百竹园、百果园、锦锈漳州园、盆景园、铁树园、咖啡园、棕榈园等十几个特色景观。

漳州东南花都丰富和谐的景点布局，独具特色的花卉主题，一年一度的农博·花博·食博盛会使其成为海内外游客四季赏花、休闲、度假的胜地。

(2) 实习目的

① 识别150种以上园林植物，掌握其主要形态特征、生态习性、栽培繁殖、园林应用等知识。

② 了解植物专类园植物材料的选择和植物配置等。

③ 了解温室设施的种类及使用情况。

(3) 实习内容

① 熟悉和掌握漳州东南花都主要园林植物的识别特点和生长状况，通过观察分析并对照相关专业书籍或资料，记录园林植物主要形态特征及其学名、园林用途等，归纳其所属类别。

② 调查漳州东南花都现代农业设施的种类及使用情况。

③ 调查漳州东南花都植物专类园的景观资源，并作出评价。

(4) 实习作业

① 从植物专类园的选址和造景形式、造景艺术原理、植物材料的选择和植物配置等方面对漳州东南花都植物专类园的景观资源进行调查和评价，并作出优劣势分析，提出规划建议。

② 归纳现代农业设施的种类及使用范围。

③ 完成植物名录(含学名、科属、植物识别要点、生态习性)150种以上(表4-3)。

表 4-3 漳州东南花都园林植物识别调查表

类 别	序 号	植物名称(中文学名、拉丁学名)	所属科属	主要形态识别特征	生长环境及生长状况	园林用途	备 注
乔木类							
灌木类							
藤木类							
草本植物类							
其他类(多肉植物、蕨类植物等)							

4.2.2 海峡花卉集散中心

(1) 背景资料

海峡花卉集散中心地处闽南文化生态产业走廊示范段，位于漳州百里花卉走廊核心中段，是集市场展销、商贸物流、科研观光、电商服务为一体的高品质、高标准、国际化的花卉物流集散中心。中心规划总面积3000亩，一期建设2000亩，基础设施建设投资4亿元，可容纳商户300家以上，现已入驻近200家，包括台湾、广东、山东、广西、浙江、江苏、江西等商户，并有效带动了周边花农上万户。深厚的历史积淀与近年花木行业的高速发展，全球花木采购商云集于此，市场年交易额逾30亿元。

海峡花卉集散中心是福建省最大的花木交易市场，是漳州市苗木甲供基地，是全国第三家进出口罗汉松(*Podocarpus macrophyllus*)特定口岸除害处理区，市场逐渐形成花木交易电子商务平台、银行、工商、林业、税务、检验检疫、餐饮住宿等综合配套专业服务的“小行政服务中心”，为周边苗木商家提供了便捷的“一条龙”服务，有力促进了百里花卉走廊的产业升级，已成为海西经贸区花卉交易市场的核心向导。海峡花卉集散中心于2009年3月获国台办批准建设后，先后被授予“国家发改委重点扶持农产品批发市场”“福建省农业产业化重点龙头企业”“福建省重点后备上市企业”“福建省守合同重信用企业”“福建省诚信市场示范点”“海峡两岸新型农民交流培训教学实践基地”等荣誉称号。

(2) 实习目的

① 了解园林苗圃的规划与布局，苗圃的基础设施，苗圃的基本功能。

② 了解常见绿化苗木的培育方式。

③ 学习苗圃基地管理的基本知识，深入了解园林苗圃的经营管理方式。

(3) 实习内容

① 参观海峡花卉集散中心大厅，了解集散中心的规模和经营模式，随后分组对中心

各公司的经营状况进行调研。

② 通过走访调查各个苗圃经营公司，了解苗圃基地的育苗大田、育苗温棚和现代化温室，了解集散中心各公司基地主要经营的苗木类型及研发的新型苗木树种。

③ 了解苗圃公司的经营类型、性质、规模、供货方式及其发展状况。

(4) 实习作业

通过实地调查和参观，了解海峡花卉集散中心苗圃基地的下列情况：

① 海峡花卉集散中心苗圃基地的经营条件、交通条件、人力条件、周边环境条件及销售条件。

② 海峡花卉集散中心苗圃基地类型。

③ 海峡花卉集散中心主要的经营模式。

④ 完成海峡花卉集散中心苗圃基地的主要苗木类型、繁殖方式、规格、苗龄、来源、生长状态、质量评价以及苗圃公司的类型(性质、规模与经营等)、供货方式及其发展状况(表 4-4)。

表 4-4 苗木调查表

树　种	苗木类型	繁殖方式	规　格	苗　龄	来　源	苗木质量与生长状况	苗圃公司类型	供货方式	其　他

4.2.3 龙海市九湖镇百花村(长福村)花卉市场

(1) 背景资料

龙海市九湖镇百花村，又名长福村，坐落于龙海西北部，漳州市南部郊区。这里的家家户户均以花卉种植经营为主，由此形成了一条集休闲观光、花卉交易及物流仓储于一体的综合花卉长廊。百花村的花卉种植历史从最开始的庭院种植到现在的承包土地种植，已有 600 余年之久，种植面积逾 6 万亩。

1999 年，百花村花卉市场被农业部确定为“全国花卉定点市场”，2006 年被商务部确定为国家级“双百市场工程”(即全国百家大型农产品批发市场、全国百家大型农产品流通企业)，是全国规划重点扶持百个农贸市场中唯一的花卉市场，也是唯一的村级市场。

随着“互联网+”商业模式的兴起，百花村应势谋划、顺势而为，又将线上销售与线下经营紧密结合，打破时空限制，对接全国市场，全村发展电子商务约 500 家，并入选“中国淘宝村”，先后成立各种花卉生产公司和花卉种植联合体，不断涌现出种花大户和营销大户。近些年来，随着城市化的发展和产业化的需要，百花村自筹资金 1 亿元建设百花村花卉交易大楼，促进了百花村花卉市场的发展，也进一步提升了九湖镇花卉产业的质量水平，从而掀起九湖镇新一轮花卉生产高潮，进一步促进生产标准化、种植专业化、品种系列化、信息网络化。如今，百花村的产品不仅营销全国，更远销东南亚、欧洲等地，花木产业的发展辐射带动周边乡镇共同致富。近年来，百花村全面实施乡村振兴战略，积极打造花木产业新亮点，为乡村振兴提供了新范例。

(2) 实习目的

① 识别花卉市场常见的花卉。

② 了解花卉市场功能、作用和花卉市场分区等。

(3) 实习内容

① 识别100种以上花卉市场常见花卉，掌握其主要形态特征、生态习性和栽培管理要点等。

② 了解花卉市场的主要功能、作用及花卉市场分区。

(4) 实习作业

① 从交通、电力、人力、周边环境条件和销售条件五个方面对百花村花卉市场进行调查和评价，并作出优劣势分析，提出规划建议。

② 完成植物名录(含学名、科属、植物识别要点)100种以上。

4.2.4 漳浦台湾农民创业园(花卉产业区)

(1) 背景资料

福建漳浦台湾农民创业园是由农业部、国台办首批批准设立的两个台湾农民创业园之一，是漳浦县委、县政府贯彻中央对台方针，落实福建省委省政府关于"建设海峡西岸经济区"建设战略构想的重要举措。

创业园位于福建省漳浦县，在厦门和汕头经济特区之间，与台湾岛隔海相望，漳诏高速公路、国道324线和厦深铁路贯穿全境，交通便捷。园区属典型的南亚热带海洋季风气候，年平均气温21℃，年日照2000h以上，年降水量1770mm，无霜期大于363d，有"天然温室"之称。

创业园园区建设基础良好，产业特色鲜明。创业园核心区是国家两部一办批准的"海峡两岸(漳州)农业合作实验区"和科技部批准的国家农业科技园区的重要组成部分，也是每年一届的海峡两岸(福建漳州)花博会所在地，是一个集科研、培训、生产、加工、营销、休闲于一体的现代农业和对台农业合作的示范基地。经过几年的建设，园区已形成了水果、花卉、茶叶、蔬菜、畜牧、水产等多个农业支柱产业并举的发展格局，被评为"中国龙眼之乡""中国荔枝之乡""中国芦笋之乡""中国花木之乡""中国榕树盆景(沙西)之乡""中国茶文化(盘陀)镇"和"全国重点花卉市场"。

创业园规划总面积30 000亩，按照"集聚发展，优化产业，典型示范"的发展思路，设有"两个中心、六个产业区"，即科技服务中心、创业孵化中心，花卉产业区、果蔬产业区、茶叶产业区、渔业产业区、农副产品加工产业区、农畜产品加工产业区。通过这些功能区的示范带动，进一步提升农业科技水平，提高农业生产效益，为台湾农民在大陆创业提供了新的发展机遇和空间，使创业园真正成为台湾农民创业的平台，两岸农业合作的平台，农业科技孵化的平台，两岸农民感情交流的平台。

科技服务中心位于漳浦马口，规划面积50亩，其中，科技服务综合楼5亩，中试基

地35亩，植保基地10亩。并组建了6个部，即综合服务部、信息网络部、培训交流部、产业合作部、植物保护部、中试基地部，同时配备办公、会议、餐厅等设施。科技服务以花果茶蔬等园艺作物为重点，兼顾其他行业，使创业园真正成为农业技术组装集成的载体，市场与农户联结的纽带。

创业孵化中心位于创业园核心区，规划面积400亩，建设组培、引种繁育、孵化三个基地；组建物业部、研发部、市场部。创业孵化中心是创业园引进、研发、创新的核心，也是园区新技术、新品种、新工艺的孵化器和成果产业化的摇篮。通过引进台湾优良品种及先进配套技术，开发适合我国，并与国际接轨的农业生产、保鲜、商品化处理和加工系列技术，在创业孵化中心内积极培训和引进相关专业技术人员，增强农产品在国际市场的竞争力，使创业园真正成为现代农业科技的辐射源。

花卉产业区位于漳浦马口，规划面积6000亩，其中，核心区1500亩、花博览园2000亩、水土保持科教基地300亩、花卉示范基地1200亩、观赏农业基地500亩、林木科技示范基地500亩。重点发展花卉产业，突出设施栽培、生物科技、技术培训、示范推广等技术配套功能。创业园的核心区位于花卉产业区内，是创业园农业科技引进、试验、创新和成果转化、科技培训、信息传递、管理服务的中枢，其中设立“两个中心，三个点”，即科技服务中心50亩、创业孵化中心400亩；生活居住点50亩、生产示范点500亩、生态示范点500亩。

(2) 实习目的

① 通过参观台湾农民创业园，了解现代农业设施的种类、结构、形式、建造特点及使用情况，为花卉保护栽培，满足一定的生产需求提供指导。

② 了解蝴蝶兰等热带花卉的生产全过程。

③ 掌握工厂化花卉盆栽生产、繁殖、经营管理及其在园林和日常生产生活中的应用技术。

(3) 实习内容

① 参观台湾农民创业园，了解现代农业设施的种类、结构、形式、建造特点及使用情况。

② 组织学生前往漳州钜宝、漳州新镇宇等生物技术公司的植物组织培养生产车间、管理车间及蝴蝶兰种植基地参观，了解蝴蝶兰育苗全过程，了解蝴蝶兰生产管理实践、组培生产操作。

(4) 实习作业

① 了解现代农业设施的种类、结构、形式、建造特点及使用情况。

② 完成蝴蝶兰生产流程图。

4.2.5 福建省林业科技试验中心(南靖)

(1) 背景资料

福建省林业科技试验中心是福建省林业局直属的公益性事业单位，创建于1963年，原名福建省南靖紫胶站，1979 年更名为福建省林业紫胶工作站，1989 年更名为福建省闽南工业原料技术推广站，1996 年更名为福建省林业科技试验中心，地处素有“中国兰花之乡”之称的漳州市南靖县。

林业科技试验中心主要从事林木和花卉科研试验、良种培育、引种驯化、新品种选育、中试、技术示范、技术推广等工作。经过多年的努力，建成优良林木、花卉种质资源库、子代测定林等试验基地 $148hm^2$，组培试验室 $2500m^2$，花卉温室试验大棚逾 30 000m^2。

(2) 实习目的

① 识别林业试验中心栽培的园林植物，掌握其主要形态特征、生态习性、栽培繁殖、园林应用等知识。

② 了解常见园林苗木的生产过程。

(3) 实习内容

① 调查并整理林业试验中心常见栽培的园林植物名录，并学习利用这些植物进行植物造景。

② 概括常见园林苗木从育苗到出圃的各阶段的育苗技术要点。

(4) 实习作业

① 完成植物名录(含学名、科属、植物识别要点、生态习性)50 种以上。

② 选择林业试验中心常见栽培的园林植物 3~5 种，列表简要概括其从育苗到出圃各阶段的育苗技术要点。

4.3 厦门市典型案例

4.3.1 厦门园林植物园

(1) 背景资料

厦门市园林植物园，俗称“万石植物园”，位于厦门岛东南隅的万石山中，始建于 1960 年，是福建省第一个植物园，占地 4.93km^2。园区地处南亚热带海岛，夏无酷暑，冬不严寒，气候宜人；园内山峦起伏，无山不岩，奇岩趣石遍布，沟壑纵横，山岩景观独特；除众多摩崖石刻，另有省、市级文物保护单位多处，历史悠久。依托如此得天独厚的条件，建园以来，在大力荟集植物品种的同时，精心营造专类园，使新的人文景观与旧有景观交融，风景资源丰富和景观类型之多为国内其他植物园所罕见，已成为国内颇具特色、影响广泛的园林植物园。

作为风景名胜区的重要组成部分，多年来，厦门园林植物园从规划着手，倾力保护原有自然景观和人文景观，修复多条登山游步道，使著名旧景点、众多摩崖石刻得以基本保存完好。

作为引种驯化和园林建设示范基地，植物园充分发挥了应有作用。至今全园已引种、收集 6300 多种(含品种)植物，并拥有相对优势的植物种类——棕榈科植物、仙人掌科和

多肉(多浆)植物、苏铁科植物和藤本植物等。根据规划，已建成裸子植物区、棕榈岛、蔷薇园、沙生植物区、雨林世界、花卉园、藤本区等特色专类园十余个，大大丰富了风景区景观。

(2) 实习目的

① 掌握专类园(植物园)设计的基本方法。

② 掌握亚热带地区园林空间植物配置的基本方法。

③ 掌握亚热带地区园林植物的识别方法。

(3) 实习内容

① 总体布局　在总体规划中，结合基址上原有名胜、历史遗迹的分布情况，将园区划分为三大区域，即万石景区、紫云景区和西山景区。

万石景区　包含裸子植物区、棕榈植物区、南洋杉草坪、百花厅、蔷薇园、竹类植物区等专类园区，以及新碑林、万石莲寺、“太平笑石”等人文景致。目前，万石景区是园中建设最为完整、配套设施最为齐全的区域。该区侧重于体现岭南园林风貌，以湖光山色为依托，以各色热带、亚热带植物景观为主体，并巧妙地揉合自然景观和人文景观。在功能上，该区主要发挥科普和游览观光的作用。

紫云景区　包括雨林世界、药用植物区、藤本彩叶灌木区、沙生植物区等专类植物区，还有天界寺、天界晓钟等人文景观。该区域以模拟热带雨林景观为开端，通过水系贯穿，延伸至藤本植物区等区域。紫云景区重在展示新奇的植物种类，旨在修复和创造良好的生态环境，塑造一种自然原始、富含野趣的山林景象，以满足人们重返大自然、亲近绿色的心理需求。

西山景区　位于园区西北部，涵盖了环西山源的大片区域。其北接植物园北门，西与太平岩交接。目前，西山景区仍处于大规模开发与整治阶段，拟作为未来植物园引种驯化的中心。

② 景点介绍

• 裸子植物区　位于万石景区内，包含松杉园和苏铁园两部分。该区重在展示裸子植物的进化顺序及亲缘关系。目前，厦门植物园引种栽培的裸子植物有100多种，隶属于11科27属。其中，南洋杉科和苏铁科的种类是其引种栽培的重点。

松杉园　紧邻万石湖西侧，占地2hm^2，始建于1970年，1979年正式对外开放。该园因地制宜，在入口处建有水池，池中有白鹤雕塑挺立，池边有松鹤亭。该园依据郑万钧裸子植物分类系统布置，栽有松、杉、柏类植物近80种。其中，既有南洋杉(*Araucaria cunninghamii*)、雪松、金钱松(*Pseudolarix amabilis*)等世界著名园景树，又有被称为“活化石”的水杉(*Metasequoia glyptostroboides*)，以及孑遗植物银杏等。同时，配景植物选择了花叶芦竹(*Arundo donax* var. *versicolor*)、‘红枫’(*Acer palmatum* ‘Atropurpureum’)、鹅掌揪(*Liriodendron chinense*)等种类。园区植物景观和园林小品巧妙结合，又有曲折小径穿梭其间，饶有趣味。

苏铁园　位于松杉园北侧。该园从20世纪60年代开始苏铁的引种驯化工作，1975年成立专类园，是国内较早建立的苏铁专类园之一。园区面积4.8hm^2。至今，园内保存、

栽培从国内外引进的苏铁植物共3科9属64种。其中，苏铁属种类最多。

在布局上，该园分为国内和国外两个展区。国产的苏铁种类安排在苏铁园的核心区域，以体现我国是苏铁(*Cycas revoluta*)的主要产区这一理念，国外引进的苏铁种类则栽植于国内苏铁区外围。在种类展示时，将苏铁植物按苏铁科、泽米铁科和蕨铁科分开栽植，并保证使其在数量、面积上占主导地位，充分体现了专类园植物种植的要求。除了露地栽植，还有盆栽的展示形式，将盆栽苏铁作为重要的景观艺术来展示。由于苏铁科植物大多比较低矮，因此，在配景植物选择上，选用一些高大乔木如榕树(*Ficus microcarpa*)、大王椰子(*Roystonea regia*)、桃花心木(*Swietenia mahagoni*)、柚木(*Tectona grandis*)、台湾相思树(*Acacia confusa*)等，来营造上层植物景观。

• 竹类植物区　位于万石湖北侧，始建于1960年。目前，该区引种、保存竹类植物有25属，160多种。其中，以丛生型观赏竹种为主，如小琴丝竹(*Bambusa multiplex* var. *stripestem-fernleaf*)、银丝竹(*Bambusa multiplex* var. *silverstripe*)、'黄金间碧'竹(*Bambusa vulgaris* 'Vittata')、方竹(*Chimonobambusa quadrangularis*)及泰竹(*Thyrsostachys siamensis*)等。

对于不同竹种的布置和展示，该园采用传统的自然式布局。结合原有此起彼伏的地形，按不同种类的高度、观赏特性等，沿石阶小路，在其两旁交互栽植，有序排列，因而使整体植物景观呈现出高低错落、曲直有致之景象。又由于该园区南面临湖，因此，竹林苍翠，湖光竹影，意境幽远，趣味盎然。

• 棕榈园区　为延伸入湖中的半岛，占地逾10hm^2，位于万石湖的东侧。因以种植棕榈类植物为主，故又名棕榈岛。目前，该园区从国内外引种棕榈科植物有近500种，数量之多、品种之丰富在国内名列前茅。

棕榈植物区内地势多样，地形变化不一，既有缓坡草坪，也有滨水坡地，又有曲直变化的游览小径穿插其间，空间层次甚是丰富。本着因地制宜的原则，将不同的种类分别布置。对于缓坡草坪，按照高度将不同的种类穿插栽植，疏密互补，以营造出高低有致的植物景观，而在靠近水岸处，则以展示耐水湿、姿态优美的种类为主，如棕榈(*Trachycarpus fortunei*)、椰子(*Cocos nucifera*)、鱼尾葵(*Caryota maxima*)等。对于主要交通干道，在其两旁列植高大的乔木种类，如大王椰子(*Roystonea regia*)、贝叶棕(*Corypha umbraculifera*)、槟榔(*Areca catechu*)、董棕(*Caryota obtusa*)等，并在中、下层搭植短穗鱼尾葵(*Caryota mitis*)、散尾葵(*Chrysalidocarpus lutescens*)、青棕(*Ptychosperma macarthurii*)等较为低矮的种类。对于游览性的小路，在其两侧安排植株稍小的种类，如蒲葵(*Livistona chinensis*)、弓葵(*Butia eriospatha*)、棍棒椰子(*Hyophorbe verschaffeltii*)、国王椰子(*Ravenea rivularis*)等，重在突出植物的趣味性，而对于游人不便进入的地区，植物则栽植得较为繁密。在该区的植物景观中，最为精彩的要数临湖半岛处的植物配置。岛上交互密植棕榈类植物，形态各异，高矮交错，又有挺拔秀丽的柠檬桉(*Eucalyptus citriodora*)穿插其间。加之该处三面环水，又有万石山作背景，因此，从对岸眺望，青山环抱，湖光、山色、翠影相互交融，甚为壮观。

• 蔷薇园　地处棕榈植物区东北侧。该园依地而建，是一处以栽培、保存适宜本地生长的蔷薇科植物为主的专类园。因蔷薇科植物大多花形优美、花色绚烂、花香怡人，因此该园是园中少数以观花为主的专类园区之一。在植物景观营造上，蔷薇园以常绿的棕榈

类植物为衬底，中央为大面积空旷的缓坡草坪，蔷薇科种类多沿草坪边缘栽植，有桃（*Amygdalus persica*）、李（*Prunus salicina*）、梅（*Armeniaca mume*）、绣线菊（*Spiraea salicifolia*）、火棘（*Pyracantha fortuneana*）、木瓜（*Chaenomeles sinensis*），以及蔷薇（*Rosa multiflora*）和月季（*Rosa chinensis*）的多个品种。同时，为满足不同季节的观赏需求，还搭配些许榕树（*Ficus microcarpa*）、白花羊蹄甲（*Bauhinia acuminata*）、白玉兰（*Michelia alba*）、鸳鸯茉莉（*Brunfelsia brasiliensis*）、巴西红果（*Eugenia uniflora*）、芭蕉（*Musa basjoo*）等配景植物。园区西南部为一处较大面积的水体，其在东南角隅凝成溪流，缓缓汇入万石湖中。缓坡草坪由其东北侧自然地延伸到水中，沿水岸时有置石，栽有美人蕉（*Canna indica*）、鸢尾（*Iris tectorum*）、文殊兰（*Crinum asiaticum* var. *sinicum*）、花叶芦竹（*Arundo donax* var. *versicolor*），水中还栽有睡莲（*Nymphaea tetragona*）和荷花（*Nelumbo nucifera*）等水生植物。在水体西北侧，设有玫瑰花瓣造型的音乐舞台。

此外，园区内还可欣赏到“万笏朝天”“象鼻峰”等景致，植物景观和自然景致交相辉映。

● 南洋杉草坪　坐落于万石湖南侧，占地面积达 $12hm^2$，是植物园中又一处具有鲜明特色的景区。南洋杉是世界五大著名园景树之一，该区共引种、保存 2 属 7 种，是目前国内展示南洋杉科植物最为集中的基地之一。在造园手法上，园区正中央布置为自然式的开阔草坪，偶有南洋杉树群点缀环绕边缘逐渐过渡为疏林草地，散植南洋杉科乔木；最外围为稍密的南洋杉林带；林带下层配植鸳鸯茉莉（*Brunfelsia brasiliensis*）、杜鹃花（*Rhododendron simsii*）、蜘蛛兰（*Hymenocallis speciosa*）、土麦冬（*Liriope spicata*）等种类，以丰富季相。总之，该景区恰如其分地利用原有缓坡地形，使开阔的草坪与高大挺拔的南洋杉类植物互为搭配，成功地营造出高、深、阔的意境氛围。

历年来，诸多国家领导人在参观厦门植物园时，都在南洋杉草坪留下了珍贵的痕迹，如 1984 年邓小平同志在南洋杉草坪亲手种植了一株大叶樟（*Cinnamomum burmannii*）。如今，南洋杉草坪俨然成为最受游人喜爱的休憩场所之一。

● 百花厅　位于万石景区内，坐落在樵溪下游汇入万石湖的缓坡地带上，始建于 1979 年。百花厅是植物园中主要的室内植物展示区，以展示室内花卉为主，包含众多的室内观花、观叶、观果、观姿等种类。就造园手法而言，百花厅采用的是园中园格局。其以中式庭园为蓝本，以开阔的水池居中，建筑多为传统的木结构。花卉展厅分为五组，均沿池而置，相互之间或以梁桥连接，或以路径相通，进退穿插、错落有致。池中栽有水生植物，如荷花、睡莲、王莲（*Victoria amazonica*），池边有龟背竹（*Monstera deliciosa*）、香蒲（*Typha orientalis*）、纸莎草（*Cyperus papyrus*）、芭蕉等耐水湿的种类。沿亭廊环顾，一路上可观赏到月季、杜鹃花、美人蕉等富有岭南庭园风情的花卉种类，还有独处一角的阴生植物景观，等等。展厅内部展示的植物也甚为多样，有近百种。园区内又有迎春（*Jasminum nudiflorum*）、鸢尾‘鸡蛋花’（*Plumeria rubra* ‘Acutifolia’）、散尾葵、白兰花（*Michelia alba*）、桂花（*Osmanthus fragrans*）等花草树木，实为百花汇集之地。

● 沙生植物区　即仙人掌及多浆类植物专类园区。该类植物是厦门植物园主要优势种群植物，引种历史长、品种多，已成为国内主要引种地之一，在国内占有重要地位。该

专类园位于植物园内金石园、太平山南侧，处全园地理中心，用地规模为 8. 85hm²。沙生植物区建设以多肉植物收集、迁地保护和植物的展示为目的。在整体的专类园规划设计中，充分考虑植物物种的生态特性、观赏特性、文化特性以及物种价值特性，运用景观造景手法突出植物专类园中的主题性植物。专类园区建设沿山麓建展馆，有仙人掌馆(1 号馆)、专类的多肉馆(2 号馆)、森林性多肉馆(3 号馆)及生产园田(大棚种植区)，配套的园区管理房(兼具服务、接待功能)，收集、繁殖、展示不同生态类型的仙人掌与多肉(浆)类植物。专类园主入口设于万石路北侧，室外展区经过地形地貌改造、土壤改良后，地貌辟为拟沙漠人工生态景观，设置旱河、沙漠绿洲、观景廊、骆驼雕塑等室外景观元素，与各展馆构成别具风格的建筑温室和植物生境景观。

• 藤本植物区　建于 2003 年，与一些彩叶灌木共同组成藤本彩叶灌木区，占地约 15hm²,是紫云景区的重要组成部分。2003 年，植物园着手建设藤本植物区，以栽植、展示观赏性藤本种类为主，包括观花、观叶、观果、观茎等类别。其中，以观花种类居多，如紫葳科就有硬骨凌霄(*Tecoma capensis*)、凌霄(*Campsis grandiflora*)、美国凌霄(*Campsis radicans*)、粉花凌霄(*Pandorea jasminoides*)、紫芸藤(*Podranea ricasoliana*)、连理藤(*Clytostoma callistegioides*)、猫爪藤(*Macfadyena unguis-cati*)、炮仗花(*Pyrostegia venusta*)、蒜香藤(*Mansoa alliacea*)等。在植物展示上，该区充分结合各类园林小品，有攀缘覆盖于廊架之上的，如紫藤(*Wisteria sinensis*)、红花龙吐珠(*Clerodendrum thomsoniae*)等；有借助亭榭攀附的，如金银花(*Lonicera japonica*)、龙须藤(*Bauhinia championii*)。同时，对于一些特殊的种类，还运用了专门的辅助栽植手段，如铁丝网、栅栏、篱笆、护坡、棚架等。这些形形色色的藤本观赏植物以种为栽植单位，随意地散布于缓坡草坪上。另外，园区内还栽种大量的彩叶灌木，在很大程度上丰富了植物景观。

• 雨林景区　是厦门植物园三大景区之一的紫云景区的组成部分，位于五老峰北麓，东、南两面与藤本彩叶植物区接壤，西面与药用植物区相邻，区域面积约 15hm²，主要沿樵溪沟谷周边建造，并逐渐向两翼扩展。景区内有厦门旧二十四景的景外景“紫云得路”和“高读琴洞”景点，并有建于明代万历年间的厦门市文物保护单位——樵溪桥和将军墓。

雨林景区的主要原生植被类型为马尾松、台湾相思林，乔木层以马尾松(*Pinus massoniana*)和台湾相思为主，有些地段伴生有亮叶猴耳环(*Archidendron lucidum*)、土密树、潺槁树(*Litsea glutinosa*)、朴树(*Celtis sinensis*)、薄姜木(*Vitex quinata*)、山黄麻(*Trema tomentosa*)等，群落外貌呈绿色或翠绿色。灌木层主要有豺皮樟(*Litsea rotundifolia* var. *oblongifolia*)、山芝麻(*Helicteres angustifolia*)、福建胡颓子(*Elaeagnus oldhamii*)、石斑木(*Rhaphiolepis indica*)、黄栀子(*Gardenia jasminoides*)、鸦胆子(*Brucea javanica*)、桃金娘(*Rhodomyrtus tomentosa*)、车桑子(*Dodonaea viscosa*)、了哥王(*Wikstroemia indica*)、野牡丹(*Melastoma malabathricum*)、朱砂根(*Ardisia crenata*)等；草本层种类繁多，常见的有芒萁(*Dicranopteris pedata*)、山菅兰(*Dianella ensifolia*)、韩信草(*Scutellaria indica*)等；区内藤本植物丰富，常见的有青江藤(*Celastrus hindsii*)、两面针(*Zanthoxylum nitidum*)、玉叶金花(*Mussaenda pubescens*)、千里光(*Senecio scandens*)、匍匐九节木(*Psychotria serpens*)、羊角藤(*Morinda umbellata*)、菝葜(*Smilax china*)、鸡矢藤(*Paederia foetida*)、异叶爬山虎(*Parthenocissus heterophylla*)等；水生植物有空心莲子草(*Alternanthera philoxeroides*)、水竹叶(*Murdannia*

triquetra)、姜花(*Hedychium coronarium*)、菹草(*Potamogeton crispus*)等。

沟谷地段还分布有榕树群落，主要树种有榕树、梧桐(*Firmiana simplex*)、朴树等，林下层相对稀疏，种类也较少，有苎麻(*Boehmeria nivea*)、雀梅藤(*Sageretia thea*)、野雉尾(*Onychium japonicum*)等，树干上附生有圆盖阴石蕨(*Davallia teyermannii*)，藤本植物有异叶爬山虎等。

• 花卉园　坐落在植物园西北角隅，位于西山景区内。其占地面积 5.7hm^2，于 2007 年开始对外开放。该园区以收集和引种热带、亚热带观赏花卉为主，现展示的花卉品种已逾 100 个。

花卉园地处群山环抱之中，具有得天独厚的小气候条件。在造景手法上，以欧式风格为主。园内地形高低起伏，多为草坪覆盖。在布置花卉时，因势利导，以草地为衬底，将不同的花卉种类以花带的形式展示，色彩缤纷，形态各异。在草坪边缘或花带之间，兼植观叶类小型灌木或整形植物，如小叶榕(*Ficus concinna*)、花叶榕等，与下层低矮的草花、草坪形成造型上的对比和层次上的互补，同时又能又弥补稀花期的植物景观。总体来说，花卉园具有植物种类繁多，布置规模庞大，观赏与科普结合，布局合理，园景优美等特点。园内常年花开不断，富有浓郁的田园气息，因此深受游人欢迎。

(4) 实习作业

① 完成植物园内一两处专类园植物配置分析(如南洋杉大草坡、热带雨林区等)，要求图文并茂。

② 完成植物园内的植物名录 200 种以上。

③ 试述如何对植物园中的专类园进行植物种质资源收集和配置。

4.3.2 五缘湾湿地公园

(1) 背景资料

五缘湾湿地公园是厦门岛内最大的主题生态公园，被喻为厦门独一无二的“城市绿肺”，它位于厦门市五缘湾片区南部，全园南北长约 3km，东西宽约 0.5km 的狭长水道及区域，用地范围内地势平坦，标高在 0~12m，东南地势较高，中部及北部地势较低，总占地面积为 92×10^4m^2。

该湿地公园的设计理念是不破坏原有的生态基础，尽量利用现有的生态环境，以保护、修复为主，重构为辅，营造一个绿色原生态的湿地公园。在五缘湾湿地公园现在的地块上，已有的水栖和湿生植物带、水生植物群落、芦苇及湿地区域植物群落都将得到保护，并种植有台湾相思、木槿(*Hibiscus syriacus*)、银合欢(*Leucaena leucocephala*)、睡莲、红树等植物。而目前栖息在湿地中的包括黑天鹅、野鸭等在内的 9 科 25 种湿地水鸟及 17 科 29 种山林和农田鸟类也将继续在此栖息和繁衍。

(2) 实习目的

① 掌握湿地公园的规划设计，重点学习湿地生态保护性规划及驳岸设计的模式。

② 掌握亚热带地区湿地景观的主要植物种类及植物配置方式。

(3) 实习内容

① 空间布局　在功能分区规划方面，该公园设有湿地生态自然保护区、环湖特色生态过渡区、环湖休闲运动区、湿地迷宫栈桥、湿地植物展示及红树林植物区。所有的自然景观都是依现有的风景和地貌顺势而为，毫无人工雕琢的痕迹。

② 设计特点　五缘湾湿地公园，因其“绿肺”“蓝肾”“白鹭”的三大特色，深受广大市民喜爱。

绿肺　五缘湾湿地公园原为污染严重的滩涂，初步建设后，以保护为主、修复为辅进行提升改造，在保持原生态环境的基础上，设有核心保护区、生态保育区、生态净化区和生态休闲区等。园内植物种类丰富，乔木、灌木、草本共计400多种。保留大量原生乡土树种，如榕树、朴树、苦楝(*Melia azedarach*)、乌桕(*Triadica sebifera*)、桑树(*Morus alba*)和木麻黄(*Casuarina equisetifolia*)等，其中朴树为厦门岛内最大的朴树群落。粉花腊肠树(*Cassia fistula*)、紫梦狼尾草(*Pennisetum alopecuroides*)、红柄水竹芋等新品种的应用，为公园增添别样风采。公园陆地绿地面积达50hm^2以上，郁闭度高达0.9m，形成一个天然氧吧，被厦门人亲切地称为“城市绿肺”。

蓝肾　五缘湾湿地公园水域面积约22hm^2，蓄水量约$30\times10^4m^3$。但原水域受上游水源的污染，水质日益变差，为典型的劣五类水。在夏季，湿地公园汇集的雨水尚可维持蒸发量和其他需求，但在旱季，若没有水源的补给，水面将会干枯。

基于维持湿地公园的内部生态平衡和净化水源的出发点，在上游河道和核心保护区的主水域之间建设“迷宫”生态过滤池，占地2hm^2。并回收利用附近污水处理厂的中水，引入过滤池中。通过过滤、吸附、共沉、离子交换和植物吸收等生态修复手法，高效净化湿地公园水质。构建人工湿地系统，合理搭配各类水生植物，营造优美的植物景观。池中种植的水生植物[如芦苇(*Phragmites australis*)、再力花(*Thalia dealbata*)、水葱(*Schoenoplectus tabernaemontani*)、水生美人蕉(*Canna glauca*)等]，其根系可吸收水体中的氮、磷等污染元素，在改善水质的同时增加观赏效果和趣味性。

园内水体分为淡水、海水和咸淡水三种不同水质，在全国范围内极其罕见。不仅为植物的生长提供了不同的生境，而且对研究水生植物而言具有极高的科研价值。秋茄(*Kandelia candel*)、白骨壤(*Avicennia marina*)、无瓣海桑(*Sonneratia apetala*)和木榄(*Bruguiera gymnorhiza*)等红树林树中生长茂盛。

整个湿地就是一个“海绵体”，可消纳净化大量的城市雨水，形成一个净化、吸收、再利用的生态循环系统，被人们形象地称为“城市蓝肾”。

白鹭　白鹭作为厦门市市鸟，在五缘湾湿地公园内筑巢繁殖，随处可见。这是厦门岛内唯一的鹭类集群繁殖地，也是候鸟南北迁徙的重要“驿站”，更是栗喉蜂虎的保护区。目前，五缘湾湿地公园生活着9科25种湿地水鸟以及17科29种山林和农田鸟类。其中，有中国及日本协定保护候鸟19种，中国及澳大利亚两国政府协定保护的候鸟9种；拥有国家二级重点保护野生鸟类5种，福建省重点保护鸟类9种。园内水草秀美，绿水环绕，鱼鸟共生，生机盎然，富有野趣。

(4) 实习作业

① 如何在人为景观中恢复自然生态景观？

② 湿地景观有哪些特点？在植物的选择上应注意哪些问题？

③ 整理并罗列出亚热带湿地景观生态平衡系统动植物名录。

4.3.3 厦门园博苑

(1) 背景资料

厦门园博苑，全称厦门国际园林博览苑，是由中华人民共和国建设部和厦门市人民政府共同主办的2007年第六届中国(厦门)国际园林花卉博览会的举办地，位于厦门杏林湾。由原先的杏林湾中洲及附近岛屿和湾西、湾北海岸线上的部分地区组成；开工建设时人工开凿河道，把中洲及附近岛屿统一规划为9个岛，由16座桥梁相互连接，形成“水上园博园”。总面积10.82km^2，其中，陆域面积5.55km^2，水域面积5.27km^2。

厦门园博苑面积6.76km^2，其中水域面积占了全园面积的一半以上，是世界上独一无二的水上大观园。园博苑以广阔的杏林湾水域为背景，由5个展园岛、4个生态景观岛以及2个半岛组成，自然形成多岛结构、众星拱月的园在水上、水在园中的景观特点。

长2100m的园博大道从大门向大海深处延伸。说是大道，其实是一个带状景观公园，按照金木水火土的理念设计建造。园博大道把9个岛屿串成了一条独具南国特色的珍珠岛链，各地园区星罗棋布分散在园博大道两侧，游人置身其中就能领略到园博苑别样的风情。

园博苑按中国古典园林流派，结合现代园林风格建造了北方园、江南园、岭南园、民族风情园、国际园、闽台园等10大园区，每个园区都有各自非常鲜明的特色。

(2) 实习目的

① 参观园博苑，了解建设本园的目的。

② 了解设计的方法和设计思想。

③ 了解造园的手法。

④ 了解本园的生态特性，以及植物的选择等。

(3) 实习内容

① 识别　植物识别，造园手法，景观特色。

② 应用　选择一个特色园进行实测，记录建筑物、构筑物尺度、植物配置等，完成一项作业，包括平面图、景园特点说明、植物配置特色等。

③ 维护　了解植物养护管理情况，包括除草、打草、整形修剪、浇水、施肥、病虫害防治等。

(4) 实习作业

以组为单位，选择一个特色园进行实测，记录微缩景观中的建筑物、构筑物尺度，植物配置等，完成一项作业，包括平面图、景园特点说明、植物配置特色等。

5 实验实习指导

5.1 植物学基础实验

实验1 植物细胞基本结构的观察

一、实验目的

① 观察认识植物细胞的基本结构及主要组成部分。
② 了解植物细胞内质体及后含物的种类和形态特征。
③ 观察纹孔、胞间连丝，建立细胞间相互联系的概念。

二、实验材料

洋葱鳞茎、黑藻(*Hydrilla verticillata*)、辣椒(*Capsicum annuum*)、马铃薯(*Solanum tuberosum*)、紫鸭跖草和印度橡皮树(*Ficus elastica*)的叶等。

三、实验设备

显微镜、擦镜纸、镊子、解剖针、载玻片、盖玻片、刀片、培养皿、吸水纸、滴管和纱布等。

四、实验试剂

蒸馏水、I_2-KI溶液、饱和食盐水等试剂。

五、实验步骤

(一) 洋葱鳞叶表皮细胞结构的观察

1. 制作临时装片

取新鲜的洋葱鳞片叶，撕下一小片透明的、薄膜状表皮，迅速转移至已准备好的载玻片上的一滴水中，展平，盖上盖玻片，制成临时装片，然后放在显微镜镜台上观察。

2. 观察细胞基本结构

在低倍镜下观察洋葱鳞叶表皮细胞的形态和排列状况，选择比较清楚的细胞置于视野的中央，换用高倍镜进一步放大，仔细观察，识别细胞壁、细胞质、细胞核各个部分。

（二）质体的观察

1. 叶绿体

取一片较嫩的黑藻叶片，制成水封片，在显微镜下可见细胞中有许多绿色的椭圆形颗粒，即叶绿体。

2. 有色体

取一小块红辣椒果皮，置于载玻片上捣碎，或切取小长条果肉，用徒手切片法，切成薄片，制成水封片，在显微镜下可见果肉细胞的无色细胞质中具有红色的长方形颗粒，即有色体。

（三）胞间连丝的观察

取柿胚乳永久封片观察，调节细调焦轮，注意观察许多穿过细胞壁的细丝，即胞间连丝。

（四）后含物的观察

1. 淀粉粒

将马铃薯块茎切开，用镊子将剖面处的细胞捣碎，取捣碎的细胞和汁液放在载玻片的一滴水中，洗出捣碎的细胞的内含物——淀粉，水呈乳白色，去除残渣，制成水封片。显微镜下可见大小不等的卵圆形或椭圆形颗粒，即淀粉粒。

高倍镜下仔细观察脐点和轮纹，区分单粒淀粉粒、复粒淀粉粒和半复粒淀粉粒。

2. 蛋白质

剥去蓖麻种子坚硬的外种皮，用乳白色胚乳部分做徒手切片。马铃薯块茎选取带皮的部分做徒手切片，分别制成水封片。显微镜下可见在蓖麻胚乳薄壁细胞中有大量小而无同心圆纹及点的颗粒，即糊粉粒。糊粉粒是植物细胞中贮藏蛋白质的主要形式。

3. 脂肪

取蓖麻种子胚乳做徒手横切，滴加苏丹Ⅲ染色并制成封片，显微镜下观察，可见胚乳细胞中有被染成橘黄色的油滴，即脂肪。

4. 结晶体

① 取空心莲子草（水花生），将其茎做徒手横切，制作水封片，置于显微镜下观察，可见到花朵状的草酸钙簇晶。

② 取紫鸭跖草茎做徒手横切，并制作水封片，置于显微镜下观察，可见茎中心髓的薄壁细胞中整齐成束排列的针状草酸钙结晶。

③ 取印度橡皮树叶，垂直于主脉切取一长条做徒手切片，制作水封片，置于显微镜下观察，可见叶表皮中有些大型的薄壁细胞，它们的外切向壁细胞中央长出一个柄状突起，在柄的先端有一圆球体，表面具有刺突状的结晶，即钟乳体，为碳酸钙结晶。

六、作业

① 绘洋葱鳞叶的表皮细胞，并注明各部分名称。
② 绘马铃薯的各种淀粉粒。
③ 绘蓖麻种子细胞内的一个糊粉粒。

实验2 植物组织观察

一、实验目的

① 掌握植物各类组织的形态结构、细胞特征及其在植物体内的分布。
② 了解植物各类组织间的相互关系，并理解组织与机能的统一关系。

二、实验材料

洋葱根尖纵切永久封片、马铃薯块茎、美人蕉叶、新鲜青菜(*Brassica* sp.)叶、蚕豆(*Vicia faba*)叶、玉米叶、南瓜茎、椴树(或梨)茎横切面永久封片、新鲜梨果实、桂花叶、天竺葵茎横切面永久封片、棉花(*Gossypium* sp.)叶横切面永久封片、松茎横切面永久封片、蒲公英、橘皮；松木质部的离析材料、葡萄茎离析材料或木槿茎离析材料等。

三、实验设备

显微镜、擦镜纸、载玻片、盖玻片、镊子、刀片、培养皿、吸水纸、纱布和滴管等。

四、实验试剂

蒸馏水、间苯三酚、番红水溶液、苏丹Ⅲ和 I_2-KI 溶液等。

五、实验步骤

(一) 分生组织的观察

取洋葱根尖纵切永久封片，先在低倍镜下找到根尖的先端，区分根冠、分生区、伸长区和成熟区，并在分生区找出处于分裂间期、前期、中期、后期和末期的细胞，比较染色体的变化。

(二) 薄壁组织的观察

用徒手切片法制作水封片进行观察：马铃薯块茎薄壁细胞中含大量的淀粉——贮藏组织；美人蕉叶柄薄壁细胞形成很多臂状突起，末端互相连接，构成很大的气室——通气组织；各种绿色叶片横切可见，叶肉细胞内含大量叶绿体，进行光合作用，制造有机养料——同化组织。

（三）保护组织的观察

1. 初生保护组织

撕取一小片蚕豆叶的下表皮，置于载玻片上，制成水封片，可看到表皮细胞结合紧密，没有细胞间隙，细胞壁边缘呈波状彼此嵌合，细胞内原生质体呈一薄层，中间有大液泡，不含叶绿体。注意观察气孔器在表皮上的分布情况，换高倍镜观察保卫细胞，细胞壁薄厚是否完全一致，细胞中有无叶绿体，思考其结构与气孔的开闭有何联系。

取一段新鲜玉米叶，平放在载玻片上，用刀片割取小片透明的下表皮，制成水封片，置于显微镜下观察，可看到表皮呈纵行排列，由长短不同的细胞组成，长细胞中间夹着短细胞。气孔器由两个两端膨大的哑铃形保卫细胞、两个半圆形的副卫细胞和中间的孔组成。注意观察气孔器的分布及结构特点，并与蚕豆的气孔器相比较。

2. 次生保护组织

取椴树茎横切永久封片，用间苯三酚染液直接制成水封片，置显微镜下观察。最外几层被染成红色的细胞是木栓层，木栓层内有 1 层细胞，壁薄、扁平，其原生质浓厚，细胞具分裂能力，称为木栓形成层，由于它的活动，向外分裂的细胞形成木栓层，向内分裂的细胞形成 1~2 层栓内层，三者共同构成周皮。换高倍镜仔细观察组成周皮细胞的形态和排列特点。

（四）机械组织的观察

1. 厚角组织

取南瓜茎做徒手横切片，制成水封片，在茎外围突起的棱处往往有发达的厚角组织。

2. 厚壁组织

在上述切片中，可以看到 2~3 层细胞壁均匀增厚的多边形细胞，相互紧密连接，排成一圈，这就是厚壁组织。

① 纤维　观察时，用镊子取出一小撮木植皮置于载玻片上的一小滴水中，用解剖针将其拨匀，盖上盖玻片。在显微镜下观察，纤维细胞细长而两端锐尖，细胞壁厚且细胞腔大，原生质体解体，但有时还有颗粒状内容物的残留。

② 石细胞　取一小块梨果肉，选取其中的颗粒，置于载玻片上，用解剖片压碎，在显微镜下观察，可看到一些细胞壁增厚、细胞腔小的等径或长方形细胞，即石细胞。仔细观察其形态特征，注意纹孔有何特点，用间苯三酚染色后，观察石细胞的颜色变化。

（五）输导组织的观察

1. 木质部和韧皮部

取南瓜茎做横切，制成水封片，可以看到南瓜茎包含有 10 个维管束，每个维管束包埋在大的薄壁细胞群中，它的外侧和内侧均有韧皮部，中间为木质部。

2. 导管和管胞

取松木质部的离析材料少许，置于载玻片上，用番红水溶液染色，用蒸馏水封片，在显微镜下可看到许多两端尖的长形细胞，即管胞。

用葡萄茎的离析材料，经番红染色后，用蒸馏水封片，在低倍镜下寻找长形、两端开口，壁上有不同程度加厚的纹饰结构，它们由数个细胞连接组成，每个细胞称为导管分子，整个管子就是导管。

3. 筛管和伴胞

取南瓜茎纵切，首先找到韧皮部存在的位置，然后在其中寻找口径较大的长管状细胞，即为筛管，每个细胞称为筛管分子。筛管细胞也是上下相连，高倍镜下可见连接的端壁所在处稍微膨大，染色较深，即为筛板，有些还可见到筛板上的筛孔。筛管无细胞核，其细胞质常收缩成束，在筛管侧面紧贴着一列染色较深的、具明显细胞核的细长薄壁细胞，即伴胞。

（六）分泌结构的观察

1. 腺毛

观察天竺葵茎横切片，表皮上可以看到由单个圆形细胞和其下 1~2 个柄细胞组成的腺毛。

2. 蜜腺

观察棉花叶中脉通过蜜腺的横切片，可以看到叶背面的表皮形成一个凹陷，而且在凹陷区域集中分布了许多细胞结构的腺毛，观察这种腺毛的柄与头部细胞有无区别。

3. 分泌腔

橘皮上透明的小点就是分泌腔所在，最初它们是一群分泌细胞，内含分泌物质，在发育过程中分泌物逐新增多，分泌细胞解离分泌物存于囊中，形成分泌囊。取橘皮做徒手切片，用苏丹Ⅲ染色，制作水封片，在显微镜下仔细观察其结构特点。

4. 树脂道

取松茎横切面永久封片，在低倍镜下找到皮层，可以看到一些大小不等的圆孔，即树脂道。选一个清晰的在高倍镜下观察树脂道的结构和分泌细胞。

5. 乳汁管

取蒲公英根做徒手切片，用 I_2-KI 溶液染色，制作水封片，观察乳汁管的结构。

六、作业

① 绘蚕豆叶和玉米叶表皮细胞图，并注明各部分名称。
② 绘南瓜茎横切面图，并注明各部分名称。

实验 3　植物根的初生结构和次生结构的观察

一、实验目的

① 了解根的形态和侧根发生的部位及其形成。
② 掌握双子叶植物根的初生结构和次生结构的特点。
③ 掌握单子叶植物根的结构特点。

二、实验材料

蚕豆整棵植株(或豌豆整棵植株)、玉米(*Zea mays*)整棵植株[或小麦(*Triticum aestivum*)整棵植株]、棉花幼根横切面永久封片(或新鲜豌豆根、大豆根等)、小麦幼根横切面永久封片(或新鲜玉米根、小麦根)、棉花幼根(示侧根)、棉花老根横切面永久封片等。

三、实验设备

显微镜、擦镜纸、载玻片、盖玻片、镊子、刀片、培养皿、吸水纸、纱布和滴管等。

四、实验试剂

蒸馏水、间苯三酚、番红水溶液和固绿等。

五、实验步骤

(一) 根的形态观察

1. 直根系

取蚕豆(或豌豆)的植株，可以看到一条由胚根发育而来的明显粗壮主轴，即主根。在主根上形成许多分枝，称侧根。主根上产生的分枝称为一级侧根，一级分枝上再产生的分枝称为二级侧根，以此类推。这些不同级的根组成了植物的根系，具明显主根的根系称为直根系。

2. 须根系

取玉米(或小麦)的植株，整棵植株的根在粗细上较均匀，没有明显主、侧根之分的根系称为须根系。仔细观察，可看到这些根由胚轴和茎基部节上产生，为不定根。

(二) 根的初生结构观察

1. 双子叶植物根的初生结构

用新鲜豌豆或大豆的根做徒手切片(或取棉花幼根横切面永久封片)，用间苯三酚制作水封片，置于低倍镜下观察，区分表皮、皮层和维管柱三部分，观察各部分在横切面上所占的比例、结构特点及分布位置，通过高倍镜由外至内逐层观察。仔细观察表皮、皮层(外皮层、皮层、内皮层)、维管柱(中柱鞘、初生木质部、初生韧皮部、薄壁细胞)。

2. 单子叶植物根的初生结构

用小麦幼根横切永久封片，置于低倍镜下观察，区分表皮、皮层和维管柱三部分，观察各部分所占的比例、结构特点及分布位置，通过高倍镜由外至内逐层观察。

(三) 侧根的发生

观察棉花根横切面永久封片，可见侧根的形成情况。侧根起源于根毛区中柱鞘细胞，大多是正对着原生木质部脊部位的中柱鞘细胞恢复分生能力，形成侧根原基的突起。

(四) 根的次生结构(双子叶植物根的次生结构)观察

取棉花老根横切面永久封片，主要的特点是形成层环已由波浪形变成了圆环形，并向外产生少量的次生韧皮部，向内产生大量的次生木质部。同时木栓形成层细地分裂已产生周皮。先在低倍镜下观察，辨别周皮、次生韧皮部、形成层、次生木质部、初生木质部和射线的形态特征、所处的位置和在横切面上所占的比例，然后转换至高倍镜下仔细观察各个部分的结构特点。

六、作业

① 绘豌豆根的初生结构，并注明各部分名称。
② 绘棉花老根的次生结构，并注明各部分名称。

实验 4　植物茎的初生结构和次生结构的观察

一、实验目的

① 掌握茎尖结构和分生组织特点及其分化过程。
② 掌握单、双子叶植物茎的初生结构，并了解其形成过程。
③ 掌握双子叶植物和裸子植物茎的次生结构，并了解其形成过程。
④ 了解茎三个切面的结构特点。

二、实验材料

黄杨、垂柳(*Salix babylonica*)、海棠、梨和松的枝条，丁香(*Syringa oblata* sp.)茎尖纵切面永久封片，苜蓿(*Medicago sativa*)、蚕豆、向日葵(*Helianthus annuus*)和天竺幼茎的新鲜材料或永久封片，玉米、小麦和松茎横切面永久封片或新鲜材料，3 年生椴树茎永久封片和椴树茎、松茎三切面永久封片等。

三、实验设备

显微镜、擦镜纸、载玻片、盖玻片、镊子、刀片、培养皿、吸水纸、纱布和滴管等。

四、实验试剂

蒸馏水、间苯三酚、番红水溶液和 I_2-KI 溶液等。

五、实验步骤

(一) 茎的基本形态观察

① 取多年生木本植物(黄杨、杨柳等)的枝条，观察其形态特征，并辨认出节与节间、

顶芽与腋芽、叶痕与束痕、芽鳞痕和皮孔。

② 取多年生木本植物(海棠、梨等)或裸子植物(松、银杏等)的枝条，区别长枝和短枝。

(二) 茎尖的结构观察

取丁香茎尖纵切面的永久封片，在显微镜下可见外层包被有不同发育时期的幼叶，幼叶包被茎先端半圆形的生长锥。生长锥下方的外侧有小的突起，是叶的原始体，称作叶原基。用高倍镜观察生长锥的结构，可见最外层1~2层细胞径向壁排列整齐，为原套；原套内具有一团排列紧密，呈多边形的细胞，为原体。在原套和原体的下面是初生分生组织，区别组成初生分生组织的原表皮、原形成层和基本分生组织，注意它们的细胞特征及各部分细胞的分化趋势。

(三) 茎的初生结构观察

1. 双子叶植物茎的初生结构

① 双子叶草本植物茎的初生结构观察　取苜蓿幼茎或蚕豆幼茎进行徒手切片制作水封片，在低倍镜下观察区分出表皮、皮层和维管柱，然后转到高倍镜下仔细观察各部分的结构。观察表皮、皮层、维管柱(维管束、初生韧皮部、束中形成层、初生木质部、髓射线、髓)的结构特点。

② 双子叶木本植物茎的初生结构观察　取天竺葵茎的永久封片观察，其基本结构和草本植物茎大致相同，观察表皮、皮层、维管柱的结构特点。

2. 单子叶植物茎的初生结构

① 玉米茎结构的观察　取玉米茎徒手切片，并制作水封片，在低倍镜下观察，玉米茎的维管束散生于基本组织中，没有皮层、髓和髓射线之分。由外向内逐层仔细观察表皮、基本组织、维管束的结构特点。

② 小麦茎的结构观察　取小麦茎横切面的永久封片在低倍镜下观察，维管束排列呈两轮，外轮维管束分布在厚壁细胞中，内轮维管束分布在薄壁细胞中，中央为髓腔，注意与玉米茎作比较，区别它们之间的不同点。水稻茎的结构与小麦茎结构相似，但水稻茎基本组织中和维管束都具发达的通气结构。

(四) 茎的次生结构观察

1. 双子叶植物茎的次生结构

取3年生椴树茎横切面的永久封片，在低倍镜下区分周皮、韧皮部、形成层区域、木质部和髓等各部分。观察各部分在横切面上所占的比例、结构特点及分布位置。然后在高倍镜下由外向内逐层仔细观察。观察周皮、皮层、维管柱(初生韧皮部、次生韧皮部、维管形成层、次生木质部、初生木质部、髓、髓射线、维管射线)。

2. 裸子植物茎的次生结构

观察松茎横切面的永久封片，与椴树茎作比较。木本裸子植物茎的内部结构与一般木本双子叶植物茎的结构基本相同。但裸子植物茎的皮层薄壁细胞中一般有分泌细胞围成的树脂道；韧皮部具筛胞而无筛管和伴胞，木质部具管胞而无导管和典型的纤维。

（五）茎的3种切面观察

取椴树茎或松茎三切面的永久封片，仔细观察，区分横向切面、径向切面和切向切面，并注意射线在三切面上形态。

六、作业

① 绘制蚕豆茎初生结构横切面的一部分（包括表皮、皮层和一个维管束），并注明各部分的结构名称。

② 绘制3年生椴树茎次生结构图，并注明各部分的结构名称。

③ 绘制玉米茎的结构线条图和一个维管束的细胞图，并注明各部分的结构名称。

实验5　植物叶的形态和结构的观察

一、实验目的

① 了解叶的外部形态和内部结构特征。

② 比较不同生态类型叶片结构的特点，理解叶片结构与功能的适应性。

③ 掌握双子叶植物叶、单子叶植物叶和裸子植物松针叶的结构特点。

二、实验材料

夹竹桃（*Nerium oleander*）叶、棉花叶、蚕豆叶、青菜叶、睡莲叶、黑藻叶、玉米叶、小麦叶、马尾松或黑松叶和五针松（*Pinus parviflora*）叶的新鲜材料和永久封片。

三、实验设备

显微镜、擦镜纸、载玻片、盖玻片、镊子、刀片、培养皿、吸水纸、纱布和滴管等。

四、实验试剂

蒸馏水、间苯三酚、番红水溶液和I_2－KI溶液等。

五、实验步骤

（一）双子叶植物叶的结构观察

取三种生态型的叶，做徒手切片并制作水封片，在显微镜下仔细观察表皮、叶肉、叶脉的结构。

① 旱生植物　夹竹桃叶横切面结构观察。

② 中生植物　棉花叶（蚕豆叶或青菜叶）横切面结构观察。

③ 水生植物　浮水生叶——睡莲叶切面结构观察、沉水生叶——眼子菜（*Potamogeton distinctus*）叶或黑藻叶切面结构观察。

（二）禾本科植物叶片的结构观察

用玉米叶做徒手切片，并制作水封片。观察其表皮、叶肉、叶脉结构，并与双子叶植物叶进行比较。取小麦叶的横切片观察，与玉米叶结构作比较，观察其结构特点与机能有何联系？

（三）裸子植物叶的结构观察

取马尾松（黑松）针叶做徒手横切，并制作水封片在显微镜下仔细观察其表皮、叶肉、叶脉结构。再取五针松叶的横切片观察，并与马尾松针叶作比较，观察其结构有何特点，结构与其机能有何联系。

六、作业

① 绘制夹竹桃叶横切的一部分，包括一个维管束，注明各部分名称。
② 绘制玉米叶横切的一部分，包括一个维管束，注明各部分名称。
③ 绘制松针叶横切的一部分，注明各部分名称。

实验 6　花的形态、结构和花序类型的观察

一、实验目的

① 掌握被子植物花的外部形态及其组成部分的特征，了解花形态的多样性。
② 学会花的解剖及使用花程式对花进行描述的方法。
③ 掌握各种花序的结构特点。

二、实验材料

棉花花、蚕豆花、小麦花、豌豆（*Pisum sativum*）花、马齿苋（*Portulaca oleracea*）花、黄瓜（*Cucumis sativus*）花、野菊（*Chrysanthemum indicum*）花、葱莲（*Zephyranthes candida*）花、龙葵（*Solanum nigrum*）花、枇杷（*Eriobotrya japonica*）花、油菜花、向日葵花、益母草（*Leonurus japonicus*）花、牵牛（*Ipomoea purpurea*）花、金丝桃（*Hypericum monogynum*）花、萝卜花、荠菜（*Capsella bursa-pastoris*）花、梨花、苹果花、樱桃花、韭菜（*Allium tuberosum*）花、车前（*Plantago asiatica*）花、马鞭草花、柳树花、桑树花、枫杨花、玉米花、香蒲花、无花果花、南天竺花、水稻花、胡萝卜花、唐菖蒲花、勿忘草花、繁缕（*Stellaria media*）花和泽漆（*Euphorbia helioscopia*）花等。在采集过程中避免采集重瓣花。

三、实验设备

解剖镜、解剖针、镊子、载玻片、盖玻片、刀片和绘图纸等。

四、实验步骤

（一）花的基本组成及结构特征观察

取新鲜的实验材料解剖观察，分别由外向内、由下向上逐层剥离，按顺序将它们放在纸上，并用解剖镜观察各种花的子房横切面，观察各部分的形态与数量。

① 棉花花的解剖结构　副萼、花萼、花冠、雄蕊、雌蕊。

② 蚕豆花的解剖结构　花萼、花冠、雄蕊、雌蕊。

③ 小麦花的解剖结构　外稃、内稃、浆片、雄蕊、雌蕊。

将剩余实验材料按照上述方法进行解剖，仔细观察花的各部分形态、数目及其联合情况。

（二）花形态的多样性观察

① 花冠类型　十字形花冠(油菜)、蝶形花冠(蚕豆)、管状花冠(野菊花)、舌状花冠(向日葵的缘花)、唇形花冠(益母草)、漏斗状花冠(牵牛花)。

② 雄蕊类型　离生雄蕊(油菜)、单体雄蕊(棉花)、二体雄蕊(蚕豆)、多体雄蕊(金丝桃)、聚药雄蕊(向日葵)。

（三）花序的观察

有些植物的花是单独生在茎上，为单生花。但大多数植物的花是按一定次序排列在花枝上，组成花序。花序分为两大类，即无限花序和有限花序。

1. 无限花序

在开花期间，花轴下部或周围的花先开放，然后由下向上或由边缘向中心依次开放，下部花开花时花轴顶端仍保持继续生长。根据花序轴的长短、形态和是否分枝，以及花梗的长短和有无等特征，又可将无限花序分为下列几种类型：

① 总状花序　如油菜、萝卜和荠菜等植物的花序。

② 伞房花序　如梨、苹果等植物的花序。

③ 伞形花序　如樱桃、韭菜等植物的花序。

④ 穗状花序　如车前草、马鞭草等植物的花序。

⑤ 柔荑花序　如柳树、桑树和枫杨等植物的花序。

⑥ 肉穗花序　如玉米、香蒲等植物的雌花序。

⑦ 头状花序　如向日葵、野菊等植物的花序。

以上花序的花轴不分枝，称为简单花序；有些无限花序的花轴分枝，每个分枝相当于一个花，称复合花序，复合花序又可分为以下几种：

① 圆锥花序　如南天竺、凤尾兰的花序。

② 复穗状花序　如小麦的花序。

③ 复伞形花序　如胡萝卜的花序。

④ 复伞房花序　如花楸属的花序。

⑤ 复头状花序　如合头菊的花序。

2. 有限花序

花轴顶芽形成了花，顶花先开，限制了花轴继续生长。有限花序主要有下列几种类型：

① 单歧聚伞花序　又可根据其侧枝生长位置不同分为螺旋状聚伞花序(如补血草的花序)和蝎尾状聚伞花序(如唐菖蒲的花序)。

② 二歧聚伞花序　如繁缕的花序。

③ 多歧聚伞花序　如泽漆的花序。

④ 隐头花序　如无花果等植物的花序。

五、作业

① 写出5种植物花的花程式。

② 绘制小麦的花，并注明各部分名称。

实验7　雄蕊、雌蕊的发育观察

一、实验目的

掌握雄蕊、雌蕊的结构特征，了解花粉囊和囊胚的形成及发育过程。

二、实验材料

百合不同时期的花药横切面永久封片、百合子房横切面永久封片、百合不同时期胚囊发育的永久封片。

三、实验步骤

(一)花药的结构和小孢子、雄配子体和雄配子的发育过程观察

1. 花药的结构观察

取百合花药横切面永久封片，观察花药和花粉囊的结构。

2. 小孢子、雄配子体和雄配子的发育过程观察

取百合不同发育时期的花药横切片，按雄蕊的发育顺序进行观察：孢原细胞、造孢细胞、花粉母细胞、二分体时期、四分体时期、单核花粉粒(小孢子)、成熟的花粉粒(雄配子体)。注意花粉囊壁和花粉囊内小孢子和雄配子形成过程的结构变化。

(二)子房和胚珠的结构及胚囊的发育观察

1. 子房和胚珠的结构

取百合子房横切片在显微镜下观察，在横切面上区分背缝线、腹缝线、背束、腹束、附加束、胎座、子房室和胚珠；在高倍镜下观察，识别珠柄、外珠被、内珠被、珠孔、珠心、合点和胚囊等结构。

2. 胚囊的发育过程

取百合胚囊发育各个时期的横切片，按发育顺序进行观察：孢原细胞、造孢细胞、大孢子母细胞、Ⅰ-4 时期、Ⅱ-4 时期、成熟胚囊，同时注意胚珠与胚囊形成过程各部分的结构变化。

四、作业

① 绘制百合成熟花药横切面简图及一个成熟花粉粒的细胞结构图，并注明各部分名称。

② 绘制百合子房横切面简图及一个胚珠的结构图，并注明各部分名称。

实验 8　胚的结构及种子、幼苗和果实类型的观察

一、实验目的

① 掌握双子叶植物和单子叶植物胚发育各个阶段的形态结构。

② 了解种子的基本形态及幼苗的类型。

③ 掌握果实的结构及各种类型果实的特征。

二、实验材料

荠菜原胚期、心形胚期和成熟胚期纵切的永久封片，小麦胚纵切永久封片。

种子：蚕豆种子、豌豆种子、篦麻种子、大豆种子、小麦颖果。

幼苗：蚕豆(豌豆)幼苗、大豆幼苗、小麦幼苗。

果实：葡萄、番茄、茄子、柑橘、黄瓜、桃、李、梅、杏、枣、苹果、梨、大豆、蚕豆、合欢、花生、八角茴香、棉花、荠菜、油菜、毛茛、向日葵、玉米、槭树果、板栗、胡萝卜、草莓和桑葚等。

三、实验步骤

(一) 胚的发育观察

1. 双子叶植物——荠菜胚的发育

取荠菜幼胚(原胚时期)纵切片在低倍镜下观察，选择一个正切胚囊的胚珠观察，仔细识别珠被、珠心、珠孔、合点和珠柄各部分的位置及形态，在近珠孔处胚囊内观察幼胚形态，此时胚体为圆球形。

取荠菜胚发育中期(心形胚期)纵切片观察，幼胚进一步发育，中间生长缓慢，出现凹陷，两侧生长速度加快，形成突起即子叶原基，胚体呈心形。

取荠菜老胚(成熟胚)纵切片观察，此时，子叶原基已长成两片肥厚的子叶，子叶之间为胚芽，在相对的一端形成胚根，连接胚芽和胚根的是胚轴。珠被发育成种皮，胚乳和珠心组织被胚吸收，胚珠发育成种子。

2. 单子叶植物——小麦胚的发育

取小麦颖果纵切片，观察小麦胚、果皮、种皮和胚乳的结构。

胚的结构：在低倍镜下观察小麦胚各部分结构，识别子叶(盾片)、胚芽鞘、胚根鞘、胚芽、胚轴、胚根和外胚叶。观察子叶近胚乳的一层具特殊结构和功能的上皮细胞，胚芽中央为半圆形的生长锥，生长锥下是叶原基、幼叶和腋芽原基。

果皮和胚乳：小麦的果皮与种皮愈合，近外面的几层细胞为果皮，内面的几层细胞为种皮，种皮内层具一层方形内含糊粉粒的细胞称为糊粉层。糊粉层以内是胚乳薄壁细胞，贮藏大量的淀粉。

(二) 种子的形态和结构观察

① 取浸泡的大豆或蚕豆种子，观察种皮、种脐、种孔的结构。然后将种皮剥下，即可看到胚充满种皮内的空间，胚由子叶、胚轴、胚芽和胚根构成，观察各部分的结构。

② 取蓖麻种子，观察种阜、种脊、种脐的结构。剥去外部坚硬的外种皮，紧接外种皮之内的膜质即内种皮，用刀片沿长径纵剖(即顺两子叶之间分开)，可见胚位于发达的胚乳之间，注意观察子叶的形态和薄厚。

(三) 幼苗的类型观察

① 取豌豆(蚕豆)和大豆的幼苗，观察幼苗的形态，指出真叶、上胚轴、子叶、下胚轴和胚根各部分。比较这两种幼苗的子叶位置、胚轴的长短有何不同。

② 取小麦不同发育时期幼苗，观察胚芽尚未伸出胚芽鞘的形态，胚芽鞘的保护作用：胚芽如何伸出胚芽鞘，展开真叶。

(四) 果实类型和结构观察

1. 单果

一朵花中仅有一枚雄蕊，形成一个果实。果皮可分为外、中、内三层。根据果皮是否肉质化，可将单果分为肉果和干果两大类。

(1) 肉果：果皮肥厚多汁。

① 浆果　如葡萄、番茄、茄子的果实。

② 柑果　如柑橘的果实。

③ 瓠果　如黄瓜的果实。

④ 核果　如桃、李、梅、杏和枣的果实。

⑤ 梨果　如苹果、梨的果实。

(2) 干果：果实成熟时，果皮呈干燥状态。有的开裂，称作裂果类；有的不开裂，称作闭果类。

① 裂果类　果实成熟后果皮自行开裂。根据构成果实的心皮数目和开裂方式不同分为：

荚果　如合欢和花生的果实。

蓇葖果　如八角茴香的果实。

蒴果　如棉花的果实(纵裂)。

角果　如荠菜、油菜的果实。

② 闭果类　果实成熟后果皮不开裂。

瘦果　如毛茛的果实。

下位瘦果　如向日葵的果实。

颖果　如玉米的果实。

翅果　如槭树的果实。

坚果　如榛和板栗的果实。

双悬果　如胡萝卜的果实。

2. 聚合果

许多离生雌蕊聚生在同一花托上，成熟时每一个雌蕊形成一个小果，许多小果聚生在花托上，如草莓的果实。

3. 聚花果(复果)

果实由整个花序发育而成，如凤梨、桑葚的果实。

四、作业

① 绘制荠菜原胚、心形胚、成熟胚各个发育阶段胚的结构，并注明各部分的名称。

② 绘制小麦种子纵切面图，标示胚各部分的结构。

5.2　植物生理学实验

实验9　植物缺素生理表现观察

一、实验目的

① 掌握植物缺素的各种症状表现，加深对各种矿质元素生理作用的认识。

② 利用缺素溶液对植物进行水培，观察植物缺素表现。

二、实验原理

植物在必需的矿物元素供应下正常生长，如缺少某一元素，便会产生相应的缺乏症。用适当的无机盐制成营养液，施用后能使植物保持或恢复正常生长，称为溶液培养。如果用缺乏某种元素的缺素液培养，植物就会呈现缺素症状而不能正常生长发育。将所缺元素加入培养液中，该缺素症状又可逐渐消失。

如缺钾植物表现为：①双子叶植物叶片脉间缺绿，且沿叶缘逐渐出现坏死组织，渐呈烧焦状。②单子叶植物叶片叶尖先萎蔫，渐呈坏死烧焦状，随后叶片由于各部位生长不均匀而出现皱缩，进而植物生长受到抑制。

三、实验材料

绿萝(*Epipremnum aureum*)。

四、实验试剂

去离子水、所需化学药品（NH_4NO_3、KNO_3、KH_2PO_4、$MgSO_4$、$CaCl_2$、KI、$MnSO_2$、H_3BO_3、$ZnSO_4$、$NaMoO_4$、$CuSO_4$、$CoCl_2$、$FeSO_4$、EDTA-Na_2和 HCl）。

五、实验设备

天平、容量瓶、药匙、滴管、pH 仪、EC 仪、500mL 的空矿泉水瓶等。

六、实验步骤

（1）培养液配制

① 大量元素、微量元素和铁盐的储备液按表格要求分别配制（表 5-1 至表 5-3）。

表 5-1　储备液配制表（pH 5.8）

大量元素配制(×20)		微量元素配制(×200)		铁盐母液配制(×200)	
药品	质量浓度/(g/L)	药品	质量浓度/(g/L)	药品	质量浓度/(g/L)
NH_4NO_3	33.00	KI	0.1660	$FeSO_4 \cdot 7H_2O$	5.560
KNO_3	38.00	$MnSO_2 \cdot 4H_2O$	4.460	EDTA-Na_2	7.460
KH_2PO_4	3.40	H_3BO_3	1.240		
$MgSO_4 \cdot 7H_2O$	7.40	$ZnSO_4 \cdot 7H_2O$	1.720		
$CaCl_2$	8.80	$NaMoO_4 \cdot H_2O$	0.050		
		$CuSO_4 \cdot 5H_2O$	0.005		
		$CoCl_2 \cdot 6H_2O$	0.005		

② 完全储备液和各种缺素储备液按表 5-2 配制。

表 5-2　完全储备液或各种缺素储备液配制表（pH 5.8）

储备液	培养液种储备液的用量/(g/L)						
	完全	缺 N	缺 P	缺 K	缺 Ca	缺 Mg	缺 Fe
NH_4NO_3	33	—	33	33	33	33	33
KNO_3	38	—	38	—	38	38	38
KH_2PO_4	3.4	3.4	—	—	3.4	3.4	3.4
$MgSO_4 \cdot 7H_2O$	7.4	7.4	7.4	7.4	7.4	—	7.4
$CaCl_2$	8.8	8.8	8.8	8.8	—	8.8	8.8

③ 培养液=大量元素储备液+微量元素储备液+铁盐储备液；而培养液中储备液的用量见表 5-3 所列。

表 5-3 水培营养液用量 mL/L

储备液	完 全	缺N	缺P	缺K	缺Ca	缺Mg	缺Fe
大 量	50	50	50	50	50	50	50
微 量	5	5	5	5	5	5	5
铁 盐	5	5	5	5	5	5	—

(2) 选择植物材料，并将植物材料放入缺素营养液中进行培养。

(3) 观察记录植物的生长情况(表 5-4)。

表 5-4 观察记录表

处 理	叶片数	叶片大小	颜 色	植株高度	症状出现日期	其他症状
完 全						
缺P						
缺N						
缺K						
缺Ca						
缺Mg						
缺Fe						

七、作业

完成实验报告。

实验 10 植物组织水势的测定

一、实验目的

① 掌握小液流法测定植物组织水势的方法。

② 了解小液流法在生产实践中的应用。

二、实验原理

水势表示水分的化学势；水从水势高处流向低处；植物体细胞之间、组织之间以及植物和环境之间的水分移动方向由水势差决定(流速和方向)。

(1) 当植物组织与外液接触时会发生以下三种交换情况，水分：

① 植物组织的水势低于外液的渗透势(溶质势)：组织吸水，外液浓度变大；$\psi_{w植物}<\psi_S$

② 植物组织的水势高于外液的渗透势(溶质势)：组织失水，外液浓度变小；$\psi_{w植物}>\psi_S$。

③ 植物组织的水势与外液的渗透势相等，则水分交换保持动态平衡：外液浓度保持不变；$\psi_{w植物}=\psi_S$。

（2）同一种物质浓度不同时其比重不一样，浓度大的比重大，把高浓度的溶液一小液滴放到低浓度溶液中时，液滴下沉；反之则上升。

（3）根据外液浓度的变化情况即可确定与植物组织相同水势的溶液浓度。

（4）根据以下公式计算出溶液的渗透势，即为植物组织的水势。

$$\psi_S = -iCRT$$

式中，ψ_S为溶液的渗透势，MPa；i为溶液的等渗系数(蔗糖 $i=1$)；C为溶液的质量摩尔浓度，mol/L；T为绝对温度，即273+t℃，K；R为气体常数，为0.008 314MPa·L/(mol·K)。

三、实验材料

苏铁(*Cycas revoluta*)、竹柏(*Nageia nagi*)、红叶石楠(*Photinia* × *fraseri*)、桂花(*Osmanthus fragrans*)、榕树(*Ficus* sp.)、红绒球(*Calliandra haematocephala*)和白兰(*Michelia* × *alba*)等园林植物。

四、实验试剂

① 0.1、0.2、0.3、0.4和0.5mol/L的蔗糖溶液。

② 甲烯蓝。

五、实验设备

刻度试管、移液管和胶头滴管。

六、实验步骤

① 用1 mol/L的蔗糖溶液配制0.1、0.2、0.3、0.4、0.5mol/L的溶液各10mL，分别置于两个5mL刻度试管中。

② 选择红叶石楠等样品的叶片，用打孔器取叶片圆片(直径6mm)，往每个试管中放入10块，使叶片完全浸入溶液中，期间振动数次，20min后，往每个试管中加入甲烯蓝一滴。

③ 用毛细管吸取溶液，轻轻插入原来母液中。观察并记录液滴移动方向。

④ 分别测定不同浓度中有色液滴的升降，找出与组织水分势相当的浓度，根据原理公式计算出组织的水势，填写实验记录表(表5-5)。

表5-5　水势实验记录表

植物材料	测定时间	温度/℃	滴液移动方向（上升标↑　静止标○　下降标↓）					等渗浓度 mol/L	组织水势/MPa
			0.1mol/L	0.2mol/L	0.3mol/L	0.4mol/L	0.5mol/L		

七、作业

完成实验报告。

实验 11　植物叶绿素含量测定

一、实验目的

① 学习分光光度计的使用。
② 掌握叶绿素的提取及含量测定方法。

二、实验原理

被子植物叶绿体色素主要包括类胡萝卜素和叶绿素。叶绿素具有光学活性，表现出一定的吸收光谱，可用分光光度计精确测定。后者以叶绿素 a 和叶绿素 b 为主，两者分别在长波 663nm 和 645nm 处有最大吸收峰，并有明显的重叠。

测定在 663nm 和 645nm(分别是叶绿素 a 和叶绿素 b 在红光区的吸收峰)的光吸收，然后根据 Lambert-Beer 定律，列出浓度 c 与吸光度 A 之间的关系式：

$$A_{663}=82.04C_{\mathrm{a}}+9.27C_{\mathrm{b}}$$
$$A_{645}=16.75C_{\mathrm{a}}+45.60C_{\mathrm{b}}$$

式中，C_{a}为叶绿素 a 的浓度；C_{b}为叶绿素 b 浓度；82.04 和 9.27 分别是叶绿素 a 和叶绿素 b 在 663nm 下的比吸收系数，16.75 和 45.60 分别是叶绿素 a 和叶绿素 b 在 645nm 下的比吸收系数。

叶绿素的亲脂性>亲水性，均不溶于水，而溶于有机溶剂，故可用乙醇、丙酮等有机溶剂提取。

三、实验材料

从校园采摘感兴趣的植物叶片。

四、实验试剂

95%乙醇、碳酸钙、石英砂。

五、实验设备

分光光度计、天平、研钵、漏斗、带塞刻度试管和滤纸。

六、实验步骤

① 取新鲜植物叶片，擦净组织表面污物，剪碎(去掉中脉)，混匀。

② 称取剪碎的新鲜样品 0.2g 和 1.0g，放入研钵中，加少量石英砂、碳酸钙(一勺)及 95%乙醇(2~3mL)，研成均浆，研磨至组织变白。静置 3~5min。

③ 取滤纸一张，置漏斗中，用乙醇湿润，沿玻棒把提取液倒入漏斗中，过滤到 10mL 带塞刻度试管中，并用酒精浸提直至残渣成白色，用少量乙醇冲洗研钵、研棒，再用少量酒精洗滤纸使叶绿素尽可能被全部收集，然后定容至 10mL 刻度、摇匀。

④ 把叶绿体色素提取液倒入比色杯内。以 95%乙醇为空白，在波长 663nm、645nm 下测定吸光度。将测得的数据填入表 5-6。

表 5-6　叶绿素含量测定记录表

	663nm	645nm	备　注
1			
2			
3			
平　均			

⑤ 按下式计算叶绿体素含量

溶度计算　(根据 Lambert-Beer 定律所得)

$$C_a = 12.7A_{663} - 2.69A_{645}$$

$$C_b = 22.9A_{645} - 4.68A_{663}$$

$$C_T = C_a + C_b = 8.02A_{663} + 20.21A_{645}$$

含量计算

$$叶绿素\ a\ 含量(mg/g) = C_a \cdot V/1000W$$

$$叶绿素\ b\ 含量(mg/g) = C_b \cdot V/1000W$$

$$叶绿素总量(mg/g) = (C_a + C_b)V/1000W$$

式中　V 为提取液定容体积，mL；W 为提取叶片的鲜重，g。

七、作业

完成实验报告。

实验 12　钾离子与 ABA 对植物气孔开闭的影响观察

一、实验目的

① 了解气孔开闭对植物的意义。
② 验证气孔开放的 K^+ 吸收学说。
③ 验证脱落酸(ABA)促进气孔关闭。

二、实验原理

① 气孔(stomata)　狭义上常把保卫细胞之间形成的凸透镜状的小孔称为气孔。气孔

是陆生植物与外界环境交换水分和气体的主要通道及调节机构，可通过开闭响应不同的环境条件。

② K^+吸收学说　认为气孔的开闭与保卫细胞的渗透压有关，保卫细胞的渗透系统受K^+调节。具体如下：光下，保卫细胞中的叶绿体通过光合磷酸化生成ATP，ATP驱动质膜上K^+—H^+泵，使保卫细胞能逆浓度梯度从周围表皮细胞吸收K^+，或从外界溶液中吸收K^+，从而降低其渗透势，水势降低，促进保卫细胞吸水，使气孔开放。

③ ABA(脱落酸)　是一种生长抑制剂。植物内源激素ABA能够使气孔关闭，外源ABA也有同样的作用。这是由于ABA促使保卫细胞的K^+外流通道开启，K^+外渗；同时抑制K^+内流通道活性，减少内流动量，水势升高，水分外流，细胞失水使气孔关闭。

三、实验材料

鸭跖草(*Commelina communis*)、女贞、芦苇(*Phragmites communis*)、大薸(*Pistia stratiotes*)。

四、实验试剂

0.5%KNO_3、1mg/L ABA、2.5mg/L ABA、5mg/L ABA。

五、实验设备

培养皿、镊子、载玻片、盖玻片、光照培养箱和显微镜。

六、实验步骤

① 取五个培养皿，分别在培养皿中各放15mL的0.5% KNO_3、1mg/L ABA、2.5mg/L ABA、5mg/L ABA、水，并做好标记。

② 将鸭跖草叶片下表皮撕下，取若干撕下的下表皮分别置于上述五个培养皿。

③ 将培养皿置于光照培养箱中30min。

④ 取不同植物材料的叶片表皮，制作临时装片，在显微镜(10倍或40倍)下进行气孔观察。

⑤ 30min后将鸭跖草叶片表皮取出，制作临时装片，在显微镜下观察气孔的开合情况。

七、作业

① 绘不同处理下观察到的气孔图形。

② 绘观察到的不同植物叶片表皮气孔图形。

③ 完成实验心得与实验报告。

5.3 花卉学实习实验

实习 13 花卉识别

一、实习目的

复习和巩固植物形态学知识，熟练应用花卉分类的常用方法，掌握常见花卉的种类，提高花卉识别能力。

二、实习内容

花卉形态特征识别。

三、实习材料与用具

采集袋、标牌、枝剪、笔记本、笔。

四、实习步骤

由指导教师带领学生到实习地进行现场讲解和识别，了解各种花卉的主要识别特征，理解其所隶属的科属和分类中所属的类型。要求学生认真听讲，做好拍照和记录工作。如果条件允许，应进行挂牌和标本采集，以便课后复习巩固。

五、作业

实习报告(常见花卉识别要点，不少于100种)：学生结合在实习地拍摄的植物照片和笔记，根据植物的科属及主要形态特征、园林应用等方面，对实习地中的花卉进行整理。

实验 14 花卉有性繁殖

一、实验目的

掌握花卉有性繁殖(种子播种)的基本操作和基本实验设计方法。

二、实验内容

播种实验设计与实际操作。

三、实验材料与用具

喷壶、泥炭、蛭石、珍珠岩、有机肥、花卉种子、穴盘和塑料膜。

根据播种时间选择合适的花卉种子。适合春天播种的花卉种子有鸡冠花、孔雀草、一串红、彩叶草等；适合秋天播种的花卉种子有三色堇、石竹、翠菊、矮牵牛、非洲菊等。

四、实验步骤

(一) 播种

1. 种子预处理

影响种子发芽的因素主要包括种皮硬，种子内含有化学抑制物质，胚发育不完全或缺乏胚乳，存在需要低温的休眠胚等。对于这些种子，在播种前需要一些特殊的处理，比如浸种、药物处理种子、刻伤种皮或去除影响种子吸水的附属物绵毛等。

种子表面消毒，可以采用多菌灵(50%可湿性粉剂)700~800 倍液浸泡种子 20~30min。

2. 基质配制

将泥炭、蛭石和珍珠岩按照一定的体积比(自行设计)混合均匀。

3. 装盘

将配好的基质装入穴盘或花盆内。

4. 播种

根据种子大小，可采用点播、条播和撒播三种方式中的一种。

① 点播法　适合直径 0.5cm 的种子。将播种土整平后，以适当距离用手或工具挖出几个浅穴，再将 1~3 粒种子放入穴中，并覆上介质，浇水。

② 条播法　适合直径 0.1~0.5cm 的种子。土整平后，用木板做出数条适当距离的浅沟，将种子均匀地洒在浅沟中，盖上薄土，浇水即可。

③ 撒播法　适合直径 0.1cm 的种子。先整平土，然后均匀地撒播种子。若种子太小，难以控制均匀，可以把种子混合沙子再撒播，最后喷雾器喷水。

5. 覆土

覆土厚度取决于种子大小：大粒种子覆土厚度为种子厚度的 3 倍左右；细小粒种子以不见种子为宜。

特别细小的种子多采用盆内播种。播种前将盆土用木板压平。细粒种子往往不易撒均匀，可以根据种子多少，用适量的细园土或培养土或草木灰或细黄沙与种子混合，拌匀后用撒播方法均匀撒在苗床上，不需要另行盖土。播种后，再用木板稍微镇压一下，使种子与土壤密接。

6. 塑料膜覆盖

用塑料膜覆盖，能更好地保证种子生长发育所需的湿度和温度。

将播种后的穴盘或花盆放置在室内或室外半阴场所。盆上可以加盖塑料膜，保持盆内

湿度和温度。傍晚可将塑料膜揭去或用筷子架起来，以利通风透气。

（二）播种后管理

1. 浇水

播种后，首先要掌握好浇水。浇水要均匀，经常保持土壤湿润，稍现干燥即用细孔喷壶喷水。不可使土壤出现过干、过湿现象。盆播草花种子，采用盆底透水法浸透水后3~4d可不浇水，以后根据盆土干湿程度再喷水。

2. 检查

经常检查出苗情况，发现种子已经发芽出苗，应将覆盖物揭去，使幼苗逐渐见到阳光。如果覆盖时间过长，幼苗容易徒长，生长柔弱。由于幼苗吸收能力差，组织柔弱，拆除覆盖物之后，不能放在烈日下。夏秋阳光强烈时，需要做好遮阴工作。另外，早春室内播种时，由于趋光性作用，幼苗常常向南倾斜，为此每隔数日就要转动播种盆，以保证幼苗的直立生长。

3. 施肥

种子发芽出苗后，要逐渐减少浇水，防止幼苗徒长。待幼苗长出1~2片真叶后，可施加一次腐熟液肥，以达到壮苗的目的，肥液浓度以5%为宜，不可过浓，以免烧坏幼苗。

4. 间苗

真叶出现后应做好间苗工作，扩大幼苗间距，使苗株生长健壮。盆栽的间苗可以和移植同时进行。起苗前先用细孔喷壶浇水，后用细尖筷子起苗移植，这样可以减少幼苗根部损伤。间苗后需立即浇水，以免留苗部分土壤松动。间苗也可以分几次进行。在幼苗长到4~5片真叶时即可进行定植。

五、作业

完成播种后，定期进行日常管理和养护，跟踪观察并记录种子萌发情况(计算发芽率和发芽势)以及幼苗生长情况。根据实验结果完成实验报告。

实习15　水仙雕刻与水培养护

一、实习目的及要求

掌握水仙球分级、雕刻与水养技术。

二、实习内容

① 水仙球的分级与选择。
② 水仙雕刻基本技巧。
③ 水仙水养。

三、实习材料与用具

水仙鳞茎、水仙雕刻刀、水桶、脱脂棉、水仙盘。

四、实习步骤

（一）水仙挑选

1. 看桩数

早期水仙的包装是一个高 31cm、口内径 28cm、底内径 27.5cm 的竹篓。水仙花头越大，一个篓内装的水仙个数就越少，即“桩数”越小。如 10 桩就是一个竹篓内装 10 头水仙。市场上常见有 10、20、30、40 桩四种规格。通常，“桩数”越小，单个水仙花头开花就越多，价格也越高。

2. 看外形

水仙主鳞茎球的外形要求扁圆，即左右直径大于前后直径。这是由于水仙鳞茎内的花芽基本上是平列生长，在大小相同的情况下，扁圆形花头要比正圆形或长圆形花头所包含的花芽多。

3. 看弹性

鳞茎球的选取以坚实、有弹性为宜。若松软无弹性，则说明鳞茎球脱水严重，水养后长势不佳，花朵小而少，香味也淡。在除去根部泥土的条件下，以重量沉者为佳，轻者为次。

4. 看根盘

发育成熟的水仙球，其底部的根盘宽阔且凹陷较深。若鳞茎球的根盘小而浅，则说明水仙球的栽培年数不够，发育不成熟，表现为花芽稀少或无花芽。

5. 看侧鳞茎

主鳞茎球两旁的小鳞茎球不能过多，以免分散养分，影响主鳞茎球的生长。一般以每侧有 1~3 个为宜。

（二）水仙雕刻

1. 净化

在雕刻之前，先把鳞茎球上的外皮剥除，同时把护根泥、老根及腐烂的杂质清除干净，避免水养时鳞片或根受污染而霉烂。

2. 削鳞片

左手平捏鳞茎球，右手持雕刻刀，在距离根盘处约 1cm 的位置划一条弧形线，沿线朝鳞茎球的顶端削掉表面的鳞片，直到使全部芽体显露出来。

3. 疏隙

把夹在芽体之间的鳞片刻除，让芽体之间露出空隙，以便于对芽体里的叶片和花梗进

行雕刻。

4. 剥苞片

剥除芽体露在外面的芽苞片。采用斜口刀尖在芽苞片两边划两条直线，然后用刀尖从芽苞末端拨动苞片，朝苞片基部方向顺剥，防止花苞损伤。

5. 削叶

根据造型的需要，确定削叶的宽度。先用斜口刀在叶片端部切一削口，再使用圆口刀顺着叶脉朝叶基部进行顺削。

6. 刮梗

根据造型的需要，确定刮花梗表皮的分量和朝向，使用圆口刀顺着花梗的顶端朝基部方向削除表皮。

7. 雕刻侧鳞茎

主鳞茎一般都着生着一对及以上的侧鳞茎。侧鳞茎大多数无花莛，但也有部分肥硕的侧鳞茎有花莛。在雕刻侧鳞茎时要小心观察。根据造型的需要，留下需要的侧鳞茎，并对侧鳞茎芽体的叶片和和花梗进行雕刻。

8. 修整

把所有切口修削整齐，既可保持外观优美，又可防止碎片霉烂。

（三）水仙水养

1. 清洗

将雕刻面上的透明分泌物用水冲洗干净，倒扣，把雕刻面浸入清水中，最初3~5d，每天进行分泌物的冲洗和重新浸泡。

2. 养根和促花

待分泌物渐少时，将水仙球的雕刻面朝上，根盘浸入水中养根。如果想要提前开花，可适当提高水温和增加光照时间。

五、作业

完成水仙雕刻与水养实习，观察与记录水仙生长情况并拍照，完成实习报告。

实习16 花坛花境设计

一、实习目的

掌握花坛、花境设计的基本方法。

二、实习内容

① 花坛设计。

② 花境设计。

三、实习材料与用具

绘图板、丁字尺、皮尺。

四、实习步骤

① 场地测量。
② 总平面图绘制。
③ 立面设计。
④ 植物配置。
⑤ 效果图设计。
⑥ 概预算编制。
⑦ 设计说明编写。

五、作业

分别选取一块花坛和花境进行测绘，并完成花境的设计(包括平面图、效果图、植物配置表及设计说明)。

实习 17　花卉栽培与常规养护管理技术

一、实习目的及要求

温室环境的调控依地区、温室类型、生产规模、品种不同而有很大的不同。通过本次实验，要求掌握花卉栽培管理的基本操作与要领。

二、实习内容

露地、温室花卉常规管理的基本操作与要点。

三、实习材料与用具

① 材料　一串红、一叶兰、龟背竹、变叶木、朱蕉、万寿菊、山茶、芍药、菊花等。
② 用具　锄头、花盆、修枝剪、毛笔、赤霉素、2,4-D。

四、实习步骤

(一) 露地花卉栽培管理

1. 换盆

换盆是种好盆栽花木的重要措施。盆栽花木经过一段时间的生长，根系满布花盆，盆

土营养耗尽，即使常追肥，花木也不能良好生长。同时，因长期浇水造成土壤板结，土壤透气性和保水性降低，不利于花木的生长发育。因此，随着花木长大，需及时对其进行换盆。

换盆常在初春进行。换盆时，对花木腐烂的老根应进行适当的修剪，盆土可保留1/3的老土，添进2/3的新土。换盆后要浇足水。

2. 浇水

植物体内绝大部分是水，水分占植物体鲜重75%~90%。每种花卉要求水分的多少与其原产地的生态环境、不同生长发育时期、气候条件、栽培地点等都有直接的关系。

(1) 辨别植物需水的多少：从形态上看，叶片小、质硬或叶表有厚的角质层或密生茸毛或有特殊贮藏水分组织的植物，如各种多肉多浆植物、仙人掌科植物等，都有较强的抗旱能力，需水较少。而叶片大、薄而柔软的植物，水分蒸腾量大、喜较高的空气湿度，其抗旱能力差，需水分多。

(2) 同一种花卉不同生长发育时期，需水量也不同：一般休眠期和刚刚萌芽时需水较少，而生长旺盛期则需水量较多。大部分的植物只需要了解其特性，进而掌握养花浇水的技术要领(表5-7)。

表5-7　养花水分管理表

不同情况	浇水要领
根据季节浇水	春季　每天1次　9：00~10：00 夏季　每天2次　7：00~17：00 秋季　每天1~2次　8：00，16：00~17：00 冬季　每2~3 d 1次至每周1次　10：00~11：00
根据天气浇水	气温高或大风天由于蒸发量大，应多浇水，气温低时或阴天可少浇水；雨水过多时盆花要遮盖，积水时要倒盆去水
根据花木习性和生长浇水	喜湿花木多浇水，耐旱花木少浇水；生长缓慢少浇水，叶大生长旺盛多浇水；开花时需多水，但过多会引起落花，影响结实；休眠期水不需太多，应少浇水

(3) 浇水通常以保湿为原则：过多的水分可能会使根部溃烂，而过于干燥则会使植物失水而枯萎。可用以下几种方法来判断盆花是否缺水。

① 目测法　用眼睛观察盆土表面的颜色，若颜色呈灰白色，表明盆土已干，需要浇水；若盆土仍为黑色，表示盆土湿润，不必浇水。

② 敲击法　用手关节轻轻敲击花盆上部，若声音清脆，表明盆土是干的，需要立即浇水；若声音沉闷，表明盆土湿润，不需要浇水。

③ 指测法　用手指轻轻插入盆土，若感觉干燥或粗糙坚硬，表明盆土已干，需要浇水。

④ 捏捻法　用手指捻一下盆土，如成粉末状，表明盆土已干，需要立即浇水。

⑤ 植株状况判断法　花卉枝叶萎蔫下垂，需立即浇水。

(4) 浇水应掌握“不干不浇，浇则必透”的原则。浇水还需注意以下事项：

——新栽盆或新换盆，第一次浇水要浇透(即盆土吸饱水分后从底孔流出)。为保证盆土吸水均匀可采用浸盆法，将盆身2/3浸泡在水盆中，使水通过底孔渗入，待盆面湿润后

取出即可。

——许多盆栽花卉叶面不能积水，如蟆叶秋海棠、大岩桐等。

——附生兰分株或移栽后，到新根长出前不要浇水。可通过向叶片和周围空气中喷雾，保持较高湿度。

3. 施肥

花卉和其他植物一样，植物体都是由大量元素和微量元素组成的化合物构成的。这些养分来源各不相同，有大部分是来自空气和水中的碳、氢、氧，还有部分来自土壤。

目前，我国市场上有多种花肥销售，其中花卉复合肥中的氮、磷、钾及微量元素含量比较全面，并且有多种型号，针对不同类型花卉。只要按使用说明书介绍的方法进行施用即可。

① 施肥原则　盆花在什么情况下多施、少施或不能施肥，根据前人经验可按照“四多、四少、四不”进行。

“四多”　在四种情况下要多施肥：一是新陈代谢迟缓，光合作用差的病弱植株；二是植株生长期，生理活动旺盛，需要补充较多养分；三是孕蕾期；四是结实期，即花谢后结实坐果，特别是果实膨大期。

“四少”　一是肥壮植株；二是植株即将和正在发芽的萌动期，养分需求不大；三是播种发芽后的植株，从幼苗到移栽定植的育苗期；四是盛夏和秋后，不少花卉开始进入半休眠期，生长缓慢。

“四不”　一是新栽植株，根部受伤；二是开花期，施肥导致养分过剩，易诱发新枝，造成花朵早谢，甚至还可能导致落蕾、落花、落果；三是坐果初期，果实还未座稳；四是休眠期，花卉基本停止生长。

② 施肥方式　施肥的方法可分为以下两种。

基肥　在花卉下地或上盆时，在土壤中或盆底施用一部分肥料。栽植花卉时不要将根系直接放在基肥上，应在肥料上方覆盖一层薄土后栽种。

追肥　家庭养花培养土不多，肥料有限，光靠培养土和基肥常常不能满足需要，必须及时补充。追肥常见有根部追肥和根外追肥两种，追肥常用各种化肥和发酵好的液体农家肥。根部施用化肥一般稀释600~800倍后直接使用；根外追肥用喷雾器将稀薄的化肥或微量元素肥料溶液直接喷到花卉叶片上，使肥料通过叶片被吸收。这种方法肥料浓度应控制在0.1%~0.3%，不可太浓，否则容易造成叶片灼伤。

4. 修剪

养花“三分种，七分管”是一条非常重要的经验。花木修剪的目的在于培养优美的株形。根据栽培目的和生长情况，对多余的、生长部位不恰当的根、茎、叶、花、果实等进行修剪，达到人们对株形的要求。

5. 花期控制

在自然界生长的花木，都有固定的开花期。要想让花木改变花期，需要采用改变温

度、光照和栽培措施等方式来进行调节。促进花木早开花常用的方法有提高温度、增加湿度、低温处理、控制水分及改变光照条件以及使用激素等。此外，修剪、摘叶、摘芽、摘心、剥蕾、改变播种期也能起到一定作用。

① 控制水分　可以促使花木早休眠，有利于花芽分化。如丁香、海棠、紫荆、紫藤等，春天花后经过充分的营养生长，到夏天给以干旱、摘叶措施，3~5d 后再喷水，培育 20~30d便可开花。

② 低温处理　梅花、桃花等，花芽生成以后，只有经过低温处理，放在温室中才能促成开花。

③ 控制光照　还有一类花卉对光照敏感，花芽的形成与日照的长短有密切的关系，可用人工方法缩短或延长光照时间，使花卉提早或延迟开花，改变原来的开花习性。菊花属于短日照花卉，若要使菊花在国庆节开花，可提前两个月将其光照时间降到 10h/d，其余时间遮光，即可提前开花。对一品红每天只给予 9h 光照，经 40d 就可开花。

④ 采用修剪、摘心等栽培措施　也可促进和延迟开花。如在紫薇花后，加以轻度修剪，35d 后可第二次开花。一串红采用摘心措施，可以延迟 25~30d 开花。此外，利用植物生长调节剂和化学药剂处理花卉，能使花期提前，花型增大。如乙醚、赤霉素、萘乙酸等都能刺激植株生长，提早开花。

（二）温室花卉的栽培管理

参观访问花卉生产企业，并请有实践经验的技术人员现场指导。

五、作业

完成花卉换盆实验操作及相关的实验报告。要求对日常养护管理进行观察记录、思考与分析。

实验 18　无土栽培营养液配制

一、实验目的及要求

掌握无土栽培营养液配制技术。

二、实验内容

营养液配制方法。

三、实验材料与仪器设备

药物天平、分析天平(万分之一)；烧杯：1000mL 1 个、200mL 3 个；玻璃杯 4 个；容量瓶：1000mL 2 个、500mL 1 个；5.4~7.0 pH 精密试纸；棕色贮瓶 1000mL 2 个。

$Ca(NO_3)_2 \cdot 4H_2O$、KNO_3、$MgSO_4 \cdot 7H_2O$、$(NH_4)_2SO_4$、K_2SO_4、KH_2PO_4、Na_2-EDTA、$FeSO_4 \cdot 7H_2O$、$Na_2B_4O_7 \cdot 10H_2O$、$MnSO_4 \cdot 4H_2O$、$ZnSO_4 \cdot 7H_2O$、$(NH_4)_2MoO_4 \cdot 2H_2O$、$CuSO_4 \cdot 5H_2O$。

四、实验步骤

1. 微量元素100倍母液的配制

微量元素因其用量少，不易称量和配制，所以配成浓度较高的母液以供多次使用。

① 在分析天平上分别称取：

硼酸钠	6g
硫酸锰	4g
硫酸锌	0.1g
钼酸铵	0.04g
硫酸铜	0.02g

放入1000mL烧杯中，加水约500mL溶解。

② 称取乙二胺四乙酸二钠2g，硫酸亚铁1.5g，放入200mL烧杯中，加100mL水溶解煮沸，冷却至室温。

③ 将两种溶液混合，定溶至1000mL；移入棕色贮液瓶中，即为微量元素(包括螯合铁)100倍母液。

2. 营养液酸制

在千分之一的天平上称取：

硝酸钙	1.0g
硝酸钾	0.6g
硫酸镁	0.6g
硫酸铵	0.4g
硫酸钾	0.2g
磷酸二氢钾	0.2g

将硝酸钙单独溶解，其余5种混合溶解，完全溶解后再混和；同时吸取10mL微量元素母液混合，定容至1000mL。

五、作业

完成实验报告。

5.4 园林树木学实习

实习19 裸子植物的枝条观察与鉴别

一、实习目的

① 归纳出裸子植物的主要分类特征，掌握裸子植物的鉴定方法。

② 通过对裸子植物常见树种的枝条观察，着重就其营养器官进行观察比较，了解并识别一些常见树种。

二、实习原理

裸子植物大多数主根发达，大多为乔木、灌木，稀为亚灌木(如麻黄)或藤本(如买麻藤)，大多数是常绿植物，极稀为落叶性(如银杏、金钱松)；根为主根；叶为针形、条形、鳞片形，极少为扁平形的阔叶。常具气孔带，叶脉多二叉，少网状。枝有长、短枝之分；长枝细长，无限生长，叶在长枝上螺旋排列；短枝粗短，生长缓慢，叶簇生枝顶。孢子叶大多数聚生成球果状，称为孢子叶球，孢子叶球单生或聚生成各式球序，通常是单性同株或异株。每个大孢子上或边缘生有裸露的胚珠。裸子植物的配子体非常退化，微小。具多胚现象。保留颈卵器，具有维管束，产生种子。

三、实习材料

以校园内的裸子植物为实验材料，如南洋杉、竹柏、贝壳杉(*Agathis dammara*)、水松、水杉、池杉、落羽杉、雪松、马尾松、湿地松(*Pinus elliottii*)、杉木等，观察其形态特征、生态习性、观赏特性、园林应用等。

四、实习设备

记录本、记录夹、照相机、铅笔等。

五、实习步骤

教师通过实践形式，带领学生对户外的裸子植物进行识别和鉴定，现场讲解指导学生，学生拍照并做好记录，课外复习。

① 教师现场传授学生识别裸子植物的方法和要点，讲解每种裸子植物的名称、所属科属，让学生观察裸子植物的枝条等外部形态，了解生态习性和栽培要点，进一步掌握观赏形态和园林应用。

② 学生分组活动，认真听讲并拍照记录，根据教师讲解的分类方法总结出裸子植物的基本识别特征，课后及时复习并完成裸子植物不同科属的植物名录表。

六、作业

提交所拍摄照片，完成实习报告和植物名录表，记述所观察裸子植物的中文名称、拉丁名、外部形态、应用要点等。

实习 20　被子植物的枝条观察与种类识别

一、实习目的

① 了解被子植物与裸子植物的区别。

② 通过对被子植物常见树种的枝条观察，着重就其营养器官进行观察比较，归纳出它们的分类特征，并识别一些常见树种，对分类有一个初步的了解，为学习植物分类学打好基础。

二、实习材料与用具

① 材料　以校园里的被子植物为实习对象进行观察和识别，如樱花、栀子、香樟、黄杨、木槿、竹柏、红叶石楠、广玉兰、夹竹桃、含笑、杧果、悬铃木、紫薇、木槿、杜鹃花、女贞、泡桐、美丽异木棉、桂花、榕树、垂柳、红绒球和白兰等园林植物。

② 用具　记录本、照相机、记录夹、铅笔等。

三、实习步骤

教师带领学生对校园里的被子植物进行识别，对常见被子植物的枝条逐个讲解，让学生观察枝条的生长方向、形状、质地和颜色等，总结出不同植物的外部形态和生长特点；将被子植物与校园里裸子植物进行对比分析，总结出异同点。学生在听完讲解之后，自由活动去拍摄自已感兴趣的植物照片，按照教师传授的识别方法去分析被子植物的特点，尽可能认识和掌握更多的植物种类。

四、作业

课后学生将自己识别到的植物进行小组汇报，包括中文名、拉丁名、枝条形态特征、应用要点等，分享照片，做成植物名录，完成实习报告。

实习 21　鉴定植物

一、实习目的

① 通过对八种植物标本的鉴定练习，进一步巩固鉴定植物标本的方法。

② 通过对被鉴定树种形态特征的解剖观察，进一步了解部分树种器官的组成结构和

外部形态特征，掌握它们所属科的主要特征，加强对树种的兴趣和丰富知识。

二、实习原理

植物标本是植物教学的有力手段之一，植物标本制作完成后不受地区和季节的限制，能够周年进行观察，植物标本也便于保存植物的形状、色彩，以便日后的重新观察与研究。

另外，由于不同的树种都有其自身的特点，根据植物标本的观察，能够归纳出不同树种的外部特征和形态结构，为树种鉴定提供依据和媒介。

三、实习材料及用具

以学校内植物为主，学生可以从校园采摘感兴趣的植物叶片或枝条，制作相应树种的植物标本。

镊子、手套、标签、自封袋、瓦楞纸、报纸、草纸、针线、枝剪、标本夹等。

四、实习步骤

① 取新鲜植物枝条，擦净组织表面污物，可能选择根、叶、茎、花、果，因为花和果实是鉴定植物的主要依据，同时还要尽量保持标本的完整性。

② 将采集好的植物及时放进采集箱里，如果植株柔软，应垫上几层草纸。

③ 把标本夹的一面放在桌上，上铺几层吸水性好的草纸，把采集到的标本放在纸上，加以整理，主要把枝、叶、花的正面向上展平，较长的标本可折成两三折放置，然后放上标签，再盖上几层草纸，这样，可使每件标本间隔着几层草纸置放，最后将标本夹的另一面也压上，并用绳缚紧，拿到阳光下晾晒，每隔一定时间(24h)用干草纸换去标本夹里的湿纸，连续换 5d 左右，标本即完全干燥。

④ 标本制作完成后要及时贴上标签，标注好植物名称、采集地点、采集时间等信息。

⑤ 标本要低温保存，避免阳光直射，保存时间不宜过长，及时观察整理。

五、作业

学生展示自己制作的植物标本，学会鉴定植物，并根据标本的观察结构归纳出该树种的形态特征和特点，编写花程式和检索表，完成实习报告。

5.5 园林树木栽培学实习

实习 22 树体结构、枝芽特性及树形发展观察

一、实习目的

通过观察不同树木的树体结构和枝芽特征，明确树体结构与树木枝芽各部分的名称，

掌握树木分枝的基本类型，了解树木分枝类型与树形发展之间的关系，为树木的栽培管理技术措施提供依据。

通过实习要求了解不同树龄树木的分枝方式，主侧枝配置与树形的关系，以及环境因子对树形的影响。

二、实习材料与用具

① 材料　日本五针松、黑松、二乔玉兰、紫薇、红叶石楠、碧桃、梅花、桂花、蜡梅、悬铃木、香樟、栾树(*Koelreuteria paniculat*)、荔枝(*Litchi chinensis*)等。

② 用具　钢卷尺、放大镜等。

三、实习内容与操作方法

1. 观察树木地上部分的基本结构

注意区分主干、中心干、主枝、副主枝、侧枝、骨干枝等树木结构性部位；

2. 观察树木的枝芽类型

重点区分芽的性质(从着生部位分为顶芽、腋芽、不定芽；从芽的性质分为叶芽、花芽、混合芽；确定分枝类型(分为单轴分枝、合轴分枝、假二叉分枝及多歧分枝等)，并完成记录。

3. 观察树木的当年生枝条

观察枝条上芽的着生方式，判定枝条未来的长势和发展方向，并完成记录。

4. 树木树形发展调查

在校园中调查同一树种(如榕树、白兰、异叶南洋杉等)在幼年期、成年期、衰老期的树形特征，并对其树高、枝下高、年龄、冠幅、层数、层间距等进行观测。

四、作业

观察校园中10种不同树种(含3种以上分枝类型)的树体结构和枝芽特性，并完成在幼年期、成年期、衰老期的树形发展特征的观察，完成表5-8。

五、思考题

① 怎样判断树木的分枝方式？

② 树木的枝芽特性与树形之间有何关系？

表 5-8　园林树木枝芽特性及树形发展调查表

树种	树龄			树木尺寸测量值(cm)			分枝方式	芽的数量与排列		芽的异质性		中心干生长	主枝生长		副主枝生长	
	幼年期	壮年期	衰老期	树高	胸径	冠幅		数量	排列方式	饱满芽部位	芽的性质	高度(cm)	长度(cm)	分枝角度(°)	长度(cm)	分枝角度(°)

实习 23　园林树木物候观察

一、实习目的

通过观察园林树木生命活动的动态变化来认识气候变化与树木生长发育之间的关系，以便利用树木的物候期开展园林植物生态配置。

二、实习材料与用具

① 材料　选择校园内某一区域内指定树木(50 种)为调查对象。
② 用具　卷尺、放大镜。

三、实习内容与操作方法

观察校园中树木的生长状态，要求每个节气(14d)观察一次，记录好观测时间，将观测记录的材料整理成实验报告。

四、作业

调查结果的整理与总结。根据授课学期的季节(春季或秋季)分类总结出当季主要的观花树木、观叶树木及其他观赏特性树木的名录，并附上各树木的物候期(表 5-9)。

表 5-9 园林树木物候观测记录表

物候期 \ 树种									
树液开始流动期									
萌芽期	花芽膨大开始期								
	花芽开放(绽)期								
	叶芽膨大开始期								
	叶芽开放期								
展叶期	展叶开始期								
	展叶盛期								
	春色叶呈现期								
	春色叶变绿期								
开花期	开花始期								
	开花盛期								
	开花末期								
	最佳观花起止日								
	再度开花期								
	二次梢开花期								
	三次梢开花期								
果实发育期	幼果出现期								
	生理落果期								
	果实成熟期								
	果实开始脱落期								
	果实脱落末期								
	可供观果起止日								
新梢生长期	春梢始长期								
	春梢始长期								
	二次梢始长期								
	二次梢停长期								
	三次梢始长期								
	三次梢停长期								
	四次梢始长期								
	四次梢停长期								

（续）

物候期 \ 树种									
秋叶变色与脱落期	秋叶开始变色期								
	秋叶全部变色期								
	落叶开始期								
	落叶盛期								
	落叶末期								
	可供观秋色叶期								
	最佳观秋色叶期								

五、思考题

如何利用植物的物候期进行园林植物造景？

实习 24　园林树林的适地适树调查

一、实习目的

通过对校园内不同立地条件、同一树种的生长差异和同一立地条件下不同树种的生长差异进行调查，了解不同树种的生态学特性，加深对树木与环境相适应观点的理解，掌握园林树木栽培中适地适树调查的基本方法。

二、实习材料与用具

① 材料　不同立地条件的同一树种；同一立地条件的不同树种。

② 用具　铁锹、土壤 pH 试纸、测高器、围径卷尺、生长锥、皮尺、钢卷尺等。

三、实习内容与操作方法

1. 样本选择

① 不同立地条件的同一树种　选择不同立地条件时，应以地形地势为基础，并注意土壤及水分状况的变化，即按地面高程坡度变化、平地→山脊、干旱→水湿、土层深厚→土层瘠薄顺序调查。如福建农林大学本次实验可从校园东门开始，沿坡地途径映辉楼，再至观音湖、中华名特优植物园，往沙滩公园方向上选择同一树种进行调查。

② 同一立地条件的不同树种　在一块指定的区域内，调查不同的树种。

2. 调查分析

(1)立地条件调查

① 地形特征　记录树种种植地的地势、坡位、坡向、坡度及其他特殊立地等。

② 土壤条件　土层厚度、土壤质地、pH、含石量、地面侵蚀及新生体、侵入情况等。土壤厚度小于30cm为薄层土，30~50cm为中层土，大于50cm为厚层土；石砾含量小于10%为少砾质，10%~30%为多砾质，大于30%为粗骨土。

③ 水分条件　地下水位、地面积水及土壤水分状况等。土壤水分状况可分为干旱、潮润、潮湿、水湿4级。

④ 植被状况　植物种类特别是指示种的生长状况及盖度等。

⑤ 污染状况　污染物类型及种类，污染来源及危害情况等。

(2) 树木生长发育情况：在每一有代表性的地段选3~5株有代表性的植株测定其年龄树高、枝下高、冠幅等，评定其生长发育等级及其他异常状况。

① 树木生长发育情况

优——顶端优势明显，生长健壮；

良——顶端优势较明显，生长一般；

中——顶端优势不明显，枯梢或未老先衰；

差——濒于死亡。

② 树木发育　即开花结果分级：

多——树冠中重要枝条结实多且分布均匀；

中——结实不甚密集，且分布不太均匀；

少——结实稀疏，结实的重要枝条不到树冠的1/3；无无果或偶尔挂果。

③ 坡地调查上、中、下坡同龄、同种树木的生长发育情况，并记载树下更新与演替的树种名称及生长发育情况。

四、作业

① 列出不同立地条件下的树种名录(如福建农林大学森林兰苑、中华名特优植物园、湿地公园、湖心岛、金山路等)，并提出各自相适应的树种；提出较典型的耐水、耐湿、中生、耐旱及广谱性树种。

② 针对调查结果中存在的适应性差的树种，分析原因。

五、思考题

① 在园林树木选择配置中，如何做到适地适树？

② 校园土壤、水分和微气候对树木适应性有何影响？

实习 25 园林树木的栽植

一、实习目的

树木的栽植技术直接影响其栽培成活率和栽植后的生长发育，因此，学会植树施工过程和栽植技术是十分重要的。通过实习，要求基本掌握树木栽植的技术要领，了解和熟悉提高栽植成活率的关键技术。

二、实习材料与用具

① 材料 待栽植苗木。

② 用具 铁锹、挖锄、枝剪、手锯、钢卷尺、皮尺、指南针、草绳及适合的运输工具。

三、实习内容与操作方法

（一）栽植前的准备

1. 了解设计意图与工程概况

① 向设计人员了解设计意图，预期效果。

② 工程范围与分工程量。包括每个工程项目的范围与工程量，如植树、草坪、花坛的数量与质量要求以及相应园林设施工程(土方、给水、排水、道路、灯、椅、山石等)任务。

③ 工程的施工期限与进度。

④ 工程投资。

⑤ 施工现场的地上、地下情况。

⑥ 定点放线的依据，如水准点、导线点或某些固定的地形、地物等。

⑦ 工程材料的来源和运输条件，特别是栽植材料的起挖地点、时间、质量和规格要求。

2. 现场路勘与调查

① 各种地物(如房屋、原有树木、市政和农田设施等)的去留与处理。

② 现场内外的交通状况与补救措施。

③ 水源、电源及施工期间的生活设施。

④ 土壤状况，是否需要换土，并估算客土量与客土来源。

3. 施工现场的清理

① 对规划种植用地土壤表面、土层内部及用地周边的废弃物(如建筑垃圾、生活垃圾)等进行清除，露出表土，为后期的树池填挖做好准备。

② 清除苗木运输路线上的障碍物，为苗木进场做好准备。

4. 栽植材料的落实与选择

关于栽植的树种、年龄与规格等应根据设计要求选定，并在栽植施工前对材料来源、繁殖方式与质量状况进行认真的调查。

（二）栽植施工

1. 定点放线

根据设计所规定的基线、基点等进行放线，利用纵、横坐标、三角控制网或道路中心线等进行定点。

① 行道树定点放线　以路牙或道路中心线为依据定点。先用皮尺或测绳定出行位，再按设计规定确定株距和每株树木的位置并进行标记。定点放线时乔木树种干基至少离路牙 1.0m，灌木树种至少 0.5m。如遇电杆、管道、涵洞、变压器等物应错开位置。行道树距电杆至少 2.0m，距收水井等至少 1.5m，在规定变动范围内仍有妨碍者，则可不栽。

② 公园绿地定点　可用仪器或皮尺进行。定点时先标明公园绿地的边界、道路、建筑物等位置，然后以此为依据定点，确定树木的栽植位置。

2. 挖穴或抽槽

① 穴槽位置　穴以定点的木桩或灰点为圆心按规定尺寸画圆圈挖至设计深度与大小；槽的位置应按设计宽度的要求画出两根平行边线，在线内挖至设计深度。

② 穴或槽的直径(或宽度)与深度　应根据根系或土球大小及土质情况而定，其直径和深度均应比根系或土球规格大 20~40cm 或 1/3。如果土质不好应适当加大规格。肥沃的表土和贫瘠的底土应分开集中堆置，并拣除石块杂物。

③ 斜坡上挖穴(抽槽)应先筑平台，再在其上挖穴。穴的深度应从下沿口开始计算。

④ 挖穴时发现电缆、管道等应停止操作，及时找有关部门共同解决。

⑤ 成片绿地的栽植穴应提前 2~3d 挖掘，行道树或行人经常来往的地方应随挖穴随栽植。

3. 苗(树)木的起挖与包装

(1) 挖掘前的准备：首先按计划选择并标记中选的苗(树)木，其数量应留有余地。对于分枝较低、枝条较长且较为柔软的苗(树)木或丛径较大的灌木，用 1.5cm 的草绳将粗枝向树干绑缚，并用几道横箍收拢分层捆住树冠，并纵向将横箍连接起来，以便操作与运输；对于分枝较高、树干裸露、皮薄光滑、对光照与温度较为敏感的树木，应在主干高处的北面用“N”标明方向。如果起苗时土壤过于干燥，应在操作前 3d 浇一次透水，待不黏锹时起挖。

(2) 苗(树)木根系或土球挖掘的规格：

① 干径不超过 8cm 或 10cm 的多数落叶树种都可裸根栽植，其挖掘的根系大小为胸径的 8~12 倍。

② 一般常绿树和直径超过 8cm 或 10cm 的落叶树应带土球栽植，其挖掘的土球大小为胸径的 6~8 或为树高 1/3。

③ 灌木树种可按灌丛高度确定其挖掘根系的大小。至于根系或土球的深度，应挖至

根系密集层以下。

（3）苗（树）木挖掘：

① 裸根挖掘　开始挖掘时，先从干基开始以树胸径的3~5倍为半径画圆，于圆外绕树起挖，垂直挖至根系密集层以下切断所有侧根。然后于一侧向内掏挖到一定程度后适当摇动树干找出深层粗根的位置，并将其切（锯）断。放倒树木，轻轻除掉根际土壤，修剪劈裂或病伤虫根，保湿待运。

② 带土挖掘　先铲除干基附近的浮土，从树木干基开始以其胸长的2~4倍绕干画圆，在圆外垂直向下挖至其根系密集层以下，并从周围向中心掏底，放倒树木，在挖的过程中随时用利器切断根系并修整土球。如果土球直径超过50cm，应在土球中心留15cm左右的土柱以利打包。

（4）保湿与包装：

① 裸根苗如不能及时运走，应在原穴用湿上盖根进行临时假植，如较长时间不能运走，应集中假植护根。此外，还可浆根和用蒲包等进行包装。

② 带土苗多用草绳或蒲包包装，包装前应将蒲包用水浸湿以增强其强度。直径50cm以下的土球，先在坑外铺一大小合适的蒲包，抱出土球轻放在蒲包中心，向干基收拢蒲包，捆牢并纵向打几道花箍，也可单独用草绳打箍包装。

4. 换土、施肥

① 凡栽植穴内土壤理化性质对树木生长有害的应更换客土。

② 肥力条件较差的土壤可将适量的腐熟有机肥与原土拌匀后铺入穴底，再在面上覆盖10cm厚的素土略成小土丘。

③ 在栽植前若久旱不雨、土壤干燥，应在挖穴以后、施肥前浸坑，即在穴内灌相当于穴深2/3的水，并注意防止穴内漏水。

5. 装车、运苗、卸车、假植

苗（树）木装、运、卸和假植的全过程中要保护根系与土球，不折伤树木主梢、主枝等，不擦伤树皮。全过程应做到随挖、随运、随栽。卸车后若不能立即栽植，应及时假植保湿。

6. 修剪

大乔木应在栽植前修剪，修剪的目的是防止栽后过度蒸腾。修剪强度可根据树木的类型和发枝能力修剪至树冠的1/3~1/2。主要是剪除伤残枝、过密枝、交叉枝以及扰乱树形的枝条、竞争枝等。裸根苗（树）木栽植前应对根系进行修剪，注意剪齐断裂根，疏去过密、病虫根，剪短过长根。

苗（树）木修剪中注意根冠平衡以有利于伤口愈合，发芽生根。

7. 栽植

① 栽前再次核对与检查栽植树种（或品种）规格及栽植位置是否符合设计要求。检查穴的深度与大小是否与根系或土球规格一致，否则应采取补救措施。

② 栽植时除特殊造景需要外，植株不得歪斜，应保持主干垂直。

③ 栽植深度要适宜，先回填表土，再填底土。

④ 裸根栽植时应在回填一半左右时轻轻提抖植株，使根系舒展、深浅合适，再从外向内，边回土边踩实，直至地平。

⑤ 带土苗根据土球高度调节穴底土层厚度踩实后，尽量提草绳入穴，进一步调整深浅、方向和位置，扶正。若包装物不多可不解包回土，从外向内踩实；若包装物过多应剪开，尽量取出再踩实。

⑥ 行道树或其他列植树应注意高矮和行内整齐成线。

⑦ 回土时要用湿润细土，拣除石块、瓦渣、树根等杂物，踩实，不留气袋。

⑧ 树体较大易遭风摇的树木，栽后应设立支架。

⑨ 苗(树)木栽好后，在栽植穴外缘，筑 15cm 的土埂，围成灌水的地堰。

8. 灌水封堰

苗木栽植后要浇一次定根水，一定要浇透。南方地区 3d 后浇第二次水，1 周后浇第三次水；北方地区 1 周后浇第二次水，2 周后浇第三次水。若遇缺雨季节栽植，10d 以内，必须连灌 3 次水。浇第三次水待水分下渗后封堰，培土成馒头形，表土要疏松，可保水护根，防积水。

四、作业

① 影响园林树木栽植成活的关键因素是什么？

② 如何提高园林树木栽植的成活率？

实习 26　校园行道树安全性评估

一、实习目的

校园行道树，尤其是大学老校区中的行道树通常是历经十年以上的种植，已经形成了一定的种植规模和种植效果，而一些因种植或养护不当显露出的问题也已经出现。在本实习中，通过调查可以获取许多种植经验，也有许多教训可以吸取。本实习通过对校园行道树的安全性评估，巩固已经学习的树木相关理论知识，并培养学生发现问题、解决问题的能力。

二、实习材料与用具

① 材料　校园内主干道上的行道树。

② 用具　卷尺、放大镜、pH 试纸、铁锹等。

三、实习内容与操作方法

(一) 树体结构及健康状况调查

1. 树体结构

根据实习 22 中的相关概念对树木的树体结构进行调查评估。

2. 树体健康状况

从树干、树冠、根系二部分对树木的健康状况进行调查。

3. 种植环境调查

根据实习 24 中的立地条件(地形、土壤、水分、污染等)调查方法对树木的树体结构进行调查评估。

(1)调查土建工程对树木的影响

① 地面铺装　铺装材料与透性，树池的大小，铺装的形式等；铺装对树木危害的表现及树木生长对铺装的损害。

② 地下开挖　不当开挖对树木生长的影响。

③ 挖方、填方　挖方与填方对树木危害的症状，危害机制，正确的处理方法。

④ 树木栽植位置　对道路或土地基档装的影响，正确的处理方法。

⑤ 根系生长环境　树坛的透性、根系的深度及土壤的通透性对树木生长的影响，正确的处理方法。

(2) 调查人为活动与树木生长

① 人为踩踏的危害　包括行人和车辆。

② 机械刺激对树木的危害　包括刀伤、铁钉及铁丝捆扎的危害等。

③ 废气对开花植物花芽形成与开花的影响。

④ 藤本植物对树木生长与形状的干扰。

(二) 树木的修剪史调查

① 行道树的基本整形。

② 行道树疏枝与去萌　其中包括主枝密度，主干萌条的处理，锯口位置、大小、形状与伤口平滑程度，留桩长短及枯桩的处理等。

③ 去冠修剪与回缩　留枝多少，方位及其与日灼的关系；回缩位置，留枝要求，锯口形状等。

④ 树木与空中管线关系的处理　去顶修剪、侧方修剪、下方修剪、隧道修剪等。

⑤ 去头栽植截口位置与发枝的关系，日灼的防治等。

⑥ 棕榈栽植时叶片修剪过度对主干生长的影响。

(三) 树体创伤与树洞的处理

① 树洞形成的原因与部位。

② 洞口形状与愈合，正确的整形方法。

③ 树洞的深度，洞内积水的排除。

四、作业

① 结合调查表(表 5-10)，对校园行道树的安全性进行评述。

② 地面铺装对树木影响的机理是什么？

③ 树洞对树木有何危害？树洞怎样处理？

表 5-10　城市树木安全性评估

地点：

归属：□公共树木　□私人树木 □未知　□其他

日期：　　　　　检查员

树木基本信息

树木编号＿＿＿＿＿＿学名＿＿＿＿＿＿＿

修剪史：

□轻度修剪　□中度修剪　□重度修剪　□清理枯死枝　□树体支撑　□截干　□多次修剪　□无

修剪频率：□1 年一次　□2~3 年一次　□5 年一次　□5 年以上

种植目的：□种质资源　□古树名木　□野生物种　□行道树　□绿篱　□庭荫树　□乡土树种

是否达到种植目的要求：□达到　□基本达到　□经养护后能达到　□不能达到，建议移除或改作他用

树体结构状况

胸径：＿＿＿＿cm　主干数量：＿＿＿＿　树高：＿＿＿＿cm　冠幅：＿＿＿＿cm

树形：＿＿＿＿□基本对称　□稍对称　□不对称　□基干萌蘖

冠高比：＿＿%　高粗比：＿＿＿＿%　　树龄：□幼龄树　□壮年树　□老龄树

树冠健康程度

叶色：□正常　□枯黄的　□坏死的

叶子密度：□正常　□稀疏　　叶子大小：□正常　□小

年生长量：□很好　□一般　□差　　顶梢回枯？□Y　□N

是否有徒长枝？□Y　□N

生长障碍：　□电线　□标志牌　□防护装置　□其他＿＿＿＿

生活力等级：□很好　□一般　□差

主要的病虫害：

树干健康程度

树干是否倾斜：□Y 倾斜角度＿＿＿＿□N　骨干枝间距：＿＿＿＿cm　分枝角度：＿＿＿＿

骨干枝与主干的从属关系：□很好(＝1/3~1/2)　□竞争关系(>1/2)　□脆弱(<1/3)

树干有无修剪史：□N　□Y　　　伤口愈合状况：□很好　□一般　□差

树干有无病虫害：□Y＿＿＿＿□N

根系健康状况

树池大小：＿＿＿＿cm

根系分布范围是否充足：□Y　□N　是否有根腐病：□Y　□N

裸露根：□严重　□一般　□低　□无　腐蚀程度：□严重　□一般　□低

根系生长受限情况：□严重　□一般　□低

根系生长受限原因：　　　　　根系死亡的可能性：□严重　□一般　□低

立地条件状况

用地类型：□住宅用地　□商业用地　□工业用地　□公园绿地　□道路附属绿地　□单位附属绿地　□天然林

（续）

景观类型：□道路 □驳岸 □容器景观树 □坡地 □草坪 □灌木花境 □防风林/防护林

灌溉条件：□无 □充分的 □不充分的 □过度的

最近是否出现土壤扰动？□Y □N □建筑工程 □地下设施改造 □高层变化 □ 其他________

树冠下铺砖□ 0%□ 10%~25%□ 25%~50%□ 50%~75%□ 75%~100%□ 人行道是否高出地面？□Y □N

树冠下高层变化±______cm

土壤问题：□园土 □黏重土 □砂壤土 □土层较薄 □土壤紧实 □土壤干旱 □盐碱土 □碱土 □酸性土

坡度：____° 方位：________

根系障碍物：□地桩 □电线 □标志牌 □地下管网 □铺砖路面 □防护装置 □其他

受风害的频率：□经常 □一般 □偶尔 □无

盛行风向： 暴风雨/雪的发生 □从不 □很少 □经常

树体缺陷评价

指出存在的个别缺陷并评价他们的严重程度（s=严重；m=中等；l=低）

缺陷	根冠	树干	骨干枝	枝条
树冠受损				
共同领导枝/分级分枝				
多种附生物				
内含皮				
枝梢过重				
开裂/破坏				
枯死枝悬挂				
环绕根				
伤口/裂痕				
腐烂				
虫洞				
真菌或细菌感染				
流伤				
脱皮/树皮开裂				
巢洞/蜂巢				
枯枝/残枝				
蛀虫/白蚁/蚂蚁				
溃疡/擦伤/瘤材				

安全性管理建议

危险性等级

（续）

树木最有可能衰落的部位：	发生危险的可能性：①低；②中等；③高；④严重 该部位尺寸：①<6′（15cm）；②6～18′（15～45cm）；③18～30′（45～75cm）；④>30′（75cm） 场地使用频率：①几乎不使用；②偶尔使用；③经常使用；④连续使用
建议检查频率：□每年　□ 一年两次　□其他	
发生危险的可能性+该部位尺寸+场地使用频率=危险性等级	
______+______+______=______	
降低危险性措施	
修剪：□去掉生长不良部位　□疏剪树冠　□去顶　□回缩　□增加冠幅　□整形 建立支撑体系：______________________ 去除树木：□Y　□N 对附近树木的影响：□无　□有待评估 通知：□主人　□单位管理者　□政府部门　　日期：________	
总结	

实习 27　园林树木的整形修剪

一、实习目的

通过本次实习，使学生基本掌握修剪的主要程序、基本方法及注意事项，为各种树木的修剪打下基础。

二、实习材料与用具

①材料　露地生长的各种树木。
②用具　枝剪、手锯等。

三、实习内容与操作方法

修剪的程序与顺序如下：

1. 修剪程序

可概括为“一知二看三截四拿五处理”。

2. 修剪顺序

在修剪的过程中，应“从上到下，从内到外，从大到小”，有秩序地进行，以便于照顾全局，按要求进行，且有利于剪落物的清理。

本实验采用示范教学的方法完成，主要包括以下内容。

(一) 观察树况

根据修剪目的，仔细观察待剪树木的树形、结构、枝系与叶幕分布、植株的生长势、病虫害及其他受损与受干扰的情况。

(二) 修剪的常用方法

1. 锯大枝与去顶修剪

(1) 大枝锯截：对于粗度在 5cm 以上的大枝进行锯截时，为避免大枝断裂而撕裂树皮，采用三步锯截法。

① 在截口位置外侧 20~25cm 处自下而上锯截至木质部(第一锯)；

② 在第一锯位置外侧 5cm 处自上而下将欲截枝锯断(第二锯)。

③ 沿截口位置锯除残桩(第三锯)。

④ 伤口修整与涂漆。

在街道、公园等人和建筑物密集的地方锯大枝使其断落时，应用两根以上的粗绳控制，缓缓放落，以确保安全。

(2) 去顶：在一些因自然灾害导致枝顶受损的树体需要进行去顶的修剪处理。去顶同样可应用三锯法，根据去顶要求和强度，最后一锯从某侧枝上方开始，从上至下 45° 向下锯去顶中央干上部。但要注意切口不要垂直于中干长轴，切面与中干的夹角也不应太小，否则会发生心腐或严重削弱邻近保留的侧枝的生长势，甚至使其折断或劈裂。

2. 截

剪去枝轴的一部分。

(1) 短截：剪去一年生枝条的部分。短截有不同的强度和功能。

① 轻短截　剪去一年生枝条长度的 1/5~1/4，能够促进花芽分化。

② 中短截　剪去年生枝条长度的 1/3~1/2，可用于延长枝和骨干枝的培养。

③ 重短截　剪去一年生枝条长度的 2/3~3/4，可促进隐芽萌发，利于老树复壮。

④ 极重短截　只在一年生枝条的基部留短桩并保留 2~3 个芽，主要用于竞争枝的处理。

(2) 回缩：截去二年生以上枝条长出的部分，可用于更新复壮，也可用于紧缩树冠。

(3) 摘心或剪梢：在生长旺期摘除梢端或剪除新梢的一部分。

3. 疏

贴近母枝剪掉着生的枝条称为疏。

① 疏枝　又称疏删或疏剪，剪除当年生或一年生以上的枝条。

② 疏梢　在生长期疏除过密的新梢。

③ 去萌　剪除枝干萌条、根蘖株及其他新萌徒长枝。

4. 放

放又称长放或甩放，即对某些生长中分枝角度合适的一年生枝条，放任不管。

5. 伤

损伤枝干的皮层或木质部抑制其营养生长。

① 折裂　常在早春芽略萌动时直接用手折裂枝或用刀切口后折裂。

② 环剥　沿枝干周长，切去部分或整周皮层，其剥皮长度和宽度因需要而异，可隔6~10cm剥两半环且略加重叠。

③ 倒贴皮　将环剥下的皮倒向贴在原伤口上。

④ 环束　用1mm铅丝围干或大枝紧扎数圈。

⑤ 刻伤　其深达木质部(如枣、桃等)，可分为纵伤和横伤。

6. 变

改变枝条伸展方向。

① 弯枝(包括向下、向上)　大枝拉数道横锯后弯曲较易，但须绑缚。

② 扭枝　变向扭伤或扭梢。

③ 拿枝　伤及木质部，伤而不折。

④ 盘枝　可将枝盘成各种形状。

⑤ 圈枝　为缓和长枝生长势并保持其光合面积而采用的方法，一般在冬剪时根据造型需要进行短截或疏除。

四、作业

在教师的演示和指导下，对校园中指定乔木进行常规修剪。

五、思考题

① 各种修剪方法对树木生长发育有何调节作用?

② 如何理解修剪的促进与控制作用?

5.6　园林植物遗传育种实验实习

实验28　植物根尖细胞有丝分裂

一、实验目的

① 学习植物根尖压片法的基本技术。

② 观察植物根尖细胞有丝分裂过程中染色体行为。

二、实验原理

① 在细胞遗传学研究中，了解某一物种的染色体数目和形态最有效的方法就是细胞有丝分裂的中期。

② 在各种旺盛生长的植物组织中，包括茎尖、根尖、孢原组织等，经常进行着细胞有丝分裂。

③ 经过适当的取材处理，制片后可进行有丝分裂中染色体动态的观察，这是遗传学上通过细胞分裂观察染色体行为、形态结构、数目等常用的方法之一，也为进一步进行核型分析，鉴别杂种等提供基础。

④ 根尖压片法可在短期内获得清楚的有丝分裂图像。

⑤ 通过对根尖的固定、染色和压片，可在显微镜下观察到大量处于有丝分裂各个时期的细胞和染色体，看到染色体的变化特点和染色体的形态特征，进行染色体计数。

⑥ 为了获得更多的中期染色体图像，可以采用药物处理(0.1%秋水仙素溶液)的方法，阻止纺锤体的形成，使细胞分裂停止在中期，同时还可以使染色体缩短，易于分散，便于观察研究。

⑦ 另外，通过对细胞组织进行酸性水解或酸处理除去细胞之间的果胶层，并使细胞软化，便于细胞彼此分开，有利于压片和染色。

三、实验材料与用具

① 材料　大蒜(*Allium sativum*)。

② 用具　镊子、解剖针、离心管、盖玻片、载玻片、滤纸、显微镜。

四、实验试剂

卡诺氏固定液(无水乙醇：冰醋酸=3：1)、解离液(95%乙醇：15%盐酸=1：1)、95%酒精、70%酒精、卡宝品红秋水仙素溶液。

五、实验步骤

按图 5-1 所示步骤进行：

(1) 预处理：实验前将大蒜鳞茎水培，待根长出时，剪取 1cm 长的根尖，立即放入 0.1%秋水仙素溶液中，在室温下处理 4h 左右。预处理的作用主要是浓缩染色体，使之分散，同时抑制纺锤丝形成。

(2) 固定：倒掉秋水仙素溶液，用水冲洗 2~3 次，用新配的卡诺氏固定液固定 14h 后，放入冰箱中备用。如果要长期保存则要将根尖转入 70%的酒精中。

(3) 解离：先将固定后的根尖用蒸馏水换洗 3~4 次，滴入解离液浸泡 3~5min，然后用蒸馏水换洗 3~4 次。此步主要是使细胞之间分散开，并软化细胞壁，便于压片，同时也利于染色。

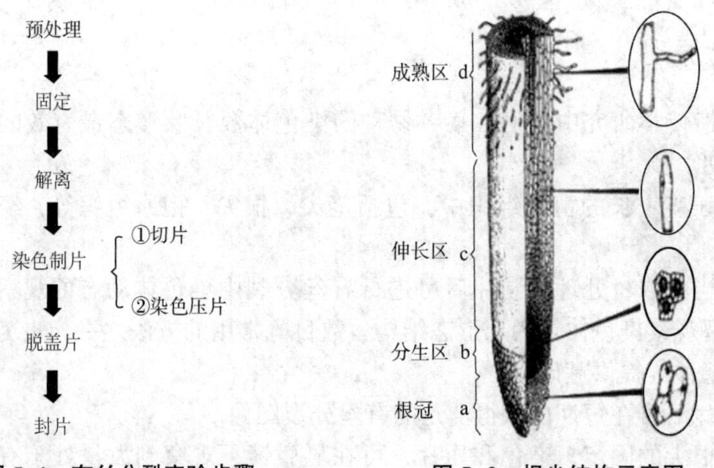

图 5-1　有丝分裂实验步骤　　**图 5-2　根尖结构示意图**

(4) 染色制片：

① 切片　取 1mm 根尖的分生组织(图 5-2 中的 b 区)。

② 染色压片　在切下的组织上滴一滴卡宝品红，捣碎，盖上擦干净的盖玻片，勿使盖片移动，用镊子柄轻敲，可使细胞舒展，染色体散开。

③ 将制好的片子放置于显微镜下观察，看到有典型的分裂图像时，可把载玻片在酒精灯上往返烘烤。

(5) 脱盖片：先在制片上做好记号，以便于封片时按原位覆上，在制冷调节器的冷却台上冷冻，用镊子和单刃刀片慢慢起下盖片。

(6) 封片：冰冻脱下的盖片自然干燥后，直接用加拿大树胶或中性胶封片。注意树胶用量要适当，以正好布满盖片为宜；覆盖盖片时勿太快，防止气泡产生，盖片务必原位覆上。

备注：在课堂观察中仅制作临时装片进行观察即可，因此只操作到第 4 步。

六、注意事项

① 取材时间和部位的把握是该实验成功的重要一环，若不适宜会导致在制成的装片中观察不到或只能看到较少的分裂相细胞。

② 预处理的时间必须适当，解离的温度和时间要严格控制。解离之后必须用蒸馏水彻底洗净盐酸溶液。

③ 压片时，若力度过重，会使盖玻片破裂或破坏根尖细胞；过轻则会造成细胞重叠而很难分辨各分裂期。在敲击时要压紧盖玻片的两侧，勿使盖玻片在敲击时移动。

④ 注意安全，请勿在实验室进食。

七、作业

① 观察并记录染色体数目。

② 绘制所看到的图像，并说明属于有丝分裂哪一时期。

③ 分析实验过程中的注意事项。

实验 29　园林植物多倍体育种

一、实验目的

① 了解人工诱导多倍体的原理、方法及其在植物育种上的意义。

② 初步掌握用秋水仙素诱导多倍体的一般方法。

③ 观察多倍体植物染色体数目的变化及其他器官的变异。

二、实验原理

秋水仙素是诱导多倍体形成最为有效和常用的药品之一，适宜浓度的秋水仙素可以有效地阻止纺锤体的形成，使染色体不能分向两极。因此，当细胞继续分裂后，可以使细胞的染色体数目加倍。

人工诱导多倍体的方法主要有：

① 物理方法　温度剧变、机械损伤、射线处理、高速离心等。

② 化学方法　秋水仙素、富民隆、除草剂等。

③ 生物方法　细胞杂交、组织培养等。

三、实验材料

大蒜（$2n=16$）。

四、实验器具、试剂

① 器具　显微镜、培养皿、镊子、剪刀、解剖针、载玻片、盖玻片、离心管。

② 试剂　0.1%秋水仙素溶液、卡宝品红染液、卡诺氏固定液、解离液（1∶1）、70%酒精。

五、实验步骤

按照图 5-3 所示步骤进行：

（1）预处理：实验前将大蒜鳞茎洗净，置于干净的培养皿中水培，待根长至 1cm 左右时，将培养皿中的清水换成 0.1%秋水仙素溶液，室温下培养 36~48h。

（2）固定：取出大蒜，用清水冲洗 2~3 次，剪取大蒜根尖 2~3cm，用新配的卡诺氏固定液固定 12h 后，可放置冰箱中备用。如果要长期保存则要将根尖转入 70%的酒精中。

（3）解离：先将固定后的根尖用蒸馏水换洗 3~4 次，滴入解离液浸泡 3~5min，然后用蒸馏水换洗 3~4 次。

（4）染色制片：

① 切片　取 1mm 根尖的分生组织，放于干净的载玻片上。

② 染色压片　在切下的组织上滴一滴卡宝品红，捣碎，盖上干净的盖玻片，勿使盖

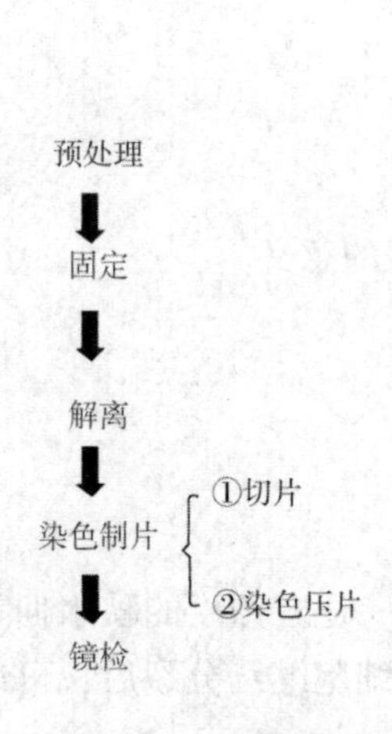

图 5-3　实验步骤

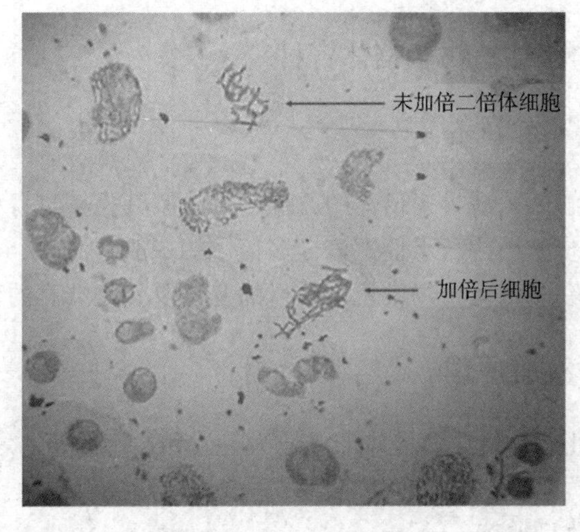

图 5-4　染色体观察结果

片移动，用滤纸吸干玻片上的水分，并用拇指轻压盖玻片，使细胞分散成单层。

(5) 镜检：将临时装片放于显微镜下观察，并记录比较染色体行为、数目等，寻找确定加倍与未加倍的细胞(图 5-4)。

六、作业

① 染色体加倍的原理是什么？

② 绘制所观察到的染色体已加倍时期的染色体形态图。

实验 30　花粉生活力的测定

一、实验目的

学习和掌握花粉生活力测定的方法，为植物有性杂交育种做准备。

二、实验原理

花粉的形态、花粉中酶的活性以及积累淀粉的多少(淀粉质花粉)通常与其生活力密切相关，因此可以利用花粉的形态观察、过氧化物酶、脱氢酶的活性高低、淀粉的含量以及在人工培养基上花粉管萌发的情况作为鉴定花粉生活力高低的标准。

三、实验材料与器具

① 材料　正在开花的植物的花粉(百合)。

② 器具　凹式载玻片、培养皿、滴管、镊子、刀、吸水纸、恒温箱、天平、烧杯、玻璃棒、普通显微镜。

四、实验药品

蒸馏水、硼酸、氯化钙、蔗糖、磷酸二氢钠、磷酸氢二钠、氯化三苯基四氮(TTC)、碘、碘化钾。

五、实验内容与方法

(一)离体萌发测定法

① 取一个干净的凹玻片，在凹部加入 1～2 滴培养液(15g/L 蔗糖 + 40mg/L 硼酸 + 30mg/L 氯化钙)，撒入花粉。

② 取一个干净的培养皿，在里面放入一张滤纸并湿润，然后再将凹玻片轻轻放入。

③ 加盖后将培养皿放置于 25℃的恒温箱中培养。

④ 12～24h 后取出镜检，观察萌发情况。

⑤ 镜检　在显微镜下隔一定时间检查一次(花粉发芽快的经过几个小时即可观察到已经发芽，慢的需 24h 以上)，若发现花粉已发芽时，就随机地在显微镜下取 5 个视野，记录花粉粒总数和发芽数(图 5-5)，算出平均值，将观察结果填入表内。

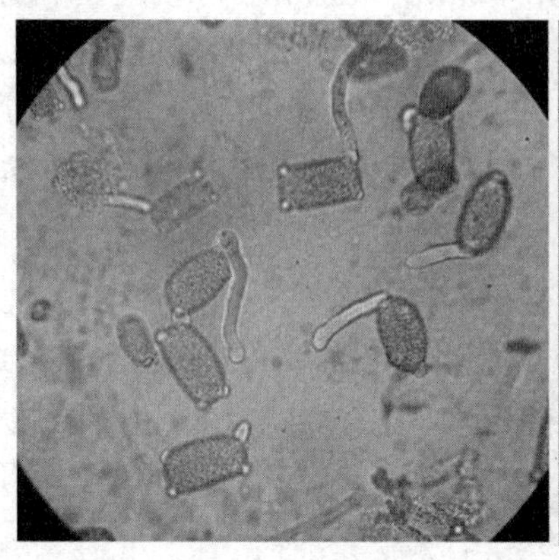
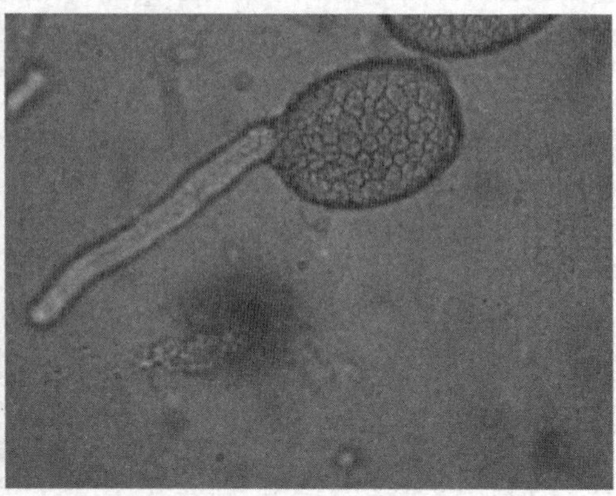

图 5-5　花粉离体萌发

染色鉴定：用不同的化学试剂如氯化三苯基四氮唑(2,3,5-triphenyl tetrazolium chloride、$C_{19}H_{15}ClN_4$，简称 TTC 或四唑)、I_2-KI 溶液等快速鉴定花粉生活力。

花粉萌发的标准，以花粉管伸长超出花粉直径为准。

$$花粉萌发率=\frac{已萌发花粉数}{花粉总数(一个视野)}\times 100\%$$

培养过程要密切观察，不可使花粉管萌发太长(图 5-6)，否则难以计数。

此方法能够统计出百分率，准确度高，但是操作相对复杂，而且花粉发芽条件与实际不完全相符易受培养基配方的影响，导致结果的偏差。

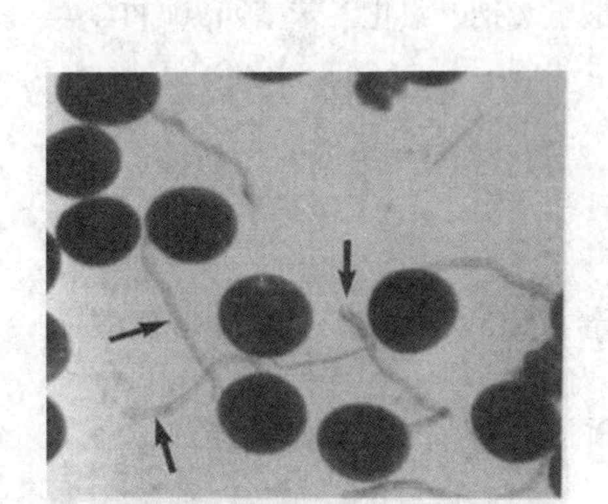

图 5-6　花粉管萌发过长

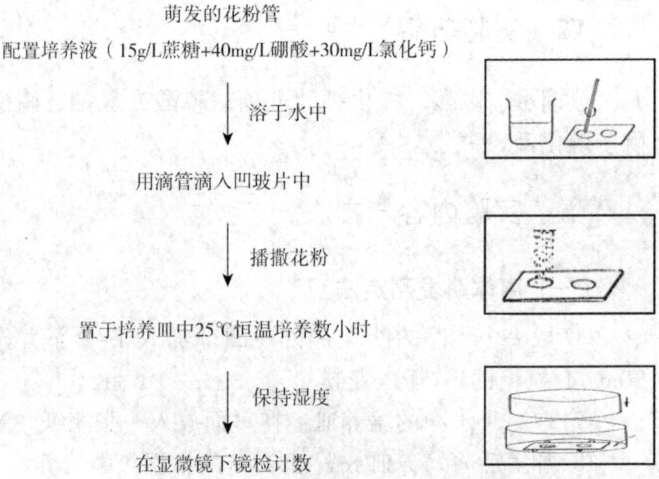

萌发的花粉管

配置培养液（15g/L蔗糖+40mg/L硼酸+30mg/L氯化钙）

↓ 溶于水中

用滴管滴入凹玻片中

↓ 播撒花粉

置于培养皿中25℃恒温培养数小时

↓ 保持湿度

在显微镜下镜检计数

图 5-7　实验步骤

（二）TTC 法（染色法）

原理：TTC 即2,3,5-三苯基四唑氯化物。主要原理在于检验花粉呼吸过程中脱氢酶的活性。TTC 的氧化状是无色的，被氢还原时呈红色的 TTF。具有活力的花粉呼吸作用较强，由于呼吸作用产生的氢能使 TTC 还原成 TTF，因此花粉便染成红色；而无生命的花粉没有呼吸代谢活力，TTC 不被还原，因而不着色。所以，可根据花粉染不染成红色来判断有无生命力，从而测定花粉生活力。

1. 配制溶液

① 磷酸缓冲液　在 100mL 蒸馏水中溶解 7. 16g 的 NaH_2PO_4和 3. 12g 的 Na_2HPO_4。

② TTC 溶液　称取 1g(不同植物所用的量是不同的)TTC 溶解在 100 mL 的磷酸缓冲液中，溶液配好后装入棕色瓶内，置入暗处。

备注：因氯化三苯基四唑有毒，操作时要注意安全。

2. 操作步骤

① 取少量花粉放在载玻片上，并在花粉上滴上 1~2 滴配制液。

② 将载玻片置于恒温箱(35~40℃)中 15~20min。

③ 在显微镜(10 × 10)下观察：凡具有生活力的花粉呈红色，部分丧失生活力的呈淡红色，无色的是死的和不育的花粉粒。

3. 观察和测定结果

每片观察 5 个视野，并统计具有生活力的花粉百分率。

（三）I_2-KI 法（染色法）

原理：大多数植株正常的花粉呈圆球形，积累着较多的淀粉，用 I_2-KI 溶液染色时呈深蓝色。发育不良的花粉往往由于不含淀粉或者积累淀粉较少，用 I_2-KI 溶液染色时呈黄褐色。故可用 I_2-KI 溶液染色法来测定花粉的生活力。

1. 配制溶液

取 1.3g KI 溶于 5~10mL 蒸馏水中，加入 0.3g 的 I_2，充分搅拌溶解后，定容至 100mL 容量瓶中，摇匀后贮存于棕色试剂瓶中备用。

2. 操作步骤

① 取少量花粉放在载玻片上，并在花粉上滴上 1~2 滴配制液。

② 在显微镜(10 × 10)下观察：凡具有生活力的花粉呈蓝色，部分丧失生活力的呈黄褐色。

3. 观察和测定结果

每片观察 5 个视野，并统计具有生活力的花粉百分率。

六、结果与分析

① 将离体萌发测定法和 I_2-KI 染色法两种方法测得的结果列表记录(表 5-11)，并计算花粉的生活力。

② 比较两种花粉生活力测定方法的优缺点。

③ 绘制一张花粉粒发芽形态图。

表 5-11　实验结果记录表

	TTC	萌　发	I_2-KI
1			
2			
3			
4			
5			
花粉生活力平均值			

实习 31　园林植物选育品种选择

一、实习目的

① 熟悉园林植物优良单株选择的原理。

② 掌握园林植物优良单株选择的方法。

二、实习原理

园林植物的群体中经常存在一些变异类型。在相对一致的栽培与环境条件下，这些变异个体的性状表现存在着不同程度的差异。按照一定的标准，通过合理的方法将综合性状表现好的优良单株选择出来，可大大提高其观赏和应用价值，可能获得新优株系或品种。

选择育种的方法有：①混合选择法；②单株选择法；③评分比较选择法(根据各性状的相对重要性分别给予一定的分值，再计算累计分数，从而对不同品种的观赏价值进行评价)。

其中，评分比较选择法的优点是以主要性状为主，兼顾其他性状，较科学，参评人多，消除个人偏见，评选结果较为可靠；评分比较选择法的缺点是计算比较麻烦。

三、实习材料与用具

① 材料　夏堇、鸡冠花、孔雀草、百日草(当季常见草花，需要一定的数量)。

② 用具　钢卷尺、直尺、标签、记录板等。

四、实习步骤与方法

(一) 方法

百分制综合评分法，见波斯菊百分制计分评选标准(表 5-12)。

表 5-12　波斯菊百分制计分评选表

品系编号	植株(50 分)				花朵(50 分)			综合评判
	高度 20 分	株姿 10 分	长势 1 分	茎叶 10 分	花型 20 分	花径 15 分	数量 15 分	
1								
2								
3								
…								

(二) 步骤

① 踏查　对选区内所有植株的变异状况进行普遍调查，做到心中有数。

② 拟定选择标准　在踏查的基础上，根据实际情况拟定合适的选择标准和评分办法(可参考波斯菊百分制计分评选标准)。

③ 初选　根据株选标准对选区内的植株进行测量、登记和评分，推出优良的候选单株。

④ 复选　在各组初选的基础上，全班进行复选，选出特优者。

⑤ 遗传鉴定　从中选的优株上采条繁殖，进行无性系鉴定；或者对种子后代进行鉴定。

⑥ 决选　经观测确定优良遗传特性是稳定可靠的，即可投入生产。

波斯菊百分制计分评选标准

选择育种目标：适合于花坛花境观赏的植株较高，花量大、花色丰富的波斯菊优良单株。

一、植株(50 分)

1. 高度(20 分)

1~6 分	7~13 分	14~20 分
50cm	51~89cm	≥90cm

2. 株姿(10 分)

1~3 分	4~6 分	7~10 分
植株不饱满，分枝不均衡，最下部叶片距地面高≤30cm	植株相对较为饱满，分枝较均衡，最下部叶片距地面较高 31~40cm 之间	植株饱满分枝多且分枝均衡，最下部叶片距地面≥41cm

3. 长势(10 分)

1~3 分	4~6 分	7~10 分
生长势差，抗性差	生长中等，抗性较好	生长旺盛，抗性强

4. 茎叶(10 分)

1~3 分	4~6 分	7~10 分
主茎歪斜、细弱，叶片较小，叶色黄或淡绿色	主茎存在弯曲现象、较粗壮，叶片大小中等，叶色较健康	主茎笔直、粗壮，叶片舒展，叶色浓绿

二、花朵(50 分)

1. 花型及重瓣性(20 分)

1~6 分	7~13 分	14~20 分
花型不饱满、花瓣层数≤2	花型相对饱满、花瓣层数 3~5	花型饱满、花瓣层数≥6

2. 花径(15 分)

1~5 分	6~10 分	11~15 分
≤4cm	5~8cm	≥9cm

3. 花朵数量(15 分)

1~5 分	6~10 分	11~15 分
≤2	3~5	≥6

五、作业

① 2 人一组，对 10 株所选花卉进行观测记载，填写好单株评分表，并选择出 5 株优良单株。

② 对选出的优良单株进行描述介绍。

实验32　园林植物有性杂交

一、实验目的

① 理解高等植物有性杂交的原理。

② 了解高等植物花器官的构造、开花习性、授粉、受精等有性杂交知识。

③ 掌握高等植物有性杂交技术。

二、实验原理

① 植物有性杂交是人工创造新的变异类型最常用的有效方法，也是现代植物育种上卓有成效的育种方法之一。

② 有性杂交通过将雌、雄性细胞结合，是基因重组的过程。通过杂交可以把亲本双方控制不同性状的有利基因综合到杂种个体中，使杂种个体不仅具有双亲的优良性状，而且在生长势、抗逆性、生产力等方面甚至超越其亲本，从而获得更符合人类需要和满足育种目标的新品种。

③ 花器官构造　参见1.1.1花。

④ 受精原理　花粉管通常经过珠孔进入珠心，最后进入胚囊，花粉管端壁形成小孔并释放出2个精细胞、1个营养核及其他营养物，随后2个精细胞转移到卵细胞和中央细胞附近，一个精细胞的质膜与卵细胞的质膜融合，核质融合、核仁融合形成受精卵(合子)，受精卵进一步发育形成胚(2N)。其中另一个精细胞的质膜与中央细胞(含有2个极核，极核为单倍体)的质膜融合，两者的核膜融合、核质融合、核仁融合形成初生胚乳核，初生胚乳核进一步发育形成三倍体胚乳(3N)。

三、实验材料与用具

① 材料　蝴蝶兰、文心兰或当季开花的具有不同品种的植物材料。

② 用具　镊子、硫酸纸纸袋、挂签、铅笔、毛笔、培养皿、75%酒精、棉球等。

四、实验步骤与方法

1. 亲本的选择

① 选择发育正常、生长健壮、无病虫害且具有本种/品种典型特征的植株作为杂交亲本。

② 杂交母株应选开花结实正常的优良单株，在母株数量较多时，一般不要在路旁或人流来往较多的地方选择，以确保杂交工作的安全。

③ 杂交的花朵以健壮花枝中上部即将开放的花蕾为好，每株(或每枝)保留3~5朵花，种子和果实小的可适当多留一些，多余的花蕾、已开放的花朵、果实全部摘去，以保证杂交果实的顺利生长与成熟。

2. 花期调整

① 杂交时，如果选择的两个亲本存在花期不遇现象，则需对其开花期进行调整或收集父本花粉贮藏。

② 在调整花期前，首先应弄清楚影响植物花期的主导因子，然后再采用相应的措施进行调整。

③ 也可通过采取适当的栽培措施，调节温度、光照或采用植物生长调节剂等手段对植物进行处理，使开花时期能满足杂交要求。

3. 去雄、套袋

① 两性花的品种为防止自交，杂交前需将花蕾中未成熟的花药除去。去雄时，剥开花瓣，用镊子夹住花丝，将雄蕊全部除去，同时注意尽量不要碰伤雌蕊。

② 去雄过程中，如果工具被花粉污染，须用70% 以上的酒精消毒，去雄后立即套袋隔离，以免其他花粉干扰。

③ 风媒花用纸袋，虫媒花可用细纱布袋。袋子一般两端开口，套上后上端向下卷折，用回形针夹住，下端扎在花枝上，扎口周围最好垫上棉花，防止夹伤花枝。

④ 对于不需要去雄的母本花朵，也必须套袋，以防外来花粉影响。套袋后挂上标牌，注明母本名称和去雄日期。

4. 花粉采集贮藏

① 为了保证父本花粉的纯度，在授粉前应对将要开放的发育良好的花蕾或花序先行套袋隔离(已开放的花朵摘除)，以免掺杂其他花粉。

② 待花药成熟散粉时，可直接采摘父本花朵，对母体进行授粉；也可把花朵或花序剪下，于室内阴干后，收集花粉备用。

③ 对于双亲花期不能相遇或亲本相距较远的植物种类，如果父本先于母本开花，可将父木花粉收集后妥善贮藏或运输，待母本开花时再进行授粉，从而打破杂交育种中双亲时间上和空间上的隔离，扩大杂交育种范围。

5. 授粉

① 待母本柱头分泌黏液或发亮时，即可授粉(图 5-8A)。授粉工具可用毛笔、棉球等，或者用镊子夹住父本已开裂花药的花丝轻轻碰触母本柱头(图 5-8B)。

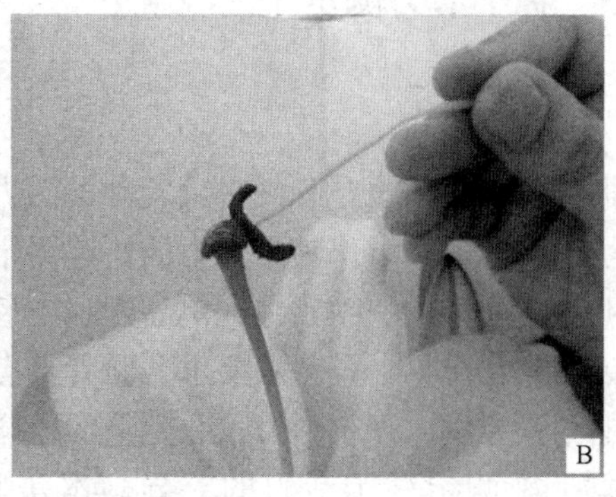

图 5-8　百合花柱长分泌黏液和授粉

A. 百合花柱头分泌黏液　B. 授粉

② 为确保授粉成功，可重复授粉 2~3 次。授粉工具授完一种花粉后，必须用酒精消毒后才能授另一种花粉。

③ 授粉完成后立即封好套袋，并在挂牌上标明父本名称、授粉日期、授粉次数等。数日后如发现柱头萎蔫、子房膨大，便可将套袋除去，以免妨碍果实生长。

6. 杂交后的养护管理

① 杂交后要细心管理，创造有利于杂种种子发育的良好条件。

② 有的花灌木要随时摘心、去蘖，以增加杂交种子的饱满度。同时注意观察记录，及时防治病虫和人为伤害。

7. 杂种种子的采收

① 由于不同植物、不同品种的种子成熟期有一定差异，须注意适时采种。对于种子细小而又易飞落的植物，或幼果易为鸟兽危害的植物，在种子成熟前应用纱布袋套袋隔离。

② 杂种成熟后，采收时连同挂牌放入牛皮纸袋中，注明收获时期，分别脱粒贮藏。

五、作业

① 填写杂交结果记录表 5-13。

表 5-13　杂交结果记录表

杂交组合	去雄日期	花粉采集日期	授粉日期	授粉花数	采种日期	结果数	种子数	备　注

② 绘制百合、野牡丹、扶桑、木槿中任意两种花的雌雄蕊结构。

③ 根据杂交过程中遇到的问题，你认为影响杂交结果的因素有哪些？

④ 如何解决有性杂交过程中父母本花期不遇的问题？

5.7　园林苗圃学实验实习

实验 33　种子活力测定

一、实验目的

根据种子染色部位及程度来检验种子活力的四唑染色法(TTC 定位图法)，虽具有反应灵敏、快速，同时可以作为生活力的快速测定和活力测定等优点，但由于活力是比发芽率更能说明种子质量的一项指标，单靠四唑染色法难以反映出种子活力的微小变化，加之为判断和说明染色结果，染色法要求实验者具有较高的技术和丰富的实验经验。由于难以目测出色的细微差别，评价活力没有定量的概念。因此，需采用 TTC 定量法，进一步从定量分析数据上来测定种子活力的差异。本实验要求学生掌握 TTC 定量法的操作技术和计算。

二、实验原理

TTC(2，3，5-三苯基氯化四氮唑)的氧化态是无色的，可被氢还原成不溶性的红色三苯甲臜(TTF)。应用 TTC 的水溶液浸泡种子，使之渗入种胚的细胞内，如果种胚具有生命力，其中的脱氢酶就可以将 TTC 作为受氢体使之还原成为三苯甲臜而呈红色，如果种胚死亡便不能染色，种胚生命力衰退或部分丧失生活力则染色较浅或局部被染色，因此，可以根据种胚染色的部位或染色的深浅程度来鉴定种子的生命力。种胚中 TTC 含量高，说明种胚中脱氢酶的活性强，表明种子活力高。

三、实验仪器及药品

① 仪器　水浴锅、具塞试管、培养皿、镊子、手术刀、离心机、研钵、25mL 容量瓶。72-1 型分光光度计、试管夹、1~2mL 移液管、坐标纸、吸水纸。

② 药品　丙酮、$Na_2S_2O_4$，分析纯石英砂、0.1% TTC 溶液。

标准曲线的配制：在容量瓶中 0.1% TTC 溶液，取 25mL 容量瓶 5 个，每个瓶中加入少量(数粒)的强还原剂连二代硫酸钠(保险粉，$Na_2S_2O_4$)，过量则显示混浊并退色。加入强还原剂二代硫酸钠的量，应按由少到多的次序递增。再用微量注射器分别加入 0.1% TTC 溶液 25、50、75、100、150μL，然后用丙酮定容至刻度，摇匀，分别测定上述标准的光度值，并在坐标纸上绘出标准曲线。

四、实验步骤

① 从纯净种子中，随机提取 3 组净种子，每组 50 粒，即 3 个重复。

② 将供试种子按照发芽试验浸种要求，浸种 2d，然后进行剥胚。剥胚时要细心，勿使胚损坏，并排出空粒、腐坏粒和有病虫害的种粒，记入表 5-14。

③ 将各重复分别放入具塞的试管中，加 10mL 10.1% TTC 溶液，放置于 38℃的恒温水浴锅中，加盖保持黑暗条件，时间长短随种类而异，一般 1~2h 即可。尔后倾倒出 TTC 溶液，以中止反应，用清水冲洗样品 2~3 次，用滤纸吸去浮水。观察各重复染色情况，并按生活力测定的判别标准，记录在表 5-14 中。

④ 将各重复分别倒入研钵，立即加入少量丙酮液，以防染色样品氧化，再加入少许分析纯石英砂，充分研碎，把研磨液全部倒入容量瓶中，再用丙酮冲研钵 2~3 次并倒入容量瓶，用丙酮定容为 25mL 并摇匀。

⑤ 将部分提取液倒入 10mL 离心管中，在 3000r/min 下离心 3min，吸出一定量的红色上清液供比色用。若上清液混浊，可加入 1% NaCl 溶液数滴(以溶液达清澈为度)。在 72-1 型分光光度计 520nm 波长测光密度值，从标准线中查出相应的还原态 TTC 量。将结果填入表 5-14，并计算各重复的平均值。

五、思考题

① 种子生命力、种子生活力和种子活力的关系是什么？

表 5-14　种子生活力测定记录表

编号________

树种________　样品号________　样品情况________

染色剂________　浓度________　测试地点________

环境条件：温度________℃　湿度________%

测试仪器：名称________　编号________

No	测定种子数	TTC 定位图法				进行染色	染色结果				TTC 含量 ( )
		空粒	腐坏粒	病虫害粒			无生活力		有生活力		
							粒数	%	粒数	%	
1											
2											
3											
4											
平均											
实际差距							容许差距				
本次测定							□有效　□无效				
测定方法：											

检验员：________　校核员：________　20________年________月________日

② 种子活力、生活力和发芽率的区别及关系是什么？

③ 除 TTC 法，还有什么方法可以检测种子活力？它与 TTC 法有什么区别？

实习 34　园林植物的扦插繁殖技术

一、实习目的

通过一般树种硬枝扦插育苗，使学生进一步了解和掌握扦插原理和育苗技术。

二、实习内容

插穗的选择、制穗、作垄和扦插。

三、实习材料与用具

① 材料　选一年生芽饱满、无病虫害、发育充实的苗干或萌芽条作插穗。树种选择与实际结合。

② 用具　剪枝剪、盛条容器、铁锹、钢卷尺、测绳、打孔器、木牌、平耙、镐。

四、实习步骤

1. 插穗的准备

硬枝扦插时，插穗一般在秋季落叶后采集，并按规格制穗后贮藏，以备翌春扦插用。也可在春季树液开始流动前采条，随采随插。插穗长度为15~20cm。以上切口距第一个芽上0.5cm为宜，下切口最好在芽下1cm处。半硬枝扦插常用于木本花卉的生长期扦插。用当年生未成熟的枝梢，或取花后抽生的嫩枝作插穗。嫩枝扦插多用于草本花卉或温室花卉，如菊花、香石竹。剪取嫩枝5~10cm，留根端1~2叶。

植物生根促进剂往往对插穗能起到很好的促进生根的作用。常以低浓度浸泡或高浓度浸蘸使用，可促进多种植物的扦插生根，早生根、多生根。

2. 插壤的准备

田间插壤最好用铁锹耕地，翌春浅耕，平整后再作垄。一般应采用高垄，垄距70cm，垄高15cm，垄面宽30cm。

现代育苗设施里，一般都有扦插圃。不同的植物，基质是生根的重要影响因素之一，常用的扦插基质有河沙、砂土的配合。扦插前，应进行土壤消毒(方法同播种育苗)。

3. 扦插

① 株距　株距应根据树种生长特性而定。

② 扦插　扦插时，先用打孔器打孔再扦插，孔深与插穗长度一致，不能大于插穗的长度。一般将插穗垂直插入土中。插时注意极性，小头朝上，大头朝下。插后，插穗的上切口与地面平。半硬枝扦插时，枝条顶端保留两片叶，插入土中2/3，插后浇水，并覆膜保护。

五、注意事项

① 插穗采集、制作、扦插过程中，要注意保护好插穗，防止失水风干。
② 扦插时切忌用力从上部击打，也不要使插穗下端蹬空。
③ 不能碰掉上端第一个芽，也不能破坏下切口。
④ 插后踏实，随即灌水，使插穗与土壤坚密结合。
⑤ 插后要尽量保持插穗叶片上有水膜形成，但基质的水分含量不宜过高。

六、思考题

① 什么时候采条最好？应选择什么样的枝条作插穗？
② 怎样确定插穗规格？如何截制插穗？
③ 提高插条成活率的关键是什么？
④ 促进生根的方法有哪些？

实习35　园林植物的嫁接繁殖技术

一、实习目的

学会园林植物主要的枝接和芽接方法，熟练操作技术，掌握影响嫁接成活的关键。

二、实习材料与用具

① 材料　园林植物供嫁接用的砧木和接穗，塑料薄膜条、石蜡等。

② 用具　芽接刀、切接刀、修枝剪、手锯、磨石、熔蜡小筒或小锅。

三、实习内容

(一) 枝接

1. 枝接时期

只要条件具备，一年四季都可进行枝接，但以春季芽前后至展叶期进行较为普遍。如果接穗保存在冷凉处不萌芽，枝接时间还可延长。

2. 接穗的准备

所用接穗一般长6~10cm，带有2~4个芽，接穗过长萌芽常长势较弱，对本地嫁接，可在嫁接前采集接穗，对于贮存的接穗或远途运来的接穗，最好先在水中浸泡一昼夜。为提高嫁接速度，对于大批量的嫁接常在接前对接穗进行蘸蜡处理。蜡的温度为95~110℃，为防止蜡温过高烫伤接穗，可在蜡中加入少量的水，手捏住一端，先将接穗大部分在蜡溶液中速蘸(约1s)，再将另一端速蘸，两次蘸蜡应相互交接。所用接穗表面的蜡层以亮、薄，用手捏不易剥落为好。桃等核果类果树蘸蜡温度应稍低，最好先做预备试验。对于少量嫁接，可不必蘸蜡，接后用地膜直接包扎接穗。绿枝嫁接多在接后直接用地膜或塑料小袋包扎接穗。

接穗活力鉴定：对于较长时间贮存的接穗，在大规模嫁接前应进行接穗活力鉴定。常用的鉴定方法有：

① 外观观测法　通过与正常(有活力)的接穗的比较来鉴别。

② 电导率法　通过对苗木导电能力的测定，可在一定程度上反映苗木的水分状况和细胞受害情况，以起到指示接穗活力的作用，可以对贮藏接穗进行病腐和生活力的鉴定。

原理：植物组织的水分状况以及植物细胞膜的受损情况与组织的导电能力紧密相关。干旱以及其他任何环境胁迫都会造成植物细胞膜的破坏，从而使细胞膜透性增大，对水和离子交换控制能力下降，K^+等离子自由外渗，从而增加其外渗液的导电能力。

③ 生长活力法　将接穗置于最适生长的环境中进行萌发试验。接穗不论在形态和生理上的各种变化都会反映出来，从而预测接穗的成活潜力，准确评价接穗质量。

3. 枝接方法

(1)劈接法：砧木较粗时常用此法。

① 削接穗　在接穗基部削成两个长度相等的楔形切面，切面长1~3cm。切面应平滑整齐，一侧的皮层应较厚。

② 切砧木及嫁接　将砧木截去上部，削平断面，用刀在砧木断面中心处垂直劈下，深度应略长于接穗切面。将砧木切口撬开，插入接穗，较厚的一侧应在外面，接穗削面上端应微露出，然后用塑料薄膜绑紧包严。粗的砧木可同时接上2~4个接穗。

(2) 腹接法(腰接法)：在接穗基部削一长约3cm的削面，再在其对面削一长约1.5cm左右的短切面，长边厚而短边稍薄，砧木可不必剪断。选平滑处向下斜一刀，刀口与砧木约呈45°角。切口不超过砧心，将接穗插入，剪去接口上部砧木，剪口呈马蹄形，将接口连同砧木伤口包严绑紧。

(3) 切接法：

① 削接穗　将接穗部两侧削成一长一短的两个削面，先斜切长达3cm左右的长削面，再在其对侧斜削长1cm左右的短削面，削面应平滑。

② 切砧木及嫁接　砧木应在欲嫁接部位选平滑处截去上端。削平截面，选皮层平整光滑面由截口稍带木质部向下纵切，切口长度与接穗长削面相适应，然后插入接穗，紧靠一边，使形成层对齐，立即用塑料条包严绑紧。

(4) 插皮接(皮下接)：砧木较粗、皮层厚易于离皮时采用。

① 削接穗　在接穗基部与顶端芽的同侧削成单面舌状削面，长度3cm左右，在其对面下部削去0.2~0.3cm的皮层。

② 切砧木及嫁接　砧木截去上部，用刀在砧木上纵切一刀，插入接穗，也可直接用接穗插入韧皮部与木质部之间。接穗削面应微露出，以利愈合。用塑料条将接口包严绑紧。

(5) 桥接：常用于腐烂病树嫁接，砧木远粗于接穗。接穗的切害虫削与插皮接法相同，只是接穗较长且在上下两端切相同削面，砧木的切削与插皮接相似，只是不截断砧木，而在病斑上的下侧分别切一切口，将接穗上下两端分别插入上下两个接口，用两个钉将砧木皮部、接穗及砧木部钉在一起，用塑料条包严绑紧。

4. 接后管理

接后要及时多次去除砧木不定芽长出的萌蘖，如枝接成活接穗较多(劈接切接、皮下接)。应选生长健壮、愈合良好、位置适当的枝条保留一枝，剪除其余枝。如春季风大，为防嫩梢折断，应立支柱绑缚。

(二) 芽接

1. 芽接时期

芽接可在春、夏、秋三季进行，凡皮层容易剥离，砧木达到芽接所需粗度时均可进行，其中，7~9月是主要芽接时期。带木质部的芽接也可在萌芽前进行，通常核果类果树应适当提早芽接，对于柿、枣和板栗在利用二年生枝基部休眠芽嫁接时，应在花期进行。

2. 芽接方法

（1）“T”字形芽接：

① 削芽　选充实健壮发育枝上的饱满芽作为接芽。先在芽的下方0.5~1cm处下刀，略倾斜向上推削2~2.5cm，然后在芽的上方0.5cm左右处横切一刀，深达木质部，用手捏住芽的两侧，左右轻摇掰下芽片。芽片长为1.5~2.5cm，宽0.6~0.8cm，不带木质部。当不易离皮时，也可带木质部进行嫁接。

② 切砧木　在砧木离地面3~5cm处选择光滑的部位作为芽接处，用刀切一“T”字形切口，深达木质部，横切口应略宽于芽片宽度，纵切口应短于芽片。当苹果和梨芽接时，纵切口可只用刀点一下即可。

③ 接芽和绑缚　用刀轻撬纵切口，将芽片顺“T”字形切口插入，芽片的上边对齐砧木横切口，然后用塑料条或马蔺从上向下绑紧，但叶芽要露出。

（2）方块芽接：

① 削芽片　在接穗上芽的上下各0.6~1cm处横切两个平行刀口，再在距芽左右各0.3~0.5cm处竖切两刀，切成长1.8~2.5cm、宽1~1.2cm的方形芽片。暂先不取下。

② 切砧木　按照接芽上下口距离，横割砧木皮层达木质部，偏向一方(左方或右)，竖割一切，掀开皮层。

③ 接芽和绑缚　将接芽芽片取下，放入砧木切口中，先对齐竖切的一边，然后竖切另一方的砧木皮部，使左右上下切口都紧密对齐，立即用塑料条包紧。

3. 接后管理

① 检查成活，解除绑缚物及补接　多数果树芽接后10~15d即可检查成活情况，解除绑缚物。凡接芽呈新鲜状态，叶柄一触即落表示成活，而芽和叶柄干枯不易脱落者说明未活，可及时补接。

② 越冬防寒　在冬季严寒干旱地区，为防止接芽受冻，应于结冻前培土保护，春季解冻后要及时扒开，以免影响接芽萌发。

③ 剪砧　春季萌芽以前，应将接芽以上砧木剪除，以集中营养供接芽生长，剪口应在接芽以上0.5cm处，呈马蹄形。

四、作业

① 学习掌握几种嫁接方法，统计嫁接成活率，总结影响枝接成活的关键。

② 嫁接的技术要点及注意事项。

实习36　园林植物的苗木移植技术

一、实习目的

掌握移植育苗技术，并了解移植工作在生产实践中的意义。

二、实习内容

区划、作床、定点、划印、栽苗、灌水等。

三、实习材料与用具

① 材料　针叶树小苗，阔叶树小苗，杨树扦插苗。

② 用具　铁锹、装苗器、剪枝剪、钢卷尺、小木棍、划印器、移植铲、木牌。

四、实习步骤

1. 土地准备

按照垄或床的规格，在平整好土地的基础上定点、划印，作好床埂。

2. 苗木的准备

春季用冬季假植贮藏的苗木进行移植时，应随用随取。春季随用随起的苗木，也应提前做好准备，并严格做好苗木的保护工作，严防苗木根系失水。移植前要进行修根，一般针叶树根长15~20cm，阔叶树20~30~40cm。

3. 移植

① 确定移植株行距　不同树种、不同苗龄的苗木，其移植时的株行距不同。树冠的开展程度，机具的使用和培养年限不同，株行距也不同。

株距　一般针叶树小苗5~20~50cm。阔叶树大苗50~80~120cm。

行距　人工管理时，行距可窄些，一般为12~25~60cm。机械或畜力中耕、起苗时，行距应与轮距相结合，一般为70~120cm。

② 定点、划印　按株行距大小定点、划印。

③ 移植

穴位法　按定点移植。小苗用移植铲，大苗用铁锹挖穴，栽苗时不能窝根，使根系舒展并与土壤紧密结合。

沟移法　按预定行距进行开沟，将苗木延垂直沟壁放入沟内，再培土，然后踏实。栽植深度应比原土印深2~3cm。

五、注意事项

① 严禁苗木干燥，如风吹、日晒、移植时手中留苗过多等，都会导致苗木失水。

② 严禁窝根、根系不舒展或踏不实现象。

③ 移植季节要在苗木休眠期内进行，春季移植越早越好，并按不同树种萌动时间早晚安排先后次序。

④ 移植后要立即灌透水，及时抚育。

六、思考题

① 苗木移植有何意义？为提高移植成活率应注意哪些关键技术？

② 苗木移植在何时较好？请将苗圃需要春季移植的树种按作业时间顺序排列出来。

实习 37　园林植物的分株繁殖技术

一、实习目的

分株繁殖是指分割自母株发生的根蘖、吸芽、走茎、匍匐茎和根茎等，进行栽植形成独立植株的方法。通过园林植物分株繁殖育苗，使学生进一步了解和掌握园林植物分株繁殖原理和育苗技术。

二、实习材料与用具

① 材料　根据季节等选择合适的园林植物，如菊花、牡丹、石榴、木槿、刺槐、吊兰、吉祥草、狗牙根、剪股颖、麦冬兰等。树种选择与实际结合。

② 用具　枝剪、盛苗容器、铁锹、菜刀或电工刀、钢卷尺、测绳、木牌、平耙、镐。

三、实习内容

主要为母株的选择、分株、栽植、栽后初步管理。

1. 分株时期

分株常在春、秋两季进行。由于分株法多用于花灌木的繁殖，因此要考虑到分株对开花的影响。一般秋季开花者宜在春季萌芽前进行，春季开花者宜在秋季落叶后进行，而竹类则宜在出笋前一个月进行。

2. 分株繁殖方法

① 分株法　将母株全部带根挖起，用锋利的刀、剪或锹将母株分割成数丛，使每丛上有 1~3 个枝干，下面带部分根系，适当修剪枝、根，然后分别栽植。如果繁殖量很少，也可不挖母株，而在母株一侧或外侧挖出一部分株丛，分离栽植。如菊花、珍珠梅、绣线菊、迎春、黄刺玫、君子兰、牡丹、石榴、木槿、海棠、木瓜等。

② 分蘖法　是利用某些植物根部周围萌发的根蘖，从母株上分割下来，栽培成新的植株，如枣、刺槐、香椿、木兰等可用此法繁殖。方法是在早春萌芽前或秋季落叶后，将母株周围地面上自然萌发生长的根蘖苗带根挖出，挖掘时不要太多损伤母株根系，以免影响母株的生长。

③ 匍匐茎繁殖法　如草莓、虎耳草等的匍匐茎是一种特殊的茎，其由根颈的叶腋发生，沿地面生长，并且在节上基部发根，上部发芽。可在春季萌芽前或秋后 8~9 月 (华北) 切离母株栽植，形成独立新植株。吊兰、吉祥草等为走茎；麦冬、铃兰等为根茎。

④ 吸芽分株法　石莲花、香蕉等可以抽生吸芽，菠萝植株地上茎叶腋间也能抽生吸芽，并在基部产生不定根。将吸芽与母株分开，便可培育出与母株遗传性一致的无性系幼苗。

四、注意事项

① 分株过程中，要注意保护好分下的植株，防止失水风干。
② 切口要尽可能少(小)。
③ 分株后及时栽植踏实，随即灌水。

五、思考题

① 什么植物可以进行分株繁殖？什么时候最适宜进行分株？
② 分株繁殖时保证成活的关键条件是什么？

5.8　植物造景实习

实习 38　校园实测，改进原有植物配置

一、实习目的

通过本实验了解植物之间合适的行间距，植物生长状态以及植物配置的合理性。

二、实习内容

选择本校园中 10m × 10m ~ 20m × 20m 地块，进行实测、记录、画图及分析。

三、实习材料与用具

每组长皮尺(50m)2 把，卷尺(5m)5 把，记录表，A4 图纸数张。

四、实习步骤(基本要求)

① 选择 20m × 20m 地块。
② 分工测量，需要记录植株直接的株行距，包括灌木、地被每平方米植物用量。
③ 边测边记录边画图。
④ 对地块植物应用进行分析。

五、作业

① 提出在该地块生长不好，或配置不合理的植物替换方案。
② 每人交一份 A4 图纸。

实习 39　植物配置施工放样

一、实习目的

了解植物配置图如何放样到实地，以及植物定植点的确认。

二、实习内容

给出一张已经设计好的植物配置图，将图上植物按一定比例放样到地面。

三、实习材料与用具

每组长皮尺(50m)2 把，卷尺(5m)5 把，给定图纸 1 张，直尺 3 把(3cm)，粉笔数只，计算器 2 个。

四、实习步骤

① 分析图纸比例，找到一个标准参照物，根据参照物用直尺量取距离，再按教师要求比例算出实地距离(该过程需要检验计算是否有误)。

② 将参照物的尺寸按比例用卷尺放样到地面上，然后借助皮尺、卷尺将植物中心到参照物的距离放样到地面。

③ 检查放样质量，确定定植点是否正确。

五、作业

按照给定图纸进行检查，检验放样点是否正确，进行小组打分。

实习 40　公园实测调查

一、实习目的

掌握公园植物配置的形式。

二、实习内容

通过公园植物实测调查，掌握和分析公园入口、园路、绿地、公园管理处、草坪应用、花坛花境应用等内容。

三、实习材料与用具

每组长皮尺(50m)2 把，卷尺(5m)5 把，记录表，A4 图纸数张，相机，AutoCAD 软件。

四、实验步骤(基本要求)

① 选点进行实测调查。
② 测量该点的植物位置、行间距，并记录。
③ 调查该点植物生长状态、生长环境、应用种类和数量，并记录。
④ 尽量拍摄该点的植物配置平面及立面。
⑤ 绘制平立面图。

五、作业

① 选择 3 个点，根据测得的数据用 AutoCAD 软件进行平面图的绘制。
② 在上述基础上对植物配置形式、植物种类、数量、生长环境、生长状态等内容进行分析。
③ 每组做一份 PPT 进行汇报(写明分工情况，根据其整体完成情况和分工情况进行评分)。

5.9 插花艺术实习

实习 41 花材选择造型与花泥固定

一、实习目的

通过实践操作，要求学生认识常用插花的器具、种类，正确识别常用花材，掌握花材的形态分类、采集及保养，掌握花材的修剪、弯曲操作方法，掌握花泥固定方法。

二、实习材料与用具

剪刀、刀、铁丝、花泥、订书机、除刺器、各种类型的花器、花材。

三、实习步骤

① 认真观察认识插花所用器具、材料。
② 清理花材上不符合造型需求的部分：整理枯枝、黄叶、虫叶等，基部 5cm 叶片摘除，残花瓣掰除，基部 2~3cm 茎枝切除，花材水养。
③ 枝条的弯曲和叶片的各种造型：枝茎的弯曲、延长等，叶片修剪、卷曲、折、撕裂等。
④ 花泥的浸泡、安放，在花泥内固定花材。

四、作业

记录好插花过程、注意事项、结果，填写表5-15。

表5-15　花材整理与花泥固定作业评分表

序　号	评价要素	评分内容	得分	备　注
1	花材新鲜度 15分	干净无泥垢	5	
		色泽典型清新	5	
		无枯枝败叶残花瓣	5	
2	花材整理状态 30分	花朵充实有弹性，露色花苞较多，花瓣挺实有光泽、无伤痕	5	
		叶片挺立，茎秆鲜绿有弹性，分枝适宜无盲枝	5	
		按要求修剪、卷曲、整理花材	15	
		茎基斜切且切口平整	5	
3	花材分类 25分	按形态正确归类	10	
		按植物学正确归类	10	
		按造型正确归类	5	
4	花泥固定技巧 30分	花泥泡水至心部	10	
		花泥应高出容器2~3cm	10	
		花材应插入花泥2~5cm	10	
总　计			100	

实习42　东方式插花固定技法训练

一、实习目的

通过实践操作，要求学生掌握撒固定技术和剑山固定技术。

二、实习材料与用具

剪刀、铁丝、扎带、剑山、容器、枝条、花材等。

三、实习步骤

①撒的制作　依次练习一字撒、井字撒、十字撒、Y字撒。

②剑山固定　各类花材修剪整理到可插入剑山并稳定。

③通过选材按照直立型、倾斜型、下垂型、水平型固定，完成两件东方式风格基本花型的插花作品。

四、作业

将过程、注意事项、结果记录好并按标准进行评判，填写表 5-16。

表 5-16 东方式插花固定技法作业评分表

序 号	评价要素	评分内容	得 分	备 注
1	技 法	正确选择枝杆	5	
		剪切枝条位置、方向正确	5	
		固定方法、类型操作正确	40	
		固定松紧度适中	10	
2	功能性	花枝放置位置、固定方向与角度正确，实现计划中的设计及表达	20	
3	稳定性	抬起或触摸时保持原有形态	10	
4	保 水	每枝植物茎杆的长度能触到水，基部能吸水	10	
总 计			100	

实习 43 东方式插花构图设计

一、实习目的

要求掌握东方式插花的创作流程，学会主题表达路径，掌握容器选择方法，熟练应用东方式插花制作过程中对花材的弯曲、修剪、造型、固定的技术，从构思、选材、修剪、固定、命名全程完成一件东方式插花作品的创作。

二、实习材料与用具

剪刀、铁丝、扎带、橡皮筋、剑山、打刺钳、容器、枝条、花材等。

三、实习步骤

① 拟定插花花器类型和要表现的主题意境。
② 根据设计选择适宜的花材，并对花材进行修剪整理弯曲造型。
③ 根据构图固定花材进行插作。
④ 对作品进行整体修饰，并命名。

四、作业

将过程、注意事项、结果记录好并按标准进行评判，填写表 5-17。

表 5-17 东方式插花作业评分表

序号		评价要素	评分内容	得分	备注
1	创意主题 20分	创意与主题	创意独特，主题表现突出	10	
		器型合一	花器与插花表现形式高度一致，艺术感染力强	10	
2	造型 设计 40分	中国传统插花构图原理	巧妙运用中国传统插花构图原理，完美塑造作品造型	15	
		体量与比例	体量恰当，比例	10	
		线条运用，韵律与动感	线条优美，焦点设置精妙，富于韵律与动感	15	
3	色彩 配置 15分	色彩平衡	色彩运用独具特色	10	
		视觉感染力	色彩充分烘托主题意境	5	
4	技巧 做工 25分	花枝固定与稳固性	固定技法运用巧妙，作品稳固	10	
		花材选择与修剪造型	花材选择恰如其分，巧妙修剪，造型优美	10	
		做工与技法运用	做工精致，技法运用成为作品突出亮点	5	
总计				100	

实习 44 西方式插花花型练习

一、实习目的

掌握西方式插花对称式和不对称式构图的插作方法，熟练掌握构图的操作步骤、技术要领和评价标准，分别完成对称式和不对称构图的西方式插花作品两件。

二、实习材料与用具

剪刀、花泥、花器、丝带、包装纸、花材等。

三、实习步骤

① 选择三角型、扇型、塔型、放射型、水平型、半球型、倒 T 型、L 型、弯月型和 S 型中的两种花型。
② 按选择花型进行花材修剪整理。
③ 插入骨架花、叶材、主体花、填充花等，整理作品、加水。

四、作业

将过程、注意事项、结果记录好并按标准进行评判，填写表 5-18。

表 5-18　西方式插花作业评分表

序　号	评价要素	评分内容	得　分	备　注
1	花型结构 60 分	造型具该花型典型的外轮廓	20	
		层次丰富立体感强，具空间感	10	
		花材间比例关系合理	5	
		整体结构均衡协调	10	
		焦点突显	5	
2	色彩	色彩和谐悦目整体视觉效果好	5	
		主次关系明确有明显主色调	10	
		色彩有感染力与作品主题相符	5	
3	技巧	花材选择合理，修剪细致	5	
		做工细致能够表现设计效果	10	
		技法运用合理，作品稳定	5	
		尺寸和风格与使用主题、场所协调	10	
总　计			100	

实习 45　现代插花技法应用练习(1)

一、实习目的

掌握现代插花构成的原理及制作技巧，熟练掌握现代插花铺成、影子、层叠、重叠、锥杯、阶梯 6 个技法，掌握现代插花的花材加工处理、构成固定技术，熟练地将这些技法和技巧应用于作品创作中。

二、实习材料与用具

订书机、除刺器、绿胶带、各种枝剪、尖嘴钳、手锯、锂电电钻、订书机、钉枪、热胶枪、胶棒、鲜花胶、花泥、竹条、环保铁丝、铜线、皮筋、塑料扎带、喷水壶、花材等。

三、实习步骤

① 选择练习铺成、影子、层叠、重叠、锥杯、阶梯等技法。
② 根据技法选择对花材进行修剪造型。
③ 通过技法应用完成现代插花的空间造型。

四、作业

将过程、注意事项、结果记录好并按标准进行评判，填写表 5-19。

表 5-19　现代插花技法应用(1)作业评分表

序　号		评价要素	评分内容	得　分	备　注
1	造型设计 20 分	造型与结构	造型独具风格，体量适宜，比例协调	10	
		焦点设置与点、线、面运用	焦点设置巧妙，展示点线面的复杂运用	10	
2	技法技巧 40 分	花材选择与加工	花材选择恰如其分，巧妙修剪，造型优美	10	
		做工与技法运用	做工精致，技法运用成为作品突出亮点	20	
		稳固性	当移动或触摸时保持原有形态	10	
3	色彩配置 20 分	色彩平衡	色彩运用独具特色	10	
		视觉感染力	色彩有感染力，充分烘托主题意境	10	
4	原创实用 20 分	实用性	符合实用目的，独特的创意，表达主题	10	
		原创性	作品原创，具有独创性	10	
总　计				100	

实习 46　现代插花技法应用练习(2)

一、实习目的

掌握现代插花构成的原理及制作技巧，熟练掌握现代插花组群、卷筒、加框、饰绑、捆绑、编织 6 个技法，掌握现代插花的花材加工处理和构件固定技术，熟练地将这些技法和技巧应用于作品创作中。

二、实习材料与用具

订书机、除刺器、绿胶带、各种枝剪、尖嘴钳、手锯、锂电电钻、订书机、钉枪、热胶枪、胶棒、鲜花胶、花泥、竹条、环保铁丝、铜线、皮筋、塑料扎带、喷水壶、花材等。

三、实习步骤

① 选择组群、卷筒、加框、饰绑、捆绑、编织等技法进行练习。
② 根据技法选择对花材进行修剪造型。
③ 通过技法应用完成现代插花的空间造型。

四、作业

将过程、注意事项、结果记录好并按标准进行评判，填写表 5-20。

表 5-20 现代插花技法应用(2)作业评分表

序 号		评价要素	评分内容	得 分	备 注
1	造型设计20分	造型与结构	造型独具风格，体量适宜，比例协调	10	
		焦点设置与点、线、面运用	焦点设置巧妙，展示点线面的复杂运用	10	
2	技法技巧40分	花材选择与加工	花材选择恰如其分，巧妙修剪，造型优美	10	
		做工与技法运用	做工精致，技法运用成为作品突出亮点	20	
		稳固性	当移动或触摸时保持原有形态	10	
3	色彩配置20分	色彩平衡	色彩运用独具特色	10	
		视觉感染力	色彩有感染力，充分烘托主题意境	10	
4	原创实用20分	实用性	符合实用目的，独特的创意，表达主题	10	
		原创性	作品原创，具有独创性	10	
总 计				100	

5.10 盆景学实习

实习 47 金属丝攀扎造型基本技法

一、实习目的

在树木盆景制作过程中，最基本的也是最重要的技法是为树木造型而进行的攀扎。通过训练能熟练掌握金属丝攀扎的基本技法，为盆景造型打下坚实的基础。

二、实习材料与用具

绿色枝条数根，长约 1.5m，粗约 0.3cm；铁丝数根，长约枝条长度的 1.5 倍，粗约枝条粗度的 1/3；修枝剪一把；钳子一把。

三、实习步骤

取长约 1.5m，粗约 0.3cm 的鲜枝条一根，再取长约枝条长度的 1.5 倍，粗约为枝条粗度的 1/3 的铁丝一根。缠绕角度以金属丝与枝条呈 45°为准；松紧度以金属丝紧靠树皮不松散开，同时又不嵌入树皮中为准。熟练掌握金属丝攀扎的基本技法。

金属丝攀扎基本技法考核标准：①起点；②角度；③松紧度。

评判标准：

优　起点、角度、松紧度均符合要求。

良　起点、角度、松紧度有一处不符合要求，经修正后基本符合要求。

合格　起点、角度、松紧度有两处不符合要求，经修正后基本符合要求。

不合格　起点、角度、松紧度有三处不符合要求，经修正后仍不符合要求的，以及未参加实验者。

四、作业

分小组进行实验，实验后指导老师与每组代表成员共同参与评分。评分表格见表 5-21 所列。

表 5-21　金属丝攀扎评分表

项　目	第　组	第　组	第　组	第　组	第　组	第　组	第　组	第　组
起　点								
角　度								
松紧度								
合　计								

注：评比标准参见“实验步骤”。

实习 48　树木盆景的制作造型

一、实习目的

选择一树种，让学生自行设计，并运用树木造型的基本技法，初步制作一桩树木盆景，基本符合设计的要求。

二、实习材料与用具

苗木、钳子、修枝剪、钢锯、小刀、铁丝、涂料、装饰配件、苔藓等。

三、实习步骤

利用所学的各种造型技法，根据已有的植物材料，制作一桩树木盆景，基本符合设计的要求。

四、作业

① 总结树木盆景的制作体会并相互评分(成品必须展示、介绍、评比，评比分值可以参考教师 6∶学生 4 的比例，评分表格见表 5-22 所列)。

② 具体要求　结合苗木材料实际情况设计制作盆景造型，并以 PPT 和绘图(图片)形式汇报体会和设计方案、制作步骤。

表 5-22 树木盆景初步造型评分表

评分标准	第 组	第 组	第 组	第 组	第 组	第 组	第 组	第 组	第 组
选材 15 分									
布局 25 分									
立意，命名 25 分									
造型处理技术(攀扎、修剪雕刻等)30 分									
配件等装饰 5 分									
总分 100 分									

评分组别和姓名：

5.11 园林生态学实习

实习 49 城市温度、光环境特征的测定

一、实习目的

① 熟悉温度、湿度和光照强度测定的基本仪器的使用。
② 熟悉城市温度、湿度和光照的时空变化特点和规律。
③ 比较分析不同微环境对植物生长的影响。

二、实习用具

温湿计、照度计、笔记本。

三、实习内容

① 气温、湿度、光照强度的测定方法。
② 气温、湿度、光照强度的空间异质性，包括群落的不同层次、不同位置，同一株树不同位置，建筑的不同方位。
③ 通过实地调查比较喜光叶与阴生叶的形态特征。

四、作业

① 测量建筑不同方位光照、温度和湿度的变化。
② 测量树冠层不同位置光照、温度和湿度的变化。
③ 测量不同群落类型(乔灌草、乔草、灌草、草地)光照、温度和湿度的变化。
④ 喜光叶与阴生叶的形态特征比较。

实习 50　植物种群数量的调查

一、实习目的

通过本实验，学习并掌握调查种群数量的方法，掌握对植物个体的标记方法，学会群落数量计算方法。

二、实习设备

皮尺、测树围尺、记录本。

三、实习步骤

① 选取福建农林大学校园内某一区域的植物，设置样方(大小为 10m × 10m、20m × 20m 等)，测量区域内的个体数、密度，并计算其年龄结构。

② 在样方内调查所研究种群的个体数，对该种群个体进行每木检尺，测其胸径。

③ 计算种群密度

$$D=N/S$$

式中，D 表示密度；N 为种群个体数；S 为面积，m^2。

④ 确定种群年龄结构　用立木级结构代替年龄结构分析种群动态，大小结构按两种方式处理：胸径在 2.5cm 以下的个体分 2 级，胸径大于 2.5cm 的个体分为 3 级，具体划分如下：

$$D<2.5\text{cm}\begin{cases}\text{Ⅰ} & H<33\text{cm} & \text{Ⅰ级幼苗阶段}\\ \text{Ⅱ} & H\geqslant 33\text{cm} & \text{Ⅱ级幼苗阶段}\end{cases}$$

$$D\geqslant 2.5\text{cm}\begin{cases}\text{Ⅲ} & 2.5\text{cm}\leqslant D<7.5\text{cm} & \text{幼树阶段}\\ \text{Ⅳ} & 7.5\text{cm}\leqslant D<22.5\text{cm} & \text{中树阶段}\\ \text{Ⅴ} & 22.5\text{cm}\leqslant D & \text{大树阶段}\end{cases}$$

四、作业

① 计算出所测种群个体数及其密度。

② 用柱状图表示所测种群年龄结构。分组测半自然种群，分析比较人工种群结构与自然种群结构的差异，学习在进行园林植物配置过程中构建种群的方法。

实习51 植物群落种类组成及其重要值的测定

一、实习目的

掌握群落调查的基本方法和群落分析方法。

二、实习用具

皮尺、卷尺。

三、实习步骤

1. 样地法

样地法通常是在群落内圈出一定面积(称样方)，对样方内的生物进行调查的方法。样方的大小和数目根据群落的不同而异。草本群落的样方大小通常为1m×1m，较高的草本群落也有用2m × 2m或更大的样方。灌木的样方大小通常为2m × 2m、4m × 4m甚至5m × 5m。乔木的样方大小通常为10m × 10m。

样方的数目据群落的类型、物种的丰富程度以及人力和时间等确定。但全部样方的总面积，应略大于群落的最小面积。

样方在群落中的设置有随机设置、规则设置、主观设置(代表样地设置)等不同的方法。随机设置样方(随机取样)是在群落中随机确定每一个样方。可在群落中系统地设置一些点，编上1、2、3…100等数字，然后随机地抽取其中的数字，以确定样方的位置。规则取样即在群落中以一定的规则确定取样位置，如在群落中设置几条等距离的样线，然后在每一样线的相等间距设置样方。主观取样即在认为有代表性的地段设置样方。

2. 无样地法

无样地取样(plotless sampling)是20世纪中期迅速发展并广泛应用的取样技术，该方法不用划取样方，而是在被调查的地段内，确定一系列的随机点(中心点)，然后测定从该点到最近的个体，或以该点为圆心做四个象限，分别测定每个象限中距该点最近的一个个体。无样地取样法主要有最近个体法、近邻法、随机成对法和中心点四分法。中心点确定可以先在群落内设置一系列线，再在线上每隔一定距离确定。距离的大小应使两个点不致测到同一个体。森林群落可以每隔25m或30m设一个点，或视实际情况而定。

3. 调查记录

调查记录的内容、项目随研究目的不同而不同(表5-23至表5-26)。但原则是不宜罗列得太烦琐太细致，以免影响调查进度。细致的数据整理分配工作应在室内进行。研究群落的组成和结构，可使用群落调查表格，群落调查表格根据研究目的和对象而制订。

植物名称一栏，一行记录一个个体。胸径在野外测定时，往往先测定胸围，再根据胸围与胸径的关系推算胸径。用胸高(1.3m)直径取代基部直径，是由于许多植物树干基部有板根、支柱根等影响测定。此外，测定胸高直径也比基部直径较为容易些。

表 5-23　乔木调查表

调查者：________　调查日期：________　地理位置：________

样地号	样地面积	植物名称	层　次	胸径(cm)	物候相	生活型	备　注

注：备注内容包括生活力、板根、茎花、绞杀、藤本、寄生、附生等情况。

表 5-24　灌木调查表

调查者：________　日期：________　地理位置：________

样地号	样地面积	植物名称	层　次	株　数	覆盖度(%)	高度(m)	胸径(cm)	物候相	生活型	备　注

表 5-25　草本调查表

调查者：________　日期：________　地理位置：________

样地号	样地面积	植物名	株(丛)数或多度	覆盖度(%)	物候相	生活型	备　注

表 5-26　层间植物调查表

调查者：________　日期：________　样地号：________　地理位置：________

植物名	类　型			数　量	物候相	生活力	被附着植物		分布情况		备　注
	藤本	附生	寄生				种　名	生活型	位　置	方　向	

4. 数据整理

数据整理是将野外调查的原始资料条理化，并演算出一些反映群落特征的数量指标。其中反映种群在群落中优势度大小的指标有：

① 相对多度　指种群在群落中的丰富程度。计算式为：

相对多度=(某种物种的个体数/所有物种的个体总数)×100%

② 频度与相对频度　频度是指一个种在所作的全部样方中出现的频率。相对频度指某种在全部样方中的频度与所有种频度和之比。计算式为：

频度=该种植物出现的样方数/样方总数

相对频度=(该种的频度/所有种的频度总和)×100%

③ 相对显著度　指样方中某种个体的胸面积和与样方中所有种个体胸面积总和的比值。计算式为：

相对显著度=(样方中某种个体胸面积和/样方中全部个体胸面积总和)×100%

④ 重要值　是一个综合的指标，通常综合考虑相对多度、相对频度和相对显著度中的2~3个指标。

重要值=(相对多度+相对频度+相对显著度)/3

上述指标可整理成群落表(表5-27)，从中可清楚看出群落中各种群在群落中的优势度的大小。

表5-27　群落表

种　名	总株数	相对多度	相对频度	相对显著度	重要值

四、作业

以小组为单位进行样方调查，学生独立完成群落表，并测群落物种重要值，提交实验报告。

实习52　园林植物群落物种多样性的测定

一、实习目的

通过本次实习，加深对群落物种多样性基本概论的理解；掌握群落物种多样性的测定方法，了解植物群落物种多样性与生态系统稳定性的关系。

二、实习用具

皮尺、围径尺、白色粉笔、标本袋、标签。

三、实习步骤

① 取样　按照实验3的样地取样法，所需数据为样地中种数、每个种的个体数等数据。

② 计算　Simpson多样性指数计算方法如下：

$$D = 1 - \sum_{i=1}^{s} P_i^2$$

式中，s为物种数目；$P_i = N_i/N$；N_i为种i的个体数；N为群落中全部物种的个体数。

Shannon-Wiener 多样性指数计算方法如下：

$$H = -\sum (P_i \lg P_i)$$

式中，H 为多样性指数；P_i 同上。

Pielou 均匀度指数 E 计算方法如下：

$$E = \frac{H}{\ln(s)}$$

式中，E 为均匀度指数；H 同上；s 同上。

四、作业

以实验 2 的样地取样数据，计算不同群落的 Shmpson 多样性指数，Shannon-Wiener 多样性指数和均匀度。

5.12 草坪学实习

实习 53 草坪的修剪

一、实习目的

通过实习，让学生掌握常用草坪修剪机械使用的基本常识、方法与技巧。

二、实习用具

滚刀式修剪机、旋刀式修剪机、割灌机、草坪修剪护具(防护眼镜、工作服、工作靴)、机油、汽油、尺子等。

三、实习步骤

1. 使用前需注意的事项

刀片使用前的检查，检查刀具是否锋利。如果刀具不锋利或者有缺口必须及时修整或者更换，以免影响草坪修剪效果。

修剪高度调节：剪草时遵循修剪的三分之一原则，即修剪掉的高度不要超过草坪现有生长高度的三分之一。要根据草坪的坪用要求确定剪草后的留茬高度。

清除场地中的石块、树枝、各种杂物。对喷头和障碍物做上记号；下雨和浇灌后不可立即剪草；尽量保持 10m 范围内无人员，以避免机械运转后飞出的杂物误伤周边人员。

2. 不同机械的草坪修剪

选择某一生长良好的待剪草坪，确定样地；随机排列样方，样方面积 1m × 1m，3 次重复；用不同修剪机械修剪后观测记录各处理的草坪草的修剪高度、修剪质量、盖度、密

度、叶色变化、再生能力等内容；分析不同机械对草坪草修剪质量的影响。

3. 不同修剪高度草坪修剪

在草坪修剪时间、频率及其他养护管理水平一致的前提下，在校园绿地草坪上使用旋刀式修剪机、割灌机，或高尔夫球场实习草坪使用滚刀式修剪机，将草坪修剪高度分为四个等级(如3cm、4cm、5cm和6cm)，分别研究草坪不同修剪高度对草坪草诸因素的影响；采用统计分析法分析不同处理的草坪草的再生能力、盖度、密度、叶色和根量等指标，选择得出最佳的修剪高度。

四、作业

① 列举不同的修剪机械适用的草坪。
② 普通绿地草坪与高尔夫球场各区位草坪的修剪适合高度是多少？
③ 记录实习数据，完成实习报告。

实习54　草坪的营养繁殖

一、实习目的

熟悉不同营养繁殖的适应范围；掌握营养繁殖的方法和常规的建坪技术；了解新建草坪的养护管理要点。

二、实习材料与用具

① 材料　暖型草坪草如马尼拉、杂交狗牙根的草坪块、草皮块等营养繁殖材料若干。
② 用具　卷尺、水平尺、锄头、板条大耙和钉齿耙、滚压器、喷雾机等。

三、实习步骤

1. 实验前准备

要求整平土地，用卷尺测量需铺装草坪的面积，有坡地的要测量坡度。测算草皮的用量，根据铺装草坪的方法不同，草坪用量即有不同。将在草圃地培育成的草坪草，用锹铲或起草皮机起草。草皮块收获后要注意保湿，最好在24~48h内尽快铺装完成，这样可避免发热、脱水等损害。草皮块要求均一性好，无病虫害，少或不具有枯草层。

2. 铺装

① 密铺法　是将草皮起成厚2~3cm，宽25cm，长25cm的草皮块。铺装时，草皮缝处留有1~2cm的间距，使草皮块互相衔接，铺完后，用土将缝填满，然后用0.5~1.0t重的滚压器或木夯压紧或压平。铺草皮以前或以后应充分浇水。凡匍匐枝发达的草种，如狗牙根、细叶结缕草等，在铺装时先可将草皮拉松成网状，然后覆土紧压，亦可在短期内形成草坪。

② 间铺法　是可节约草皮的方式。包括两种形式：一种为铺块式，各块间距3~6m，

铺设面积为总面积的1/3；另一种为梅花式，各块相间排列，所呈图案亦颇美观，铺设面积占总面积的1/2。用此法铺设草坪时，应按草皮厚度将铺草皮之处挖低一些，以使草皮与四周土面相平。草皮铺设后滚压。春季铺设者应在雨季后，匍匐枝向四周蔓延可互相密接。

③ 条铺法　将草皮切成宽6~12cm的长条，以20~30cm的距离平行铺植，经半年后可以全面密接，其他同间铺法。

不论哪种方法都应在铺装后浇足水，注意浇水时的水柱应当细密，水量亦不宜过多，不能在草坪上形成径流。

四、作业

① 学生动手操作，掌握草坪的营养繁殖材料建植步骤。

② 完成实习报告。

参考文献

曹馨宇，2015. 太子湾公园植物配置分析[J]. 现代园艺，12：85.

常雷刚，2014. 杭州 4 所综合医院植物群落 PM2. 5 浓度及植物景观研究[D]. 浙江农林大学.

陈有民，1990. 园林树木学[M]. 北京：中国林业出版社.

陈月华，王晓红等，2005. 植物景观设计[M]. 长沙：国防科技大学出版社.

陈自新，1992. 风景园林植物配置[M]. 北京：中国建筑工业出版社.

成文连，李嘉成，2019. 遥感技术在生态环境监测与管理中的应用[J]. 资源节约与环保(07)：38.

邓红，2014. 福州居住小区植物景观配植研究[D]. 福建农林大学.

方臣，胡飞，陈曦，等，2019. 自然资源遥感应用研究进展[J]. 资源环境与工程，33(04)：563-569.

关文灵，2017. 园林植物造景[M]. 北京：中国水利水电出版社.

郝汉舟，2013. 土壤地理学与生物地理学实习实践教程[M]. 成都：西南交通大学出版社.

黄成林，2017. 园林树木栽培学[M]. 3 版. 北京：中国农业出版社.

金煜，2008. 园林植物景观设计[M]. 沈阳：辽宁科学技术出版社.

孔嘉鑫，张昭臣，张健，2019. 基于多源遥感数据的植物物种分类与识别：研究进展与展望[J]. 生物多样性，27(07)：796-812.

冷平生，2011. 园林生态学[M]. 2 版. 北京：中国农业出版社

李庆卫，2010. 园林树木整形修剪学[M]. 北京：中国林业出版社.

李维，2019. 无人机遥感技术在林业资源调查与病虫害防治中的应用[J]. 中国农业文摘—农业工程，31(05)：45-46，60.

李雪，2010. 沈水湾公园典型植物群落结构调查与研究[J]. 中国农学报，26(9)：244-249.

刘敏，2011. 云南省西双版纳棕榈科园林植物造景模式研究[D]. 西南林业大学.

刘日林，陈征海，季必浩，2016. 浙江景宁望东垟、大仰湖湿地自然保护区植物与植被调查研究[M]. 杭州：浙江大学出版社.

刘晓曦，2013. 观叶植物在城市园林中的应用研究—以福州市为例[D]. 福建农林大学.

刘秀文，2007. 湖南彩叶树呈色机理及园林应用研究[D]. 中南林业科技大学.

刘雪梅，2014. 园林植物景观设计[M]. 武汉：华中科技大学出版社.

倪黎，2007. 城市园林植物景观设计的色彩应用研究[D]. 中南林业科技大学.

朴永吉，赵书青，2008. 利用问卷调查法对园林植物景观中观赏草应用的基础研究[J]. 农业科技与信息(现代园林)(06)：93-95.

屈海燕，2013. 园林植物景观种植设计[M]. 北京：化学工业出版社.

荣泽山，王爱博，2019. 无人机遥感技术与GIS数据处理在林业系统中的应用[J]. 吉林农业(17)：100.

史舟，梁宗正，杨媛媛，等，2015. 农业遥感研究现状与展望[J]. 农业机械学报，46(02)：247-260.

苏雪痕，1994. 植物造景[M]. 北京：中国林业出版社.

苏雪痕，2012. 植物景观规划设计[M]. 北京：中国林业出版社.

王晓俊，2005. 风景园林设计[M]. 江苏：江苏科学技术出版社.

武吉华，刘濂，1983. 植物地理实习指导[M]. 北京：高等教育出版社.

辛孝贵，田德昌，1990. 植物学实验技术[M]. 沈阳：辽宁科学技术出版社.

徐洁，2013. 园林植物植物形态分析与景观应用的研究[D]. 河南农业大学.

杨丽，2019. 遥感技术在精准农业中的现状及发展趋势[J]. 农业与技术，39(16)：21-22.

叶要妹，2011. 园林树木栽培学实验实习指导书[M]. 北京：中国林业出版社.

张蓉，2009. 园林空间的植物组合研究[D]. 中南林业科技大学.

周志翔，2003. 园林生态学实验实习指导书[M]. 北京：中国农业出版社.